U0368159

高职高专土建类专业教材
编审委员会

"十四五"职业教育国家规划教材

建筑施工组织

第三版

肖凯成　工　平　柴家付　主　编
成汉标　杨　波　杨　榕　副主编

化学工业出版社
·北京·

内容简介

本书是"十四五"职业教育国家规划教材，住房城乡建设部土建类学科专业"十三五"规划教材，也是江苏省"十四五"首批职业教育规划教材。

本书主要讲述：建筑施工组织概论、工程概况、施工部署及施工方案、施工进度计划、施工平面图、主要施工措施、BIM技术在建筑工程施工组织设计中的应用等内容。每个任务都从任务提出着手，对任务进行分析，并辅以相关知识，最后引领学生进行任务的实施。

本次修订从建筑施工组织技术技能人才的工作需要出发，着重体现对学生掌握建筑施工组织的完整工作过程及各工作任务间的关系的理解，并以最新的规范和标准为依据，引导学生体验完成工作任务的科学思路和策略，技术方法在具体工作过程中的体现和运用，技术、经济、法规和行业标准对工作仟务完成的影响。

本书将建筑施工企业如施工员等岗位工作标准融入典型任务中，以及"1+X"中的建筑工程专业与BIM的有效结合，可有效实现"学历教育"与"岗位资格认证"的双证融通。

本书还整合了施工员等及拓展岗位资格考试的典型真题、工程案例等相关课程资源和基于重难点进行讲解的微课视频、动画，可通过扫描书中的二维码来获取这些资源，开启线上线下相结合的教学模式。体现了党的二十大报告"推进教育数字化"精神。

本书可作为高职高专建筑工程技术、工程监理等土建类相关专业教材，也可作为成人教育土建类相关专业的教材，还可供从事建筑工程等技术工作的人员参考使用。

图书在版编目（CIP）数据

建筑施工组织 / 肖凯成，王平，柴家付主编. —3版. —北京：化学工业出版社，2020.6（2024.11重印）
"十二五"职业教育国家规划教材　经全国职业教育教材审定委员会审定

ISBN 978-7-122-36560-6

Ⅰ.①建… Ⅱ.①肖… ②王… ③柴… Ⅲ.① 建筑工程-施工组织-高等职业教育-教材　Ⅳ.① TU721

中国版本图书馆CIP数据核字（2020）第052281号

责任编辑：李仙华　王文峡　　　　　　　　　　文字编辑：邢启壮
责任校对：张雨彤　　　　　　　　　　　　　　装帧设计：王晓宇

出版发行：化学工业出版社（北京市东城区青年湖南街13号　邮政编码100011）
印　　　刷：三河市航远印刷有限公司
装　　　订：三河市宇新装订厂
787mm×1092mm　1/16　印张17½　字数443千字　2024年11月北京第3版第6次印刷

购书咨询：010-64518888　　　　　　　　　　　售后服务：010-64518899
网　　址：http：//www.cip.com.cn
凡购买本书，如有缺损质量问题，本社销售中心负责调换。

定　　价：49.80元　　　　　　　　　　　　　　　　　　　版权所有　违者必究

前　言

　　本书是"十四五"职业教育国家规划教材，住房城乡建设部土建类学科专业"十三五"规划教材，江苏省"十四五"首批职业教育规划教材，首批江苏省高校课程思政示范课程与2022年职业教育国家在线精品课程配套教材，也是"十二五"江苏省高等学校重点教材。第一版还获得了2011年江苏省高等学校精品教材。

　　"建筑施工组织"是建筑工程技术专业的专业核心课程，其课程目标是培养学生编制施工组织设计的能力。自第二版教材出版后，通过教学实践，发现以工作过程为主线的行动导向教学是当前教学改革的大方向，在提高学生工作能力等综合素质方面有明显成效，得到了教育界的普遍认同。本次修订教材将进一步对接建筑工程职业标准，突出岗位职业能力，将"立德树人"作为首要目标，提高学生职业素养，充分以学生为主体，坚持"做中学""学中做"的教育模式，以施工组织设计工作过程中的典型工作任务为教材架构主线，设计源于企业实际又高于实际的训练项目。

　　与当前已出版的同类教材相比，本教材完全打破了学科体系下的知识逻辑结构，以完成每项工作任务的工作流程进行知识的选取和序化。同时本教材另外两位主编王平工程师和柴家付工程师来自企业，一同进行教材的修订，涉及内容包括教材中的视频资料、在线习题库、电子教案和微课等配套数字资源和信息化教学的建设等方面，将他们多年的现场工作和管理经验融入教材中。

　　本教材的主要特点如下：

　　① 以思政引领、职业养成为核心。隐形融入思政元素，思政要素与课程内容相互融合，润物无声中显有声，如在课程绪论中选取"汴梁皇宫修复"一举三役的成功案例以及"鲁布革水电站"项目管理的优化思想，体现了党的二十大精神"必须坚持守正创新"。在项目五通过制定"安全、质量、工期、成本、文明施工和环境保护"等施工措施，彰显绿色施工在建筑施工过程中要做到人与自然和谐共生，体现了党的二十大报告"推动绿色发展，促进人与自然和谐共生"精神。在项目六将BIM信息化技术与建筑施工组织有效结合。

　　② 以建筑施工组织从接受工作任务到获得工作结果的完整工作过程为教材架构主线，准确描述各工作过程的任务，设计源于企业实际又高于企业实际的教学项目为学生训练项目。

　　③ 对接工作过程，突出实用技能的培养。本书各单元典型工作任务紧密对接建筑岗位工作过程，便于加强教学与实际的联系，突出实用技能的培养。

④ 融入职业资格标准，实现"双证融通"。本书通过对教学内容与职业标准进一步整合，将建筑施工企业如施工员等岗位工作标准融入典型任务中，以及将"1+X"中的建筑工程专业与BIM的有效结合，可有效实现"学历教育"与"岗位资格认证"的双证融通。

⑤ 借助"互联网+"平台，开启线上线下相结合的教学模式。本书整合了施工员等岗位及拓展岗位资格考试的典型真题、工程案例等相关课程资源，各项目配有基于重点难点进行讲解的微课视频、动画，读者可通过扫描书中的二维码来获取这些资源，开启线上线下相结合的教学模式。

本书由常州工程职业技术学院肖凯成、常州戚铁建设工程有限公司王平、常州第一建筑集团有限公司柴家付主编，常州工程职业技术学院杨波、湖北交通职业技术学院杨榕、常州光洋控股集团有限公司成汉标副主编。其中绪论、项目二、项目五由杨波编写；项目一由黑龙江农垦农业职业技术学院郭孝华编写；项目三及附录一、二由肖凯成、杨榕编写；项目四由王平编写；项目六由柴家付、成汉标编写。全书由肖凯成统稿并定稿。

本书由江苏省常州常建建设监理有限公司皇甫国方高级工程师和常州工程职业技术学院郭晓东审阅。在教材编写过程中，还得到了相关单位的大力支持，在此表示衷心的感谢和敬意。

本书开发了微课视频、动画等丰富的数字资源，可通过扫描书中二维码获取。

本书提供有用于综合实训的附录三柴油机试验站辅助楼及浴室工程图纸、工程预算书和施工合同，建筑工程各分项工程质量控制程序的附录四附表4-1~附表4-8，附录五×××岩土工程有限公司××工程勘察报告（摘录），配套电子教案、电子课件，可登录网址www.cipedu.com.cn，输入本书名，免费下载。

由于编者水平有限，教材中难免有不足之处，恳请读者批评指正。

编 者

本教材结合高职高专教育的特点，即力争做到零距离上岗的要求，在保证理论知识系统性和完整性的前提下，教材编写突出了教材的实践性和综合性。通过理论知识及实训任务的引领，使学生根据实际工程资料进行项目训练，强化专业技能培养。

本书根据现行国家相关规范、标准和技术规定，如《建筑工程施工质量验收统一标准》（GB 50300—2001）、《建筑地基基础工程施工质量验收规范》（GB 50202—2002）、《砌体工程施工质量验收规范》（GB 50203—2002）、《混凝土结构工程施工质量验收规范》（GB 50204—2002）、《施工现场临时用电安全技术规范》（JGJ 46—2005）等，以实训任务为教学组织，分别完成工程概况、施工方案、施工进度计划、施工平面图的教学和训练。全书力求优化教材结构，体现理论联系实际的教学思路，让学生在学习必需的理论知识后，通过实训指导进行综合练习，加强对理论知识的实际应用，全面培养了学生的职业素质和职业能力，为今后从事建筑工程专业技术工作打下良好的基础。

本书分为六章，主要包括：建筑施工组织概论、工程概况、施工方案、施工进度计划、施工平面图、主要措施等内容。每章后都有实训任务指导，综合练习及自测题。

本书由肖凯成、王平主编。编写分工如下：绪论由夏群编写；第一章及第五章由王平编写；第二章、第三章及附录由肖凯成编写；第四章由郭孝华、杨榕、刘芳编写。全书由肖凯成统稿并定稿。

本书由王锁荣审阅。在教材编写过程中，还得到了相关单位的大力支持，在此表示衷心的感谢和敬意。

由于编者水平有限，教材中难免有不妥之处，恳请读者批评指正。

本书同时提供有配套电子教案，可发信到cipedu@163.com邮箱免费获取。

编 者
2009年5月

本书是"十二五"职业教育国家规划教材，也是"十二五"江苏省高等学校重点教材（修订）。第一版还获得了2011年江苏省高等学校精品教材。

"建筑施工组织"是建筑工程技术专业的专业核心课程，其课程目标是培养学生编制施工组织设计的能力。在同类的高职高专《建筑施工组织》教材中，大多数仍是沿袭着学科体系下按知识逻辑结构编排教材内容，以"建筑施工组织概论、流水作业原理、网络计划技术、单位工程施工组织设计"为教材编写标题。第一版教材按施工组织设计的工作过程编排教材内容，形成了以"绪论、单位工程工程概况、单位工程施工部署及施工方案、单位工程施工进度计划、单位工程施工平面图、单位工程主要施工措施"为教材一级标题并冠以项目，每个项目下以建筑类型分类设计二个工作任务，每个工作任务下设任务提出与分析、相关知识、任务实施三个三级标题，这种编排对学科体系下的《建筑施工组织》传统教材有所突破。

自第一版教材出版后，编者致力于高等职业教育教学研究，通过教学实践，发现以工作过程为主线的行动导向教学是当前教学改革的大方向，在提高学生工作能力等综合素质方面有明显成效，得到了教育界的普遍认同。而第一版教材结构主框架虽按照建筑施工组织的工作过程进行编排，并冠为项目名称，但从整个标题的描述来看，最大的不足在于项目标题抽象宽泛，不能准确地体现建筑施工组织工作过程所要完成的每项工作任务，项目仅是一个空泛的符号，没有具体的实施对象，内容编排上仍以知识逻辑结构序化教材内容，没有真正地体现工作过程系统化下教材编排内容。本次修订教材将充分体现当前工作过程为导向、学生为主体、做中学的特点，以施工组织设计工作过程中的典型工作任务为教材架构主线，并设计源于企业实际又高于实际的训练项目。

与当前已出版的同类教材相比，本教材完全打破了学科体系下的知识逻辑结构，以完成每项工作任务的工作流程进行知识的选取和序化。同时本教材主编之一王平工程师来自企业，一同进行教材的修订和编写等内容，包括教材中的视频资料，在线习题库，电子教案等配套数字资源的建设等方面，并将其多年的现场工作和管理经验融入教材中。

本书由常州工程职业技术学院肖凯成、常州戚铁建设工程有限公司王平主编，常州工程职业技术学院杨波、湖北交通职业技术学院杨榕副主编，其中绪论、第二章、第五章由杨波编写；第四章由王平编写；第三章及附录一、二、四、五由肖凯成编写；第一章由黑龙江农垦农业职业技术学院郭孝华编写；附录三由杨榕编写。全书由肖凯成统稿并定稿。

本书由江苏省常州常建建设监理有限公司皇甫国方高级工程师和常州工程职业技术学院郭晓东审阅。在教材编写过程中，还得到了相关单位的大力支持，在此表示衷心的感谢和敬意。

　　由于编者水平有限，教材中若有不足之处，恳请读者批评指正。

编　者

2014年1月

目 录

绪论 　　　　　　　　　　　　　　　　　　　　001

一、基本建设与建筑施工 …………… 002
二、建筑施工组织的研究对象、任务
　　及基本原则 …………… 007
三、建筑产品的特点及生产特点 … 011

四、建筑施工组织设计概论 …………… 013
五、施工组织设计的编制和贯彻 … 016
六、结语 …………… 017
能力训练题 …………… 017

项目一　编写单位工程工程概况 　　　　019

项目分析 …………… 020
工作过程 …………… 020
相关知识 …………… 020
一、单位工程施工组织设计的编制
　　依据 …………… 020
二、单位工程施工组织设计的内容 … 021
三、单位工程施工组织设计的编制
　　程序 …………… 022
四、工程概况及施工特点分析 …… 022
任务一　编写砖混结构单位工程
　　　　工程概况 …………… 023
任务提出 …………… 023
任务实施 …………… 023
一、编写总体情况 …………… 023

二、编制工程设计概况 …………… 023
三、描述现场施工条件 …………… 024
四、本工程施工时需套用的图集 … 025
任务二　编写框架结构单位工程
　　　　工程概况 …………… 025
任务提出 …………… 025
任务实施 …………… 025
一、编写总体情况 …………… 025
二、编制工程设计概况 …………… 026
三、描述现场施工条件 …………… 027
四、本工程施工时需套用的图集 … 027
小结 …………… 027
综合训练 …………… 028
能力训练题 …………… 028

项目二　确定单位工程施工部署及施工方案 　　030

项目分析 …………… 031
工作过程 …………… 031
相关知识 …………… 031
一、单位工程的施工部署 …………… 031
二、单位工程的施工方案 …………… 032
任务一　确定砖混结构单位工程
　　　　施工部署及施工方案 …… 040

任务提出 …………… 040
任务实施 …………… 040
一、施工部署 …………… 040
二、施工方案 …………… 042
任务二　确定框架结构单位工程施工
　　　　部署及施工方案 …………… 049
任务提出 …………… 049

任务实施 ················· 050
　一、模板工程 ········· 050
　二、钢筋制作 ········· 052
　三、钢筋焊接 ········· 053
　四、钢筋绑扎 ········· 055

　五、混凝土工程 ········· 056
小结 ················· 059
综合训练 ············· 059
能力训练题 ··········· 060

项目三　编制单位工程施工进度计划　　　062

项目分析 ············· 063
工作过程 ············· 063
相关知识 ············· 063
　一、流水施工原理 ········· 063
　二、网络计划技术 ········· 079
　三、单位工程施工进度计划 ········· 124
任务一　编制砖混结构单位工程施工
　　　　进度计划 ············· 128
任务提出 ············· 128
任务实施 ············· 128
　一、划分施工过程 ········· 128

　二、工程进度计划的确定 ········· 128
任务二　编制框架结构单位工程施工
　　　　进度计划 ············· 144
任务提出 ············· 144
任务实施 ············· 144
　一、划分施工过程 ········· 144
　二、工程施工进度计划确定 ········· 144
小结 ················· 156
综合训练 ············· 156
能力训练题 ··········· 157

项目四　绘制单位工程施工平面图　　　164

项目分析 ············· 165
工作过程 ············· 165
相关知识 ············· 165
　一、单位工程施工平面图的设计
　　　内容 ············· 165
　二、单位工程施工平面图的设计
　　　依据 ············· 166
　三、单位工程施工平面图的设计
　　　原则 ············· 167
　四、单位工程施工平面图的设计
　　　步骤 ············· 167
任务一　绘制砖混结构单位工程

　　　　施工平面图 ········· 169
任务提出 ············· 169
任务实施 ············· 169
任务二　绘制框架结构单位工程施工
　　　　平面图 ············· 176
任务提出 ············· 176
任务实施 ············· 176
小结 ················· 176
综合训练 ············· 176
能力训练题 ··········· 177

项目五　制定单位工程施工措施　178

项目分析 ……………………… 179

工作过程 ……………………… 179

相关知识 ……………………… 179

　一、主要的技术措施 ………… 179

　二、保证工程质量的措施 …… 180

　三、保证工程施工安全的措施 …… 180

　四、降低工程成本的措施 …… 181

　五、现场文明施工的措施 …… 181

　六、施工方案的技术经济分析 …… 181

任务一　制定砖混结构单位工程施工

　　　　技术组织措施 ………… 185

任务提出 ……………………… 185

任务实施 ……………………… 186

　一、保证工程质量的措施 …… 186

　二、工程质量的技术措施 …… 189

　三、夏、雨季施工技术措施 …… 190

　四、保证工程施工安全的措施 …… 191

　五、降低工程成本的措施 …… 192

　六、现场文明施工的措施 …… 193

任务二　制定框架结构单位工程施工

　　　　技术组织措施 ………… 195

任务提出 ……………………… 195

任务实施 ……………………… 195

　一、质量保证体系及控制要点 …… 195

　二、保证工程进度的措施 …… 202

　三、季节性施工措施 ………… 204

　四、保证工程施工安全的措施 …… 206

　五、降低工程成本的措施 …… 206

　六、现场文明施工的措施 …… 206

小结 …………………………… 206

综合训练 ……………………… 206

能力训练题 …………………… 207

项目六　BIM技术在建筑工程施工组织设计中的应用　209

　一、BIM技术的特点 ………… 209

　二、BIM技术在建筑工程施工组织
　　　设计中的价值 …………… 210

　三、BIM在建筑工程施工组织设计中
　　　的具体应用 ……………… 210

小结 …………………………… 219

综合训练 ……………………… 219

能力训练题 …………………… 220

附　录　222

附录一　实例一　新建部件
　　　　变电室 ……………… 222

附录二　实例二　总二车间扩建
　　　　厂房 ………………… 240

参考文献　266

二维码资源目录

序号	内　容	类型	页码
0.1	施工组织基础知识 1	视频	007
0.2	施工组织基础知识 2	视频	011
0.3	施工组织设计概论	视频	013
1.1	单位工程概况编写	视频	019
2.1	施工部署	视频	031
2.2	施工程序和施工流程确定	视频	032
2.3	施工顺序确定	视频	035
2.4	预制桩施工	动画	036
2.5	施工方法和施工机械选择	视频	037
2.6	砌筑工程	动画	044
2.7	施工缝留设	动画	049
3.1	依次施工	视频	064
3.2	施工组织方式（一）	视频	064
3.3	施工组织方式（二）	视频	064
3.4	基础工程流水施工	动画	065
3.5	工艺参数	视频	066
3.6	空间参数	视频	067
3.7	时间参数-流水节拍	视频	069
3.8	时间参数-流水步距、间歇时间、工期	视频	069
3.9	全等节拍流水施工（一）	视频	071
3.10	全等节拍流水施工（二）	视频	072
3.11	异节奏流水概念及特征	视频	073
3.12	异节奏流水施工-参数计算	视频	073
3.13	加快成倍节拍流水-概念及特征	视频	074
3.14	加快成倍节拍流水-参数计算	视频	074
3.15	无节奏流水施工	视频	076
3.16	网络计划技术概述	视频	079
3.17	双代号网络图的基本组成（一）	视频	081
3.18	双代号网络图的基本组成（二）	视频	083
3.19	双代号网络图逻辑关系分析	视频	084
3.20	双代号网络图绘制的基本规则	视频	085
3.21	逻辑草稿法绘制双代号网络图	视频	088
3.22	双代号网络图绘制案例	视频	088
3.23	双代号网络时间参数分类	视频	091

序号	内　容	类型	页码
3.24	图上计算法 - 最早开始时间、最早结束时间	视频	093
3.25	图上计算法 - 最迟开始时间、最迟结束时间	视频	094
3.26	图上计算法 - 总时差、自由时差	视频	095
3.27	节点计算法	视频	096
3.28	标号法	视频	100
3.29	单代号网络时间参数计算	视频	100
3.30	单代号网络时间参数计算案例	视频	102
3.31	双代号时标网络图概念及特征	视频	105
3.32	双代号时标网络图绘制方法	视频	106
3.33	工期优化概念	视频	107
3.34	工期优化案例	视频	108
3.35	费用优化概念	视频	110
3.36	费用优化案例	视频	113
3.37	资源优化概念及案例	视频	117
3.38	塔吊横道图绘制	视频	163
4.1	单位工程施工平面图概述	视频	165
4.2	布置垂直运输设备 1	视频	167
4.3	布置垂直运输设备 2	视频	167
4.4	确定储备筒、加工棚和材料、构件堆场位置	视频	167
4.5	布置运输道路及临时设施	视频	168
5.1	保证工程质量的措施	视频	180
5.2	保证工程施工安全的措施	视频	180
5.3	降低工程成本的措施	视频	181
5.4	现场文明施工措施	视频	181
5.5	季节性施工措施	视频	190

绪 论

建筑工程施工问题是关系到国计民生、社会稳定的重大问题。建筑工程质量的优劣直接关系到建筑企业的生存和发展，在整个工程中，任何的决策过失和不正当行为都有可能给国家、人民的生命财产造成直接损失。而无论是民用建筑、工业厂房还是公共建筑，建筑工程施工组织不但在工程技术、施工管理、施工工序、各专业之间的协调与配合、施工现场的整体布置、材料和机具堆放的有条不紊等方面是至关重要的，是建筑工程施工管理的有力保障，而且建筑工程施工组织的好坏还直接关系到工程的质量与品质，关系到建筑工程项目能否按时完工。作为将来从事建筑工程建设的一员，就必须从思想上高度重视，不断提高自身素养，培养良好的品行，在工程建设中严格按规范、标准、规程办事，对国家、对社会、对人民、对自己负责，并勇于探索创新，不断提高自己的专业素养。

我国建筑有着悠久的历史，在世界建筑上占有重要地位。地下发掘表明，早在龙山文化早期，宫殿建筑就已开始出现，甲骨档案里也有殷商建筑城墙的记载。从一个茅草屋到一座宫殿，从一个篱笆墙到万里长城那样宏伟的城墙，随着工程越来越大，势必会涉及一门学问——建筑施工组织。

一、基本建设与建筑施工

（一）基本建设及其内容

基本建设是指固定资产扩大再生产中，新建、扩建、改建工程及与之相关联的工作的总称。

基本建设是国民经济的组成部分，是社会扩大再生产、提高人民物质文化生活水平和增强国力的重要手段。有计划有步骤地进行基本建设，对于加强国民经济的物质技术基础、调整国民经济重大比例关系、调整产业结构和生产力布局，使社会、经济建设持续发展等具有非常重要的意义。

基本建设单位是指具有独立计划任务书和总体设计，经济上实行独立核算，行政上具有独立组织形式，执行基本建设投资计划的企业或事业等的基层单位，简称建设单位。

（二）基本建设项目

1. 基本建设项目的概念

基本建设项目，简称建设项目，是指按一个总体设计组织施工，建成后具有完整的系统，可以独立地形成生产能力或使用价值的建设工程。

在民用建设中，一般以拟建企事业单位为一个建设项目，如一所学校、一个商业区等；在工业建设中，一般以拟建厂矿企业单位为一个建设项目，如一个机械制造厂、一个纺织厂等。

2. 基本建设项目的分类

基本建设项目的分类方法有很多种。按建设项目的性质可分为新建、扩建、改建、迁建等；按建设项目的规模大小可分为大型、中型、小型建设项目；按建设项目的用途可分为生产性建设项目和非生产性建设项目；按建设项目的投资主体可分为国家投资、地方政府投资、企业投资、三资企业及各类投资主体联合投资的建设项目；按国民经济各行业性质和特点分为竞争性项目、基础性项目和公益性项目。

3. 建设项目的组成内容

按照建设项目分解管理的需要，可将建设项目分解为单项工程、单位工程（子单位工程）、分部工程（子分部工程）、分项工程和检验批。如图0-1所示。

（1）单项工程（也称工程项目）　凡是具有独立的设计文件，竣工后可以独立发挥生产能力或效益的一组工程项目，称为一个单项工程。一个建设项目，可由一个单项工程组成，也可由若干个单项工程组成。单项工程体现了建设项目的主要建设内容，其施工条件往往具有相对的独立性。

（2）单位（子单位）工程　具备独立施工条件（具有单独设计，可以独立施工），并能形成独立使用功能的建筑物及构筑物为一个单位工程。单位工程是单项工程的组成部分，一个单项工程一般都由若干个单位工程所组成。

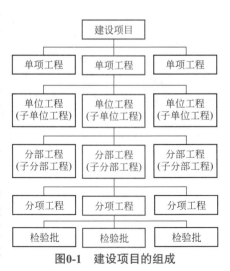

图0-1　建设项目的组成

一般情况下，单位工程是一个单体的建筑物或构筑物；建筑规模较大的单位工程，可将其能形成独立使用功能的部分作为一个子单位工程。

（3）分部（子分部）工程 组成单位工程的若干个分部称为分部工程。分部工程的划分应按专业性质、建筑部位确定。例如：一幢房屋的建筑工程，可以划分土建工程分部和安装工程分部，而土建工程分部又可划分为地基与基础、主体结构、建筑装饰装修和建筑屋面等四个分部工程。

当分部工程较大或较复杂时，可按材料种类、施工特点、施工程序、专业系统及类别等划分为若干子分部工程。如：主体结构分部工程可划分为混凝土结构、劲性混凝土结构、砌体结构、钢结构、木结构及网架和索膜结构等子分部工程。

（4）分项工程 组成分部工程的若干个施工过程称为分项工程。分项工程应按主要工种、材料、施工工艺、设备类别等进行划分。如主体混凝土结构可以划分为模板、钢筋、混凝土、预应力、现浇结构、装配式结构等分项工程。

（5）检验批 按现行《建筑工程施工质量验收统一标准》（GB 50300—2013）规定，建筑工程质量验收时，可将分项工程进一步划分为检验批。检验批是指按同一生产条件或按规定的方式汇总起来供检验用的，由一定数量样本组成的检验体。一个分项工程可由一个或若干个检验批组成，检验批可根据施工及质量控制和专业验收需要按楼层、施工段、变形缝等进行划分。

例如一所学校可以分解为图 0-2 的组成部分。

思考：图 0-3 中属于土建工程分部工程的有哪几项？

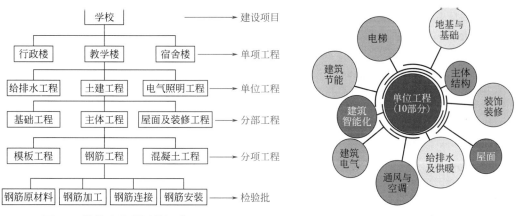

图0-2 学校建设项目的组成　　　　　　图0-3 思考题图

（三）基本建设程序

基本建设程序是建设项目从决策、设计、施工和竣工验收到投产交付使用的全过程中，各个阶段、各个步骤、各个环节的先后顺序和相互关系，是拟建建设项目在整个建设过程中必须遵循的客观规律。

基本建设程序一般可概括为项目决策、建设准备、工程实施三大阶段。

1. 项目决策阶段

项目决策阶段以可行性研究为工作中心，还包括调查研究、提出设想、确定建设地点、编制可行性研究报告等内容。

（1）项目建议书 即业主单位向主管部门提出的要求建设某一项目的建议性文件。

项目建议书经批准后，才能进行可行性研究，也就是说，项目建议书并不是项目的最终决策，而仅仅是为可行性研究提供依据和基础。

项目建议书的内容一般包括以下五个方面。

① 建设项目提出的必要性和依据；

② 拟建工程规模和建设地点的初步设想；

③ 资源情况、建设条件、协作关系等的初步分析；

④ 投资估算和资金筹措的初步设想；

⑤ 经济效益和社会效益的估计。

项目建议书按要求编制完成后，报送有关部门审批。

（2）可行性研究　项目建议书经批准后，应紧接着进行可行性研究工作。可行性研究是项目决策的核心，是对建设项目在技术上、工程上和经济上是否可行进行全面的科学分析论证工作，是技术经济的深入论证阶段，为项目决策提供可靠的技术经济依据。其研究的主要内容如下。

① 建设项目提出的背景、必要性、经济意义和依据；

② 拟建项目规模、产品方案、市场预测；

③ 技术工艺、主要设备建设标准；

④ 资源、材料、燃料供应和运输及水、电条件；

⑤ 建设地点、场地布置及项目设计方案；

⑥ 环境保护、防洪、防震等要求与相应措施；

⑦ 劳动定员及培训；

⑧ 建设工期和进度建议；

⑨ 投资估算和资金筹措方式；

⑩ 经济效益和社会效益分析。

可行性研究的主要任务是对多种方案进行分析、比较，提出科学的评价意见，推荐最佳方案。在可行性研究的基础之上，编制可行性研究报告。

我国对可行性研究报告的审批权限做出明确规定，必须按规定将编制好的可行性研究报告送交有关部门审批。

经批准的可行性研究报告是初步设计的依据，不得随意修改和变更。如果在建设规模、产品方案等主要内容上需要修改或突破投资控制数时，应经原批准单位复审同意。

2. 建设准备阶段

这个阶段主要是根据批准的可行性研究报告，成立项目法人，进行工程地质勘察，初步设计和施工图设计，编制设计概算，安排年度建设计划及投资计划，进行工程发包，准备设备、材料，做好施工准备等工作，这个阶段的工作中心是勘察、设计。

（1）勘察、设计　设计文件是安排建设项目和进行建筑施工的主要依据。设计文件一般由建设单位通过招投标或直接委托有相应资质的设计单位进行设计。编制设计文件是一项复杂的工作，设计之前和设计之中都要进行大量的调查和勘察工作，在此基础之上，根据批准的可行性研究报告，将建设项目的要求逐步具体化成为指导施工的工程图纸及其说明书。

设计是分阶段进行的。一般项目进行两阶段设计，即初步设计和施工图设计。技术上比较复杂和缺少设计经验的项目采用三阶段设计，即在初步设计阶段后增加技术设计阶段。

① 初步设计。初步设计是对批准的可行性研究报告所提出的内容进行概略的设计，作出初步的实施方案（大型、复杂的项目，还需绘制建筑透视图或制作建筑模型），进一步论证该建设项目在技术上的可行性和经济上的合理性，解决工程建设中重要的技术和经济问题，并通过对工程项目所作出的基本技术经济规定，编制项目总概算。

初步设计由建设单位组织审批。初步设计经批准后，不得随意改变建设规模、建设地址、主要工艺过程、主要设备和总投资等控制指标。

② 技术设计。技术设计是在初步设计的基础上，根据更详细的调查研究资料，进一步确定建筑、结构、工艺、设备等的技术要求，以使建设项目的设计更具体、更完善，技术经济指标达到最优。

③ 施工图设计。施工图设计是在前一阶段的设计基础上进一步形象化、具体化、明确化，完成建筑、结构、水、电、气、工业管道以及场内道路等全部施工图纸、工程说明书、结构计算书以及施工图预算等。在工艺方面，应具体确定各种设备的型号、规格及各种非标准设备的制作、加工和安装图。

（2）施工准备　施工准备工作在可行性研究报告批准后就可着手进行。通过技术、物资和组织等方面的准备，为工程施工创造有利条件，使建设项目能连续、均衡、有节奏地进行。其主要工作内容如下。

① 征地、拆迁和场地平整；
② 工程地质勘察；
③ 完成施工用水、电、通信及道路等工程；
④ 收集设计基础资料，组织设计文件的编审；
⑤ 组织设备和材料订货；
⑥ 组织施工招投标，择优选定施工单位；
⑦ 办理开工报建手续。

施工准备工作基本完成，具备了工程开工条件之后，由建设单位向有关部门提出开工报告。有关部门对工程建设资金的来源、资金是否到位以及施工图出图情况等进行审查，符合要求后批准开工。

做好建设项目的准备工作，对于提高工程质量，降低工程成本，加快施工进度，都有着重要的保证作用。

3. 工程实施阶段

工程实施阶段是项目决策的实施、建成投产发挥投资效益的关键环节。该阶段是在建设程序中时间最长、工作量最大、资源消耗最多的阶段。这个阶段的工作中心是根据设计图纸，进行建筑安装施工，还包括做好生产或使用准备、试车运行、进行竣工验收、交付生产或使用等内容。

① 建筑施工。建筑施工是将计划和施工图变为实物的过程，是建设程序中的一个重要环节。要做到计划、设计、施工三个环节互相衔接，投资、工程内容、施工图纸、设备材料、施工力量五个方面的落实，以保证建设计划的全面完成。

施工之前要认真做好图纸会审工作，编制施工图预算和施工组织设计，明确投资、进度、质量的控制要求。施工中要严格按照施工图和图纸会审记录施工，如需变动应取得建设单位和设计单位的同意；要严格执行有关施工标准和规范，确保工程质量；按合同规定的内容全面完成施工任务。

② 生产准备。生产准备是项目投产前由建设单位进行的一项重要工作。它是衔接建设和生产的桥梁，是建设阶段转入生产经营的必要条件。建设单位应及时组成专门班子或机构做好生产准备工作。

③ 竣工验收。按批准的设计文件和合同规定的内容建成的工程项目，其中生产性项目经负荷试运转和试生产合格，并能够生产合格产品；非生产性项目符合设计要求，能够正常使用的，都要及时组织验收，办理移交固定资产手续。竣工验收是全面考核建设成果、检验设计和工程质量的重要步骤，是投资成果转入生产或使用的标志。

④ 项目后评价。建设项目一般经过1～2年生产运营（或使用）后，要进行一次系统

的项目后评价。建设项目后评价是我国建设程序新增加的一项内容，目的是肯定成绩、总结经验、研究问题、吸取教训、提出建议、改进工作，不断提高项目决策水平和投资效果。项目后评价一般分为项目法人的自我评价、项目行业的评价和计划部门（或主要投资方）的评价三个层次组织实施。

（四）建筑施工及其内容

建筑施工是指建设项目实施阶段的生产活动，是各类建筑物的建造过程，也可以说是把设计图纸，在指定的地点，变成实物的过程。它包括土方工程施工、基础工程施工、主体结构施工、屋面工程施工、装饰工程施工、电气设备安装工程、给排水安装工程等。

建筑施工消耗巨大资源，生产周期长，遇到的可变因素多，必须有严密的组织计划和有效的管理体系，才能完成施工任务。可见，建筑施工这一步骤，将是基本建设意图能否最终实现的关键步骤。

建筑施工作业的场所称为"建筑施工现场"或称为"施工现场"，也称为工地。

建筑施工企业项目经理，是受企业法定代表人委托对工程项目施工过程全面负责的项目管理者，是建筑施工企业法定代表人在工程项目上的代表人。项目经理在工程项目施工中处于中心地位，对工程项目施工负有全面管理的责任。

（五）建筑施工程序

建筑施工程序是拟建工程项目在整个施工阶段中必须遵循的客观规律，它是长期施工实践经验的总结，反映了整个施工阶段必须遵循的先后次序，其内容和先后顺序如下。

1. 编制投标书并进行投标，签订施工合同

施工单位承接任务的方式一般有三种：国家或上级主管部门直接下达；受建设单位委托而承接；通过投标而中标承接。招投标方式是最具有竞争机制、较为公平合理的承接施工任务的方式，在我国已得到广泛普及。

施工单位要从多方面掌握大量信息，编制既能使企业盈利，又有竞争力，可望中标的投标书。如果中标，则依法签订施工合同。签订施工合同之前要认真检查签订施工合同的必要条件是否已经具备，如工程项目是否有正式的批文、是否落实投资等。

2. 选定项目经理，组建项目经理部

签订施工合同后，施工单位应选定项目经理，项目经理接受企业法定代表人的委托组建项目经理部，配备管理人员。企业法定代表人根据施工合同和经营管理目标要求，与项目经理签订"项目管理目标责任书"，明确规定项目经理部应达到的成本、质量、进度和安全等控制目标。

3. 项目经理部编制施工组织设计，进行项目开工前的准备

施工组织设计是在工程开工之前由项目经理主持编制的，用于指导施工项目实施阶段管理活动的文件。

施工组织设计应经会审后，由项目经理签字并报企业主管领导人审批。

根据施工组织设计，对首批施工的各单位工程，应抓紧落实各项施工准备工作，使现场具备开工条件，有利于进行文明施工。具备开工条件后，提出开工申请报告，经审查批准后，即可正式开工。

4. 在施工组织设计的指导下进行施工

施工过程是一个自开工至竣工的实施过程，是基本建设程序中的主要阶段。在这一过程中，项目经理部应从整个施工现场的全局出发，按照施工组织设计精心组织施工，加强

各单位、各部门的配合与协作，协调解决各方面问题，使施工活动顺利开展，保证质量目标、进度目标、安全目标、成本目标的实现。

5. 验收、交工与竣工结算

工程竣工验收是在施工单位按施工合同完成了项目全部任务，经检验合格，由建设单位组织勘察、设计、施工、监理等单位进行项目竣工验收。

6. 工程回访保修

施工单位在施工项目竣工验收后，对工程使用状况和质量问题向用户访问了解，并按照施工合同的约定和"工程质量保修书"的承诺，在保修期内对发生的质量问题进行修理并承担相应经济责任。

0.1 施工组织
基础知识 1

二、建筑施工组织的研究对象、任务及基本原则

请大家思考图 0-4 的问题。

图0-4　思考题图

思考：面对众多的人、材、机，众多的专业，众多的工种，怎么安排？先干什么，后干什么？怎么干？如何规划和组织协调？

北宋真宗时期，皇城失火，皇宫烧毁。宋真宗派大臣丁渭主持修复，限期完工。丁渭接旨后对废墟进行勘察，发现此工程存在三大难题：其一取土困难；其二运输困难；其三清墟排放困难。他采用以下方法解决：首先，把皇宫前面的大街挖成一条大沟，利用挖出来的土烧砖；然后把京城附近的汴水引入大沟，通过汴水运进建筑材料；等皇宫修复之后，再把碎砖烂瓦填入沟中，最后修复原来的大街。丁渭挖街修皇宫的故事，体现了系统思维、顶层设计、整体谋划、提高综合效益的理念。挖沟取土虽然暂时破坏了完好的大街，但从工程的全局来看是有利的，可谓"举一役而三得"。

（一）建筑施工组织研究对象

随着社会经济的发展和建筑施工技术的进步，现代建筑施工过程已成为一项十分复杂的生产活动。一个大型建设项目的建筑施工活动，不但包括组织成千上万的各种专业建筑工人和数量众多的各类建筑机械、设备有条不紊地投入工程施工中，而且还包括组织种类繁多的、数以几十吨甚至几百万吨计的建筑材料、制品和构配件的生产、转运、储存和供应工作，组织施工机具的供应、维修和保养工作，组织施工现场临时供水、供电、供热以及安排施工现场的生产和生活所需要的各种临时建筑物等工作。要做到提高工程质量、缩短施工工期、降低工程成本、实现安全文明施工，就必须应用科学方法进行施工管理，统筹安排施工全过程。

建筑施工组织就是研究建筑产品（一个建筑项目或单位工程等）生产（即施工）过程中生产诸要素（劳动力、材料、机具、资金、施工方法、施工环境等）的合理组织和系统管理的科学。

换言之就是针对工程施工的复杂性，探讨与研究建筑施工全过程中如何根据工程特点和要求，选择适当的施工机械和施工方法，合理地确定施工开展顺序和进度，计算和确定出工程所需的各种劳动力、建筑机械设备、材料等需要量和供应办法，合理布置工地上所有机具设备、仓库、道路、水电管网及各种临时设施，并确定开工之前所必须完成的各项准备工作，通过信息化管理手段，使建设项目在一定的时间和空间内，实现有计划、有秩序、有组织的施工，以期按合同约定的目标（质量、工期、造价、安全等）顺利完成施工任务。

（二）建筑施工组织的任务

施工组织的任务是，在党和政府有关建筑施工的方针政策指导下，从施工的全局出发，根据具体的条件，以最优的方式解决上述施工组织的问题，对施工的各项活动做出全面的、科学的规划和部署，使人力、物力、财力、技术资源得以充分利用，达到优质、低耗、高速地完成施工任务。

（三）建筑施工组织的基本原则

1. 认真执行基本建设程序

基本建设的程序主要是计划、设计和施工等几个主要阶段。它是由基本建设工作客观规律所决定的。中国多年的基本建设历史表明，凡是遵循上述程序时，基本建设就能顺利进行，当违背这个程序时，不但会造成施工的混乱，影响工程质量，而且还可能造成严重的浪费或工程事故。因此，认真执行基本建设程序，是保证建筑安装工程顺利进行的重要条件。

2. 做好施工项目排队，保证重点，统筹安排

建筑施工企业和建设单位的根本目的是尽快地完成拟建工程的建设任务，使其早日投产或交付使用，尽快发挥基本建设投资的效益。这样，就要求施工企业的计划决策人员，必须根据拟建工程项目的重要程度和工期要求等，进行统筹安排，分期排队，把有限的资源优先用于国家和建设单位急需的重点工程项目，使其早日建成、投产或使用。同时也应该安排好一般工程项目，注意处理好主体工程和配套工程，准备工程项目、施工项目和收尾项目之间施工力量的分配，从而获得总体的最佳效果。

3. 遵循建筑施工工艺和技术规律，坚持合理的施工程序和施工顺序

建筑施工工艺及其技术规律，是分部分项工程施工固有的客观规律。分部分项工程施工中的任何一道工序也不能省略或颠倒。因此，在组织建筑施工中必须严格遵循建筑施工工艺及其技术规律。

建筑施工程序和施工顺序是建筑产品生产过程中阶段性的固有规律和分部分项工程的先后次序。建筑产品生产活动是在同一场地不同空间，同时交叉搭接地进行，前面的工作不完成，后面的工作就不能开始。这种前后顺序必须符合建筑施工程序和施工顺序。交叉则体现争取时间的主观努力。

施工程序和施工顺序是随着施工项目的规模、性质、设计要求、施工条件和使用功能的不同而变化。但是经验证明其仍有可供遵循的共同规律。在建筑安装工程施工中，一般合理的施工程序和施工顺序主要有以下几方面。

① 施工准备与正式施工的关系。施工准备之所以重要，是因为它是后续施工活动能够按时开始的充分且必要的条件。准备工作没有完成就贸然施工，不仅会引起工地的混乱，而且还会造成资源的浪费。因此安排施工程序的同时，首先安排其相应的准备工作。

② 全场性工程与单位工程的关系。在正式施工时，应该首先进行全场性工程的施工，然后按照工程排队的顺序，逐个地进行单位工程的施工。例如：平整场地、架设电线、敷设管网、修建铁路、修筑公路等全场性的工程均应在施工项目正式开工之前完成。这样就可以使这些永久性工程在全面施工期间为工地的供电、给水、排水和场内外运输服务，不仅有利于文明施工，而且能够获得可观的经济效益。

③ 场内与场外的关系。在安排架设电线、敷设管网、修建铁路和修筑公路的施工程序时，应该先场外后场内；场外由远而近，先主干后分支；排水工程要先下游后上游。这样既能保证工程质量，又能加快施工速度。

④ 地下与地上的关系。在处理地下工程与地上工程的关系时，应遵循先地下后地上和先深后浅的原则。对于地下工程要加强安全技术措施，保证其安全施工。先进行准备工作，后正式施工。准备工作是为后续生产活动正常进行创造必要的条件。准备工作不充分就贸然施工，不仅会引起施工混乱，而且还会造成某些资源浪费，甚至中途停工。

4. 采用流水施工方法和网络计划技术组织施工

国内外实践经验证明，采用流水施工方法组织施工，不仅能使拟建工程的施工有节奏、均衡和连续进行，而且还会带来显著的技术经济发展。

网络计划技术是当代计划管理的最新方法。它是应用网络图形表达计划中各项工作的相互关系，具有逻辑严密、层次清晰、关键问题明确，可以进行计划方案优化、控制和调整，有利于电子计算机在计划管理中的应用等优点。它在各种计划管理中得到广泛应用。实践证明，施工企业在建筑工程施工计划管理中，采用网络计划技术，可以缩短工期和节

约成本。

5. 落实季节性施工项目，保证全年生产的连续性和均衡性

建筑施工一般都是露天作业，易受气候影响，严寒和下雨的天气都不利于建筑施工的正常进行。如不采取相应的技术措施，冬季和雨季就不能连续施工。目前，施工技术的发展，已经有成功的冬雨季施工措施，保证施工正常进行，但是会使施工费用增加。科学地安排冬雨季施工项目，就是要求在安排施工进度计划时，根据施工项目的具体情况，留有必要的适合冬雨季施工的、不会过多增加施工费用的储备工程，将其安排在冬雨季进行施工，这样既可增加全年施工天数，也可尽量做到全面均衡、连续施工。

6. 贯彻工厂预制和现场预制相结合的方针，提高建筑产品工业化程序

建筑技术进步的重要标志之一是建筑产品工业化，建筑产品工业化的前提条件是建筑施工中广泛采用预制装配式构件。扩大预制装配程度是走向建筑产品工业化的必由之路。在选择预制构件加工方法时，应根据构件的种类、运输和安装条件以及加工生产的水平等因素，进行技术经济比较，合理地决定工厂预制和现场预制构件的种类，贯彻工厂预制和现场预制相结合的方针，取得最佳的效果。

7. 充分利用现有机械设备，提高机械化程度

建筑产品生产需要消耗巨大的体力劳动。在建筑施工过程中，尽量以机械化施工代替手工操作，这是建筑技术进步的另一重要标志。尤其是大面积的平整场地、大型土石方工程、大批量的装卸和运输、大型钢筋混凝土构件或钢结构构件的制作和安装等繁重施工过程的机械化施工，对于改善劳动条件、减轻劳动强度和提高劳动生产率以及经济效果都很显著。

目前我国建筑施工企业的技术装备程序还不够充足，满足不了生产的需要。为此，在组织工程项目施工时，要结合当地和工程情况，充分利用现有的机械设备。在选择施工过程中，要进行技术经济比较，使大型机械和中、小型机械结合起来，使机械化和半机械化结合起来，尽量扩大机械施工范围，提高机械化施工程度。同时要充分发挥机械设备的生产率，保持其作业的连续性，提高机械设备的利用率。

8. 尽量采用国内外先进的施工技术和科学管理方法

先进的施工技术与科学的施工管理手段相结合，是改善建筑施工企业和工程项目经理部的生产经营管理素质、提高劳动生产率、保证工程质量、缩短工期、降低工程成本的重要途径。为此，在编制施工组织设计时应广泛采用国内外的先进施工技术和科学的施工管理方法。

9. 尽量减少暂设工程，合理地储备物资，减少物资运输量，科学地布置施工平面图

暂设工程在施工结束之后就要拆除，投资有效时间是短暂的，因此在组织工程项目施工时，对暂设工程和大型临时设施的用途、数量和建造方式等方面，要进行技术经济的可行性研究，在满足施工需要的前提下，使其数量最少和造价最低。这对于降低工程成本和减少施工用地都是十分重要的。

建筑产品生产所需要的建筑材料、构（配）件、制品等种类繁多，数量庞大，各种物资的储存数量、方式都必须科学合理。对物资库存采用 ABC 分类法和经济订购批量法，在保证正常供应的前提下，其储存数额要尽可能地减少，这样可以大量减少仓库、堆场的占地面积，对于降低工程成本、提高工程项目经理部的经济效益，都是事半功倍的好办法。

建筑材料的运输费在工程成本中所占的比重也是相当可观的，因此在组织工程项目施工时，要尽量采用当地资源，减少其运输量。同时应该选择最优的运输方式、工具和线路，使其运输费用最低。

减少暂设工程的数量和物资储备的数量，对于合理地布置施工平面图提供了有利条件。施工平面图在满足施工需要的情况下，应尽可能使其紧凑与合理，可降低工程成本。

综合上述原则，既是建筑产品生产的客观需要，又是加快施工速度、缩短工期、保证工程质量、降低工程成本、提高建筑施工企业和工程项目建设单位的经济效益的需要，所以必须在组织工程项目施工过程中认真地贯彻执行上述原则。

三、建筑产品的特点及生产特点

0.2 施工组织
基础知识 2

建筑产品是指施工企业通过施工活动生产出来各种建筑物和构筑物。建筑产品与一般工业产品相比较，不仅其产品本身的特点和生产过程的特点有很大的差异，而且如同世界上没有完全相同的两片树叶，建筑产品也是千差万别、自成一体的，这就决定了建筑产品生产的一次性和复杂性及组织管理的必要性和重要性。

（一）建筑产品的特点

由于施工项目产品的使用功能、平面与空间组合、结构与构造形式等的特殊性，以及施工项目产品所用材料的物理力学性能的特殊性，决定了施工项目产品的特殊性。其具体特点如下。

1. 建筑产品的固定性

建筑产品都是在选定的地点上建造和使用的，与选定地点的土地不可分割，从建造开始直至拆除一般均不能移动。所以，建筑产品的建造和使用地点在空间上是固定的。

2. 建筑产品的多样性

建筑产品不但要满足各种使用功能的要求，而且还要体现出各地区的民族风格、物质文明和精神文明，同时也受到各地区的自然条件等诸因素的限制，使建筑产品在建设规模、结构类型、构造型式、基础设计和装饰风格等诸方面变化纷繁，各不相同。即使是同一类型的建筑产品，也会因所在地点、环境条件等的不同而彼此有所区别。因此建筑产品的类型是多样的。

3. 建筑产品体形庞大

无论是复杂的建筑产品，还是简单的建筑产品，为了满足其使用功能的需要，都需要使用大量的物质资源，占据广阔的平面与空间。因而建筑产品的体形庞大。

4. 建筑产品的综合性

建筑产品是一个完整的实物体系，它不仅综合了土建工程的艺术风格、建筑功能、结构构造、装饰做法等多方面的技术成就，而且也综合了工艺设备、采暖通风、供水供电、通信网络、安全监控、卫生设备等各类设施的当代水平，从而使建筑产品变得更加错综复杂。

（二）建筑产品生产的特点

由于建筑产品四大主要特点，决定了其生产的特点与一般工业产品生产的特点相比较具有自身的特殊性。

1. 建筑产品生产的流动性

建筑产品的固定性决定了建筑产品生产的流动性。一般工业生产，生产地点、生产者和生产设备是固定的，产品是在生产线上流动的。而建筑产品的生产是在不同的地区，或同一地区的不同现场，或同一现场的不同单位工程，或同一单位工程的不同部位组织工人、机械围绕着同一施工项目产品进行生产，从而导致施工项目产品的生产在地区之间、现场之间和单位工程不同部位之间流动。

2. 建筑产品生产的单件性

建筑产品地点的固定性和类型的多样性，决定了建筑产品生产的单件性。一般的工业生产，是在一定时期里按一定的工艺流程批量生产某一种产品。而建筑产品一般是按照建设单位的要求和规划，根据其使用功能、建设地点进行单独设计和施工。即使是选用标准设计、通用构件或配件，由于建筑产品所在地区的自然、技术、经济条件的不同，也使建筑产品的结构或构造、建筑材料、施工组织和施工方法等要因地制宜加以修改，从而使各建筑产品生产具有单件性。

3. 建筑产品生产周期长

建筑产品的固定性和体形庞大的特点决定了建筑产品生产周期长。因为建筑产品体形庞大，使得它的建成必然耗费大量的人力、物力和财力。同时，建筑产品的生产全过程还要受到工艺流程和生产程序的制约，使各专业、工种间必须按照合理的施工顺序进行配合。又由于建筑产品地点的固定性，使施工活动的空间具有局限性，从而导致建筑产品生产具有生产周期长、占用流动资金大的特点。

4. 建筑产品生产的地区性

什么叫建筑产品生产的地区性？如，我国北方的建筑强调的是阳光，像北京的四合院、西北的窑洞；而南方建筑强调更多的是通风，如湘西的吊脚楼。北方讲究天圆地方、天人合一，而南方的建筑则透着江南的纤巧、细腻温情的水乡民居文化。所以，气候、地形和文化习俗也会造成建筑的多样性。

建筑产品的固定性决定了同一使用功能的建筑产品，因其建造地点的不同，必然受到建设地区的自然、技术、经济和社会条件的约束，使其结构、构造、艺术形式、室内设施、材料、施工方案等方面均各异。因此建筑产品的生产具有地区性。

5. 建筑产品生产的露天作业多

因为形体庞大的建筑产品不可能在工厂、车间内直接进行施工，即使是建筑产品生产达到了高度的工业化水平的时候，也只能在工厂内生产其各部分的构件或配件，仍然需要在施工现场内进行总装配后才能形成最终产品，大部分土建施工过程都是在室外完成的，受气候因素影响，工人劳动条件差。

6. 建筑产品生产的高空作业多

建筑产品体形庞大的特点，决定了建筑产品生产高空作业多。特别是随着我国国民经济的不断发展和建筑技术的日益进步，高层和超高层建筑不断涌现，使得建筑产品生产高空作业多的特点越来越明显，同时也增加了作业环境的不安全因素。

7. 建筑产品生产手工作业多、工人劳动强度大

目前，我国建筑施工企业的技术装备机械化程度还比较低，工人手工操作量大，致使工人的劳动强度大、劳动条件差。

8. 建筑产品生产组织协作的综合复杂性

建筑产品生产是一个时间长、工作量大、资源消耗多、专业配置复杂、涉及面广的过程。它涉及力学、材料、建筑、结构、施工、水电和设备等不同专业；涉及企业内部各专业部门和人员的配置；涉及企业外部建设行政主管部门、建设单位、勘察设计、监理单位以及消防、环境保护、材料供应、水电热气的供应、科研试验、交通运输、银行财政、机具设备、劳务等社会各部门和领域的协作配合，需要各部门和单位之间的协作配合，从而使建筑产品生产的组织协作综合复杂。

建筑产品的特点和其生产的特点要求事先必须有一个全面的、周密的施工组织设计，使流动的人员、机具、材料等互相协调配合，提出相应的技术、组织、质量、安全、降低成本等保证措施和进度计划，使建筑施工能有条不紊、连续、均衡、保质、按期地完成。

四、建筑施工组织设计概论

0.3 施工组织
设计概论

施工组织设计是以工程或建设项目为对象，针对施工活动做出规划或计划的程序性技术经济文件，用以指导施工组织与管理、施工准备与实施、施工控制与协调、资源的配置与使用等全局、全过程、全面性技术、经济和组织的综合性文件。它是对施工活动全过程进行科学管理的重要手段。其本质是运用行政手段和计划管理方法来进行生产要素的配置和管理。

施工组织设计是招投标阶段投标文件的重要组成部分，也是施工阶段施工准备工作中的重要内容。

其实，关于建筑施工组织这方面的著作，早在北宋时期就已经出现了。在名为《李明仲营造法式》的书中介绍了13处施工过程中的工种，对建筑管理中的工种管理、项目运作的管理、建造流程的管理、设计的管理等每项管理和施工流程都进行了详细的划分与描述，在书中提到的一些"标准化"的方法，正是可以加快设计和施工进度的有效方法。由此可见，从古至今，我们建筑人就一直在孜孜不倦地研究和探索着施工组织的方法。

（一）施工组织设计的作用

施工组织设计是施工准备工作的重要组成部分，又是做好施工准备工作的主要依据和重要保证。

施工组织设计是对拟建工程施工全过程实行科学管理的重要手段，是编制施工预算和施工计划的主要依据，是建筑企业合理组织施工和加强项目管理的重要措施。

施工组织设计是明确施工重点和影响工期进度的关键施工过程，检查工程施工进度、质量、成本三大目标的依据，是建设单位与施工单位之间履行合同、处理关系的主要依据。

通过编制施工组织设计，可以针对工程规模、特点，根据施工环境的各种具体条件，按照客观的施工规律，制订拟建工程的施工方案，确定施工顺序、施工流向、施工方法、劳动组织和技术组织措施；统筹安排施工进度计划，保证建设项目按期投产或交付使用；可以有序地组织材料构配件、机具、设备、劳动力等需要量的供应和使用；合理地利用和安排为施工服务的各项临时设施；合理地部署施工现场，确保文明施工、安全施工；可以分析预计施工中可能产生的风险和矛盾，事先做好准备和预防，及时研究解决问题的对策、措施；可以将工程的设计与施工、技术与经济、施工组织与管理、施工全局与施工局部规律、土建施工与设备施工、各部门之间、各专业之间有机地结合，相互配合，把投标和实施、前方和后方、企业的全局活动和项目部的施工组织管理，把施工中各单位、各部门、各阶段以及项目之间的关系等更好地协调起来，使得投标工作和工程施工建立在科学合理的基础之上。从而做到人尽其力、物尽其用、优质低耗、科学合理利用，高速的取得最好的经济和社会效益。

招投标阶段编制好施工组织设计（标前设计），能充分反映施工企业的综合实力，是实现中标，提高市场竞争力的重要途径；在工程施工阶段编制好施工组织设计（标后设计），是实现科学管理、提高工程质量、降低工程成本、加速工程进度、预防安全事故从而获得较好的建设投资效益的可靠保证。

（二）施工组织设计的分类和内容

1. 施工组织设计的分类

施工组织设计按编制主体、编制对象、编制时间和深度的不同有不同的分类方法。

（1）按编制的主体分类 可分为建设方［大型项目业主、建设指挥部或筹建委（处）］的施工组织设计和施工方（施工总包方、分包方）的施工组织设计。它们的相互关系见图0-5。

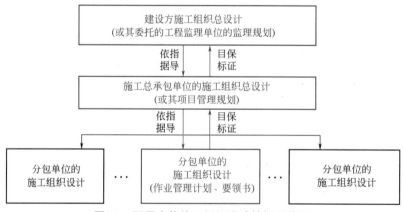

图0-5 不同主体施工组织设计的相互关系

（2）按编制的对象分类 按编制对象的层次、范围、深度的不同，施工组织设计可分为以下几种。

① 建设项目施工组织总设计。建设项目施工组织总设计是以一个建设项目为组织施工对象而编制的。当有了批准的初步设计或扩大初步设计后，由该工程的总承包商牵头，会同建设、设计及分包单位共同编制。它的目的是对整个建设项目的施工进行全盘考虑，全面规划，用以指导全场性的施工准备和有计划地运用施工力量，开展施工活动。其作用是确定拟建工程的施工期限、各临时设施及现场总的施工部署，是指导整个工程施工全过程的组织、技术、经济的综合设计文件，是修建全工地暂设工程、施工准备和编制年（季）度施工计划的依据。

② 单项工程施工组织总设计。单项工程施工组织总设计是以单项工程作为组织施工对象而编制的。它一般是在有了扩大初步设计或施工图设计后，由施工单位组织编制，是对整个建筑群的全面规划和总的战略性部署，是指导单项工程施工全过程的组织、技术、经济的指导文件，服从于建设项目施工组织设计。

③ 单位工程施工组织设计。单位工程施工组织设计是以单位工程（一个建筑物或构筑

物）作为组织施工对象而编制的。它一般是在有了施工图设计后，在单项工程施工组织总设计的指导下，由工程项目部组织编制，是单位工程施工全过程的组织、技术、经济的指导文件，并作为编制季、月、旬施工计划的依据。

④ 主要分部分项工程的施工组织设计。分部分项工程施工组织设计是以规模较大、技术复杂或施工难度大，或者缺乏施工经验的分部分项工程（如复杂的基础工程、大型构件吊装工程、大体积混凝土基础工程、有特殊要求的装修工程等）为组织施工对象而编制，是单位工程施工组织设计的进一步具体化，是专业工程的具体施工组织设计。一般在单位工程施工组织设计确定了施工方案后，针对技术复杂、工艺特殊、工序关键的分部分项工程由项目部技术负责人编制。

（3）按编制的时间和深度分类　可分为投标阶段的施工组织设计（标前设计）和施工阶段的施工组织设计（标后设计）。它们的特点见表0-1。

表0-1　标前、标后施工组织设计的特点

种类	服务范围	编制时间	编制者	主要特征	目标
标前	投标签约	投标时	经营层	规划性	效益
标后	施工	签约后	项目层	作业性	效率

2. 施工组织设计的内容

（1）工程概况　主要包括工程特点，建设地点的特征和施工条件等内容。

（2）施工方案　是施工组织设计的核心，将直接关系到施工过程的施工效率、质量、工期、安全和技术经济效果。一般包括确定合理的施工顺序、合理的施工起点流向、合理的施工方法和施工机械的选择及相应的技术组织措施等。

（3）施工进度计划　依据流水施工原理，编制各分部分项工程的进度计划，确定其平行搭接关系。合理安排其他不便组织流水施工的某些工序。

（4）施工准备工作及各项资源需要量计划　作业条件的施工准备工作，要编制详细的计划，列出施工准备工作的内容，要求完成的时间，负责人等。根据施工进度计划等有关资料，编制劳动力、各种主要材料、构件和半成品及各种施工机械的需要量计划。

（5）施工平面图　单位工程施工平面图的内容与施工总平面图的内容基本一致，只是针对单位工程更详细、具体。

（6）主要技术组织措施　技术组织措施是指在技术和组织方面对保证质量、安全、节约和文明施工所采用的方法和措施。主要包括保证质量技术措施、季节性施工及其他特殊施工措施、安全施工措施、降低成本措施和现场文明施工措施等。

（7）主要技术经济指标　技术经济分析指标是根据施工方案、施工进度计划和施工平面图三大重点建立的，其中，主要的指标包括总工期指标、质量优良品率、单方用工、主要材料节约指标、大型机械耗用台班数及费用和降低成本指标。

3. 施工组织设计编制的依据

根据工程对象、现场施工条件不同，编制施工组织设计的依据不完全一样，在所需资料内容的广度及深度上有所差别。施工组织设计类型不同，依据的资料也存在差异。但就共同的依据而言，主要有以下几项。

（1）施工合同、计划和勘察、设计文件。

（2）施工地区及工程地点的自然条件资料。

① 建设地区地形示意图，施工场地地形图；

② 工程地质资料，包括施工场地钻孔布置图、地质剖面图、土壤物理力学性质及其承载能力，有无特殊的地基土（如黄土、膨胀土、流砂、古墓、土洞、岩溶等）；

③ 水文地质资料，包括地下水位高度及变化范围，施工地区附近河流湖泊的水位、流量、流速、水质等；

④ 气象资料，主要有全年降雨降雪量、日最大降雨量，雨季起止日期，年雷暴日数，年的最高最低平均气温，冰冻期，酷暑期，风向风速、主导方向、风玫瑰图等。

（3）施工地区的技术经济条件资料。

① 地方建筑材料、构配件生产厂的分布情况；

② 地方建筑材料的供应情况，如材料名称、产地、产量、质量、价格、运距等；

③ 交通运输条件，包括可能的运输方式、运距、道路桥涵情况等；

④ 供水供电条件，包括能否在地区电力网上取得电力、可供工地利用电力的程度、接线地点及使用条件，了解有无城市上下水道经过施工地区，接通供水干线的方式、地点、供水管径、水头压力等；

⑤ 通信条件；

⑥ 劳动力和生活设施情况，包括社会可提供劳动力的工种、年龄、技术条件、居住条件及风俗习惯，施工地区有无学校、电影院、商店、饮食店及医疗、消防、治安设施等；

⑦ 参加施工的有关单位的力量情况，包括单位、人数、设备、施工技术水平、领导班子、进场施工日期等。

（4）国家和上级有关建设的方针政策指示文件。

（5）施工企业对工程施工可能配备的人力、机械、技术力量。

（6）现行的有关规范、标准、规程、图集，设计、施工手册等。

（7）定额。

（8）战略性的施工程序及施工展开方式的总体构想策划。

以上资料的获得，主要通过以下方法及途径：向建设单位索取工程基建计划及设计、勘察方面的资料；向施工地区城建部门、供水供电部门、气象部门、交通邮电通信部门调查了解自然条件、技术经济条件资料；组织精干小组进行市场调查，收集资料。对于新开拓的施工地区必须进行全面调查收集，对于原来已熟悉的地区，可进行有针对性的调查。

五、施工组织设计的编制和贯彻

（一）施工组织设计的编制

施工组织设计是建筑施工的组织方案，是指导施工准备和组织施工的全面性的技术、经济文件，是指导施工现场的法规。为使施工组织设计能更好地起到指导施工的作用，在编制施工组织设计时要注意以下几点。

① 对施工现场的具体情况要进行充分调查研究；

② 对复杂与难度大的施工项目以及采用新工艺、新材料、新技术的施工项目要组织专业性专题讨论和必要的专题考察，邀请有经验的专业技术人员参加；

③ 在编制过程中，要发挥各职能部门的作用；

④ 必须统筹规划，科学地组织施工，建立正常的生产秩序，充分利用空间，争取时间，推广、采用先进的施工技术，用最少的人力和财力取得最佳的经济效益。

没有批准的施工组织设计或未编制施工组织设计的工程项目，都一律不准开工，经审批的施工组织设计必须认真严格执行。

（二）施工组织设计的贯彻、检查和调整

施工组织设计是在施工前编制的用于指导施工的技术文件，必须加以贯彻、执行，并不断地对比检查，对于在施工过程中由于某些因素的变化而使施工组织设计的指导性弱化，必须及时分析问题产生的原因，采取相应的改进措施，对施工组织设计的相关内容进行调整，以保持施工组织设计的科学性和合理性，减少不必要的浪费。

施工组织设计的贯彻、检查和调整是一项经常性的工作，必须随着施工的进展不断地进行，贯彻整个施工过程的始终。其程序如图0-6。

六、结语

随着高层建筑和大型建筑工程的增多，以及工业化建筑体系的发展，建筑施工过程已经成为一项十分复杂

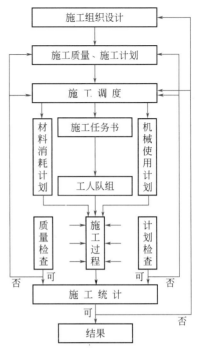

图0-6　施工组织设计的贯彻、检查和调整程序

的生产技术活动。因此作为指导和组织施工各项准备及施工全过程活动的综合性文件的施工组织设计，对保证施工质量、降低施工成本、缩短施工工期有着潜在的重大影响。但施工单位仍未引起足够的重视。究其原因，一是主观地认为花大力气在施工组织设计上没有必要；二是客观上施工过程是动态的、很多因素是不可或知的，需要专人管理；三是城镇化建设过程中迅猛增加的建筑施工队伍，缺乏施工技术经验和施工组织管理经验。从而导致很多工程往往在没有施工组织设计或施工组织设计编制质量差等情况下盲目施工，造成施工现场管理混乱，工程进度缓慢，材料设备浪费，成本增高，工程质量低劣等不良后果。

本绪论从基本建设到建筑施工到建筑施工的组织到建筑施工组织设计，由浅入深、循序渐进地概括介绍了建筑施工组织、建筑施工组织设计及与之相关的基本概念、作用、内容；结合当前实施的《建设工程项目管理规范》（GB/T 50326—2017）和《建设工程监理规范》（GB/T 50319—2013）等要求，介绍了建筑施工准备工作的意义和内容。

💡 能力训练题

一、单项选择题

1. 建设项目的管理主体是（　　）。
   A. 建设单位　　　B. 设计单位　　　C. 监理单位　　　D. 施工单位

2. 施工项目的管理主体是（　　）。
   A. 建设单位　　　B. 设计单位　　　C. 监理单位　　　D. 施工单位

3. 具有独立的施工条件，并能形成独立使用功能的建筑物及构筑物称为（　　）。
   A. 单项工程　　　B. 单位工程　　　C. 分部工程　　　D. 分项工程

4. 建筑装饰装修工程属于（　　）。

　　A. 单位工程　　　　B. 分部工程　　　　C. 分项工程　　　　D. 检验批

5. 建设准备阶段的工作中心是（　　　）。

　　A. 勘察设计　　　　B. 施工准备　　　　C. 工程实施阶段　　D. 合同签订阶段

6. 施工准备工作基本完成后，具备了开工条件，应由（　　　）向有关部门交出开工报告。

　　A. 施工单位　　　　B. 设计单位　　　　C. 建设单位　　　　D. 监理单位

7. 项目管理规划大纲是由（　　　）在（　　　）编写的。

　　A. 项目经理部　　　开工之前　　　　　B. 企业管理层　　　开工之前

　　C. 项目经理部　　　投标之前　　　　　D. 企业管理层　　　投标之前

8. 以一个施工项目为编制对象，用以指导整个施工项目全过程的各项施工活动的技术、经济和组织的综合性文件叫（　　　）。

　　A. 施工组织总设计　　　　　　　　　　B. 单位工程施工组织设计

　　C. 分部分项工程施工组织设计　　　　　D. 专项施工组织设计

9. 项目管理实施规划是在（　　　）由（　　　）主持编写。

　　A. 项目经理部　　　开工之前　　　　　B. 企业管理层　　　开工之前

　　C. 项目经理部　　　投标之前　　　　　D. 企业管理层　　　投标之前

10. 一个学校的教学楼的建设属于（　　　）。

　　A. 单项工程　　　　B. 单位工程　　　　C. 分部工程　　　　D. 分项工程

二、多项选择题

1. 建筑产品的特点是（　　　）。

　　A. 固定性　　　　　B. 流动性　　　　　C. 多样性

　　D. 综合性　　　　　E. 单件性

2. 建筑施工准备包括（　　　）。

　　A. 工程地质勘察　　　　　　　　　　　B. 完成施工用水、电、通信及道路等工程

　　C. 征地、拆迁和场地平整　　　　　　　D. 劳动定员及培训

　　E. 组织设备和材料订货

3. 建设项目的组成包括（　　　）。

　　A. 工程项目　　　　　　　B. 单位工程　　　　　　　C. 分部工程

　　D. 分项工程　　　　　　　E. 检验批

4. 建设程序可划分为（　　　）。

　　A. 项目建议书　　　　　　B. 可行性研究　　　　　　C. 建设准备阶段

　　D. 工程实施阶段　　　　　E. 竣工验收

5. 施工项目管理程序由（　　　）各环节组成。

　　A. 编制施工组织设计　　　B. 编制项目管理实施规划

　　C. 验收、交工与竣工结算　D. 项目考核评价

　　E. 项目风险管理

6. 建设项目按专业特征划分包括（　　　）。

　　A. 工程项目　　　　　　　B. 公路工程　　　　　　　C. 咨询项目

　　D. 港口工程　　　　　　　E. 维修项目

项目一

编写单位工程工程概况

1.1 单位工程
概况编写

知识目标	• 了解单位工程施工组织设计的编制依据
	• 了解单位工程施工组织设计的内容
	• 理解单位工程施工组织设计的编制程序
	• 掌握单位工程工程概况的编写

知识目标
- 了解单位工程施工组织设计的编制依据
- 了解单位工程施工组织设计的内容
- 理解单位工程施工组织设计的编制程序
- 掌握单位工程工程概况的编写

能力目标
- 能写出单位工程施工组织设计的内容、单位工程施工组织设计的编制程序
- 能解释单位工程施工组织设计的编制依据
- 能应用给定的条件对拟建工程和施工特点作简要而重点突出的图文介绍

素质目标
- 保护环境，绿色施工
- 团队协作，沟通交流
- 优化思想，统筹思想

◇ **项目分析**

建筑施工组织设计是作为指导施工的纲领性文件，因此，通过工程概况，让管理层和执行层首先对即将实施的工程增加感性认识，并达成共识。比方说，我国在"十四五"规划《纲要》中确定了一批重大工程项目，涉及到基础设施、生态环境建设等方方面面，那么这些工程是怎么被确定下来的呢？第一步就是要编写工程概况，以便让国家的决策部门了解到，为什么要做这个工程，它的用途、需要投入多少钱、需要多长时间可以完成，等等。可以说，编写工程概况是整个工程项目的起点，也是决定性的一点。在编制工程概况时一般应包含的内容为：各参建单位，合同工期，工程特点，建筑及结构设计（各分部工程）要求，现场施工条件，地质、水文情况等。附录一中的工程项目为砖混结构，在编制时应根据其施工图、施工合同等资料提取相关信息。

◇ **工作过程**

要想对单位工程工程概况进行准确描述，作为施工管理人员要有责任意识，必须认真熟悉图纸、熟悉施工说明，了解建设单位、施工单位的情况，了解现场情况和合同等内容。本着对建设工程高度负责的态度，才能及早发现问题，消除隐患，确保工程保质保量按期完成。具体编写内容（典型工作）如下：

（1）编写工程建设概况；

（2）编写工程设计概况；

（3）编写工程施工概况。

◇ **相关知识**

一、单位工程施工组织设计的编制依据

1. 主管部门的批示文件及有关要求

主要包括上级部门对工程的有关批示和要求，建设单位对施工的要求，施工合同中的相关约定等。其中施工合同中又包括工程范围和内容、工程开工及竣工日期、工程质量保修期及保养条件、工程造价、工程价款的支付方式、结算方式、交工验收办法、设计文件、概预算、技术资料的提供日期、材料及设备的供应和机械进场期限、建设方和施工方相互协作及违约责任等事项。

2. 经过会审的施工图

主要包括单位工程的全套施工图纸、图纸会审纪要及有关标准图。对于较复杂的工业厂房同时必须有完整的设备图纸，以期掌握设备安装对土建施工的要求及设计单位对"四新"的要求。

3. 施工企业年度施工计划

主要包括本工程开、竣工日期的规定，以及与其他项目穿插施工的要求等。

4. 施工组织总设计

如果本工程是整个建设项目中的一个子项目，应把施工组织总设计作为编制依据。

5. 工程预算文件及有关定额

应有详细的分部分项工程量，必要时应有分层、分段的工程量，以及需要使用的预算定额和施工定额。

6. 建筑单位对工程施工可能提供的条件

主要包括供水、供电、供热的情况及可借用作为临时办公、仓库、宿舍的施工用房等。

7. 施工现场的勘察资料

主要包括施工现场的地形、地貌、工程地质、水文、气象、交通运输、场地面积、地上与地下障碍物等情况以及工程地质勘察报告、地形图、测量控制网。

8. 有关的国家规定和标准

主要包括施工质量验收规范、质量评定标准及《建筑安装工程施工技术操作规程》等。

9. 施工条件

10. 有关的参考资料及类似工程施工组织设计实例

二、单位工程施工组织设计的内容

根据工程的性质、规模、结构特点、技术复杂难易程度和施工条件等，单位工程施工组织设计编制内容的深度和广度也不尽相同，但一般来说内容必须简明扼要，使编制出的单位工程施工组织设计真正起到指导、实施的作用。

1. 工程概况

主要包括工程建设概况、工程设计概况、施工特点分析和施工条件等内容。

2. 施工方案

主要包括工程建设施工程序、施工顺序、施工流程的确定，选择适用的施工方法和施工机械，制定主要技术组织措施。

3. 施工进度计划

主要包括划分施工过程（各分部分项工程名称）、计算工程量、计算劳动量和机械台班量、计算工作持续时间、确定施工班组人数、工作班制及安排施工进度；编制施工准备工作计划及劳动力、主要材料、预制构件、施工机具需要量计划等内容。

4. 单位工程施工平面图

主要包括起重机械的确定，搅拌站、临时设施、材料及预制构件堆场的布置，运输道路布置，临时供水、供电管线的布置等内容。

5. 主要技术经济指标

主要包括工期指标、工程质量指标、安全指标、降低成本指标等内容。

对于建筑结构比较简单、工程规模比较小、技术要求比较低，且能够利用传统施工方法组织施工的一般工业与民用建筑，其施工组织设计可以编制得简单一些，其内容一般只包括施工方案、施工进度表、施工平面图，辅以扼要的文字说明，简称为"一案一表一图"。

三、单位工程施工组织设计的编制程序

单位工程施工组织设计的编制程序，是指单位工程施工组织设计各个组成部分形成的先后次序以及相互之间的制约关系的处理。如图1-1所示。

四、工程概况及施工特点分析

单位工程施工组织设计中的工程概况主要是针对拟建工程的工程特点、地点特征及施工条件等进行简明扼要又突出重点的文字说明。

1. 工程建设概况

主要说明拟建工程的建设单位、设计单位、施工单位、监理单位，工程名称及地理位置，工程性质、用途和建设的目的，资金来源及工程造价，开工、竣工日期，施工图纸情况，施工合同是否签订，主管部门的有关文件或要求，以及组织施工的指导思想等。

2. 工程设计概况

建筑设计，最早可以追溯到两千多年前的战国。中山王陵《兆域图》是已发现世界上最早的有方向、有比例的建筑规划图纸。

（1）建设设计概况　主要说明拟建工程的建筑面积、平面形状和平面组合情况，层数、层高、总高、总长、总宽等尺寸及室内外装修的情况，并附有拟建工程的平面、立面、剖面简图。

（2）结构设计概况　主要说明基础的形式、埋置深度、设备基础的形式，桩基的类型、根数及深度，主体结构的类型，墙、梁、板的材料及截面尺寸，预制构件的类型及安装位置，楼梯构造及形式等。

（3）设备安装设计概况　主要说明拟建工程的给水排水、电气照明、采暖通风、动力设备、电梯安全等的设计要求。

3. 工程施工概况

（1）施工特点　主要说明拟建工程施工特点和施工中的关键问题、难点所在，以便突出重点、抓住关键，使施工顺利进行，提高施工单位的经济效益和管理水平。不同类型的建筑、不同地点、不同条件和不同施工队伍的施工特点各不相同。

（2）地点特征　主要说明拟建工程的地形、地貌、地质、水文、气温、冬雨期时间、年主导风向、风力和抗震设防烈度要求等。

（3）施工条件　主要说明"三通一平"的情况，当地的交通运输条件，材料生产及供应情况，施工现场及周围环境情况，预制构件生产及供应情况，施工单位机械、设备、劳动力的落实情况，内部承包方式、劳动组织形式及施工管理水平，现场临时设施、供水、供电问题的解决。

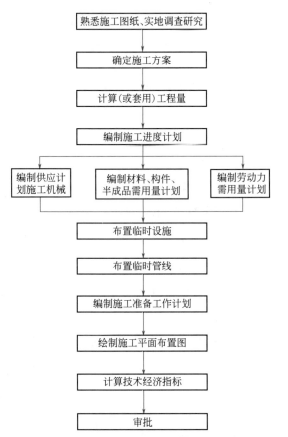

图1-1　单位工程施工组织设计的编制程序

对于结构类型简单、规模不大的建筑工程，也可采用表格的形式更加一目了然地对工程概况进行说明。

任务一
编写砖混结构单位工程工程概况

任务提出

根据附录一的新建部件变电室工程设计图纸、合同编制工程概况。

任务实施

一、编写总体情况

从附录一的新建部件变电室工程施工合同可以看出：

该工程名称为新建部件变电室，建设单位为常州×××有限公司，施工单位为常州×××建设工程有限公司，工程地点位于常州市武进区×××新建南厂污水处理厂北侧，工程造价约18万元。开工日期：2018年3月2日；竣工日期：2018年5月13日；工期73天。工程总体情况见表1-1。

表1-1　工程总体情况

工程名称	新建部件变电室	合同工期	73天（2018年3月2日～2018年5月13日）
建筑地点	新建南厂污水处理厂北侧	计划工期	72天（2018年3月2日～2018年5月12日）
建设单位	常州×××有限公司	质量目标	合格
设计单位	×××建筑设计研究院有限公司	工程特点	使用功能为变电室，一层，建筑面积91.71m²，建筑高度为6.8m
监理单位	×××监理有限公司		
定额工期	90天（全国统一建筑安装工程工期定额）		

注：表中内容来源于新建部件变电室工程施工合同（见附录一）。

二、编制工程设计概况

1. 建筑设计

由新建部件变电室工程施工合同可知，该工程的建筑面积约为92m²。根据附录一新建部件变电室工程设计图纸：从建施01的平面图可以看出，该工程的平面形状为矩形，总长14.24m，总宽6.44m；从建施03的Ⓐ～Ⓑ轴立面图可以看出，该工程层高5.8m，房屋总高6.95m（即6.8m+0.15m）。工程材料及做法见表1-2。

2. 结构设计

由附录一新建部件变电室工程设计图纸和施工设计总说明中第四～六条可知：

本工程为砖混结构，钢筋保护层厚度板20mm、梁30mm、柱30mm。±0.000以下用MU10黏土实心砖M5水泥砂浆砌筑，余用MU10KP1多孔砖M5混合砂浆砌筑，砌筑施工质量控制等级为B级。结构设计见表1-3。

表1-2　工程材料及做法

部位及名称		工程材料及做法
墙体	内外砖墙	±0.000 以下用 MU10 黏土实心砖 M5 水泥砂浆砌筑，其余用 MU10KP1 多孔砖 M5 混合砂浆砌筑，砌体砌筑施工质量控制等级为 B 级
	电缆沟	M5 水泥砂浆砌筑标准砖地沟
室外工程	散水	混凝土散水宽 600mm；20 厚 1∶2 水泥砂浆抹面，压实抹光；60 厚 C15 混凝土；素土夯实向外坡 4%；砖砌室外台阶
	外墙面	乳胶漆墙面：刷外墙用乳胶漆，6 厚 1∶2.5 水泥砂浆压实抹光，水刷带出小麻面，12 厚 1∶3 水泥砂浆打底，颜色见建施 03（附录一新建部件变电室图纸）中立面图所示
	屋面	刚性防水屋面：40 厚 C20 细石混凝土内配 ϕ12@150 双向钢筋，粉平压光，洒细砂一层，再干铺纸胎油毡一层，20 厚 1∶3 水泥砂浆找平层，现浇钢筋混凝土屋面板
	外门窗	成品金属防盗门，80 系列塑钢窗（5 厚白玻）
室内工程	地面	水泥地面：80 厚 C20 混凝土随捣随抹，表面洒 1∶1 水泥黄砂压实抹光，100 厚碎石夯实，素土夯实
		卵石地面：250 厚粒径 50～80mm 卵石，80 厚 C20 混凝土，素土夯实
	内墙面	乳胶漆墙面：刷白色乳胶漆，5 厚 1∶0.3∶3 水泥石灰膏砂浆粉面压实抹光，12 厚 1∶1∶6 水泥石灰膏砂浆打底
	平顶	板底乳胶漆顶：刷白色乳胶漆，6 厚 1∶0.3∶3 水泥石灰膏砂浆粉面，6 厚 1∶0.3∶3 水泥石灰膏砂浆打底扫毛，刷素水泥浆一道（掺水重 5% 建筑胶），现浇板
其他		1. 雨水管为 ϕ100PVC； 2. 油漆做法——防锈漆一度，刮腻子，海蓝色调和漆二度； 3. 所用涂料应在施工前现场做样后由建设单位及建筑师审定； 4. 安装分部工程材料及做法（略）

注：表中内容来源于新建部件变电室工程设计图纸（见附录一）。

表1-3　结构设计

基础垫层	混凝土强度等级	砖或砌块品种及强度等级	砂浆品种
基础	C20	MU10 黏土实心砖	M5 水泥砂浆
上部结构	C20	MU10KP1 多孔砖	M5 混合砂浆
电缆沟	预制盖板 C20	MU10 黏土实心砖	M5 水泥砂浆

注：表中内容来源于新建部件变电室工程设计图纸（见附录一），本工程中混凝土强度等级除注明外均为C20。

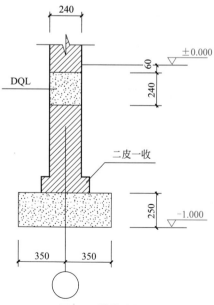

图1-2　墙基大样图

从附录一基础平面图及图 1-2 墙基大样图可知，基础形式为条形基础，基础埋深 1m。

① 耐久等级按二级设计，结构设计使用年限为 50 年。

② 屋面现浇板混凝土 C20，板厚 120mm。

③ 受力钢筋混凝土保护层厚度见表 1-4。

④ 水、电、动力设计：略，具体详见有关设计图纸。

表1-4　受力钢筋混凝土保护层厚度

混凝土结构构件	板	梁	柱
保护层厚度 /mm	20	30	30

三、描述现场施工条件

① 本工程位于新建南厂污水处理厂北侧，施工区

域相对独立空旷（电缆沟盖板可现场预制），现场"三通一平"工作已由建设单位完成；施工用水、用电均可从施工现场附近引出；其正南面与厂区道路相接，可运入建筑施工材料。

②根据勘察设计室提供的厂区工程勘察报告书（见附录五），本工程地基按承载力特征值 f_{ak}=150kPa 设计，基础开挖至设计标高须验槽以调整设计参数。

③有关气象、气候条件参阅常州市有关资料。

四、本工程施工时需套用的图集

结合附录一中的新建部件变电室工程设计图纸，本工程参考图集见表1-5。

表1-5　参考图集一览表

序号	图集编号	附录一设计图纸中标注位置	序号	图集编号	附录一设计图纸中标注位置
1	苏 J01—2015-4/12	建施 02：2-2 剖面地坑防水层做法	4	苏 G02—2011	建施 01：施工设计总说明中抗震节点构造
2	17J610-1	建施 01：M-1 做法	5	苏 J03—2006-1/20，3/20	建施 02：屋面平面图①、④、Ⓐ、Ⓑ轴
3	13G322-1	建施 01：M-2、M-3、C-1 做法	6	17J610-1-C2-3015	建施 02：2—2 剖面图

任务二

编写框架结构单位工程工程概况

🔷 任务提出

根据附录二的总二车间扩建厂房工程设计图纸、合同编制工程概况。

🔷 任务实施

一、编写总体情况

总二车间扩建厂房一览表如表1-6所示。

表1-6　总二车间扩建厂房一览表

工程名称	总二车间扩建厂房	合同工期	87 天（2019 年 2 月 3 日～2019 年 4 月 30 日）
建筑地点	××厂内机分厂总二车间北一跨北侧	计划工期	84 天（2019 年 2 月 3 日～2019 年 4 月 27 日）
建设单位	×××有限公司		
设计单位	×××建筑设计研究院有限公司	质量目标	符合设计图纸和国家工程施工质量验收合格标准要求
监理单位	×××监理有限公司		
定额工期	160 天（全国统一建筑安装工程工期定额）	工程特点	该工程为总二车间的扩建辅助厂房

二、编制工程设计概况

1. 建筑设计概况

总二车间扩建厂房建筑设计概况见表 1-7。

表1-7　总二车间扩建厂房建筑设计概况

建筑功能	辅助厂房	建筑面积	381.88m²	建筑层数	二层
建筑层高	一层层高	5.0m	建筑高度		9.44m
	二层层高	3.6m	室内外高差		0.15m
电梯数量	1个，升降货梯	耐久等级		二级	
外装修	外墙装修	乳胶漆墙面：12mm 厚 1：3 水泥砂浆打底，6mm 厚 1：2.5 水泥砂浆面粉压实抹光，水刷带出小麻面，刷外墙用乳胶漆，颜色见建施3/3（附录二总二车间扩建厂房工程设计图纸）中立面图所示			
	门窗工程	平开钢大门，90 系列塑钢窗（5mm 白玻）			
	屋面工程	刚性防水层			
内装修	顶棚	白色涂料（二度，乳胶漆）			
	地面工程	耐磨地坪（人行道部位铺 120mm 宽黄色地砖）			
	楼面工程	楼梯为水泥砂浆，楼面为水磨石			
	内墙	混合砂浆粉面（包括Ｆ轴老墙面）：15mm 厚 1：1：6 水泥石灰砂浆打底，5mm 厚 1：0.3：3 水泥石灰砂浆粉面，刷白色内墙涂料			
	门窗工程	二楼备品区走道处门的设置待定（图纸中未注明）			
其他	1. 坡道为水泥防滑坡道；2. 新旧建筑物交接缝处用沥青麻丝填充，26# 白铁皮盖缝；3. 落水管为 ϕ100 白色 UPVC；4. 涉及颜色的装修材料由设计人员认可后方可施工				

2. 结构设计概况

总二车间扩建厂房结构设计概况见表 1-8。

表1-8　总二车间扩建厂房结构设计概况

结构形式	基础结构形式		钢筋混凝土独立基础	
	建筑物结构形式		钢筋混凝土框架结构	
土质情况	分布均匀，②层黏土层为持力层（见附录五）	建筑耐久年限	二级（50 年）	混凝土环境类别	基础及露天构件为二 a 类，其余为一类
地基承载力	200kPa	抗震烈度	7 度		
混凝土强度等级	基础垫层	C10	散水坡道		C15
	独立基础	C25	混凝土柱、梁、板		C25
钢筋类别	Ⅰ HPB300	钢筋接头形式	水平筋闪光对焊、竖直筋电渣压力焊，或采用绑扎搭接		
	Ⅱ HRB335				
断面尺寸 /mm	垫层	100（独立基础下）	DQL		240×240
		200（墙基下）	电梯井壁		150
	柱	450×450			
	梁	300×800，200×400，200×550，200×450			
	板	二层板 120 厚，屋面板 100 厚			
钢筋保护层厚度	基础 40mm，现浇框柱、梁、板为 25mm，雨篷为 30mm				
墙体	±0.000 以下用 MU10 标准实心黏土砖，M5 水泥砂浆砌筑				
	±0.000 以上采用 KM1 型非承重多孔砖 200mm 厚填充墙，M5 混合砂浆砌筑				

三、描述现场施工条件

该工程具体现场施工条件如下。

① 本工程属于扩建厂房，施工区域处于已建总二车间北一跨北侧，现场无任何障碍物，工程施工时可用围护形成独立的区域（北一跨车间北门施工期间暂时封闭，车间车辆改走东、南西门进出）；施工用水、用电均可从北一跨车间内引出；施工区域处于北一跨车间北门室外道路线上，施工区域围护后可利用该线路与厂区内主要道路相连接，运入建筑施工材料。

② 根据厂区内工程岩土工程勘察报告（见附录五），木工程地基按承载力特征值 $f_{ak}=200\text{kPa}$ 设计，基础开挖至设计标高须经设计人员验槽。

③ 有关气象、气候条件参阅 ×× 市有关资料。

四、本工程施工时需套用的图集

结合附录二总二车间扩建厂房工程设计图纸，本工程参考图集如表 1-9 所示。

表1-9　参考图集一览表

序号	图集编号	附录二设计图纸中标注位置
1	02J611-1	建施 1/3：平开钢大门做法
2	苏 J01—2005	建施 1/3"建筑施工说明"中：楼面与楼梯地面、刚性防水层屋面及坡道做法
3	16G101-1，16G101-2	结施 1/5"一般说明"
4	15J101，15G612	
5	苏 G02—2011	
6	19J102—1　19G613	
7	14J936	
8	苏 G01—2003	

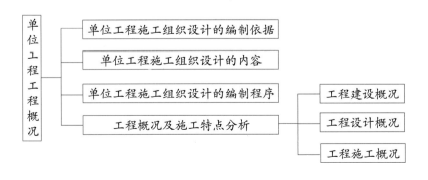

小　结

综合训练

训练目标：编制单位工程概况。

训练准备：见附录三的柴油机试验站辅助楼及浴室工程图纸。

训练步骤：

① 编制工程建设概况；

② 编制工程设计概况；

③ 分析施工特点和施工条件等。

能力训练题

一、单项选择题

1.一般正常情况，竣工日期是指（   ）。

A. 承包方提交竣工验收报告之日   B. 建设工程经竣工验收合格之日

C. 发包方接受竣工验收报告后组织验收之日   D. 工程经发包方正式使用之日

2.基础开挖至设计标高时，须经（   ）验槽。

A. 总监理工程师   B. 项目经理   C. 建设单位负责人   D. 设计人员

3.受力钢筋混凝土保护层厚度是指（   ）。

A. 箍筋中心至混凝土表面的距离   B. 主筋与主筋横向之间的净距离

C. 主筋中心至混凝土表面的距离   D. 主筋外边缘至混凝土表面的距离

4.关于"檐高"的理解，以下（   ）是正确的。

A. 是指檐口的标高

B. 是指室外设计地坪至檐口的高度

C. 突出屋面的水箱间、电梯间、亭台楼阁等应计算檐高

D. 平屋面带女儿墙者，有组织排水，檐高是指从室外地坪到屋面板底标高

5.关于"建筑高度"的理解，以下（   ）是正确的。

A. 烟囱、避雷针、旗杆、风向器、天线等在屋顶上的突出构筑物应按规定计入建设高度

B. 楼梯间、电梯塔、装饰塔、眺望塔、屋顶窗、水箱等建筑物之屋顶上突出部分的水平投影面积合计小于屋顶面积的30%，且高度不超过四米的，不计入建筑高度

C. 坡度大于20°的坡屋顶建筑，按坡顶高度一半处到室外地坪面计算建筑高度

D. 是指建筑物室外地坪面至外墙顶部的总高度

二、多项选择题

1.设计单位对"四新"的要求中，"四新"包括（   ）。

A. 新技术   B. 新规范   C. 新设备   D. 新材料   E. 新工艺

2.工程概况主要包括（   ）。

A. 工程建设概况   B. 工程设计概况   C. 施工特点分析与施工条件

D. 工程施工概况   E. 施工质量验收规范规定

3. 施工方案主要包括（　　　）。

    A. 制定主要技术组织措施　　　　　　　　B. 特殊部位施工技术措施

    C. 选择适用的施工方法和施工机械　　　　D. 现场施工条件

    E. 工程建设施工程序、施工顺序、施工流程的确定

4. 单位工程施工平面图主要包括（　　　）。

    A. 起重机械的确定　　　　B. 仓库及材料堆场位置的确定

    C. 全部拟建的建筑物、构筑物和其他设施位置和尺寸

    D. 临时设施的布置　　　　E. 运输道路的布置

5. 工程施工中，"三通一平"很重要，"三通一平"包括（　　　）。

    A. 水通　　　　B. 路通　　　　C. 电通　　　　D. 网络通　　　　E. 土地平整

项目二

确定单位工程施工部署及施工方案

知识目标

- 了解单位工程施工方案包含的内容
- 理解单位工程施工部署的含义
- 理解单位工程施工程序、施工流程、施工顺序的含义及区别
- 掌握如何确定单位工程的施工程序、施工流程、施工顺序
- 掌握如何选择单位工程的施工方法和施工机械

能力目标

- 能写出单位工程施工部署、施工方案包含的内容
- 能解释单位工程施工部署、施工方案的含义
- 能处理如何选择正确的单位工程的施工机械和相应的施工方法
- 能应用给定的条件确定单位工程的施工部署及施工方案

素质目标

- 责任意识，安全意识
- 规范意识，标准意识
- 质量意识，成本意识
- 诚信意识，一诺千金

春秋战国时期，匠人们就已经在研究施工部署和方案了。在《周礼·考工记》中有相关记载：天有时，地有气，材有美，工有巧，合此四者，然后可以为良。把它翻译一下就是：顺应自然规律，合理利用材料的性能，再以能工巧匠加以施工，就能得到一件良品。

在建筑施工中，一样要遵循自然的规律。比如北方的冬季会出现冻土，那么土方开挖就不能放在冬季。而南方夏季多雨，就要注意施工中的排水问题。可以说，做施工部署就是要站在更高的视角去思考，从多维度去全盘规划才行。

施工方案是建筑工程施工组织设计中的三大核心内容之一。因此，在进行建设工程施工前工程项目部负责人要精心编制拟建工程的施工方案，同时在施工前也必须向相关工程建设人员进行交底。在实际工程案例中，由于支模板、搭脚手架、开挖基坑等编制施工方案不当或不按施工方案进行，甚至严重违反施工工艺顺序，导致的工程质量、工程安全事故屡见不鲜，屡禁不止。根据住建部发布的数据，2019年全国房屋市政工程生产安全较大及以上事故按照类型划分，土方、基坑坍塌事故9起，占事故总数的39.13%。2021年05月，杭州地铁4号线二期工程进行土层开挖作业时，发生一起死亡1人的土方坍塌事故，事故造成直接经济损失159万元。这就需要大家在学习本项目时要有敬畏之心，意识到工程质量、工程安全责任重于泰山，养成良好的职业素养和严谨细致的工作作风，才能减少或者禁止质量和安全事故的发生，这才是对国家、对社会、对人民、对自己负责的应有态度。

项目分析

在确定施工方案时，首先要知道如何进行施工部署，所谓施工部署即明确本工程的质量、进度目标和安全指标，项目部现场组织机构设置、主要管理人员安排、施工现场与生产、技术准备情况，任务的具体划分，施工组织计划等。其次才是对施工方案的确定。其步骤如下：

（1）主要按照施工阶段的顺序进行，包括：定位放线、基础、主体、屋面、装饰装修分部工程，列出其中重要的分项工程，如土方开挖与回填、模板、钢筋、混凝土、砖砌体、抹灰等，将这些分项工程的具体规范要求结合质量验收标准较详细地罗列明确，以便于指导施工。

（2）编制时，要注意把工程所有的分部工程（基础、主体、建筑装饰装修、屋面、给排水、电气等）全部涵盖进去，不要有遗漏。一般大型工程，或超过两层的工程还需要编制脚手架搭设方案，临时用电方案。

工作过程

2.1 施工部署

熟悉图纸、熟悉施工说明，了解建设单位、施工单位的情况，了解现场情况和合同等内容。具体编写（典型工作）内容如下：

（1）确定施工部署。

（2）确定施工程序、施工顺序、施工流程。

（3）选择施工机械和施工方法。

相关知识

一、单位工程的施工部署

施工部署是对整个工程项目进行的统筹规划和全面安排，并解决影响全局的重大问题，拟定指导全局施工的战略规划。施工部署的内容和侧重点，根据建设项目的性质、规模和客观条件不同而各异。一般包括以下内容。

（1）确定施工任务的组织分工　建立现场统一的领导组织机构及职能部门，确定综合的和专业的施工队伍，划分施工过程，确定各施工单位分期分批的主导施工项目和穿插施工项目。

（2）确定工程项目的开展程序　对单位工程及分部工程的开、竣工时间和施工队伍及相互间衔接的有关问题进行具体的明确安排。

二、单位工程的施工方案

选择合理的施工方案是单位工程施工组织设计的核心。它包括工程开展的先后顺序和施工流水的安排和组织，施工段的划分，施工方法和施工机械的选择，特殊部位施工技术措施，施工质量和安全保证措施等。这些都必须在熟悉施工图纸，明确工程特点和施工任务，充分研究施工条件，正确进行技术经济比较的基础上作出决定。施工方案的合理与否直接影响到工程的施工成本、工期、质量和安全效果，因此必须予以重视。

1. 熟悉图纸、确定施工程序

（1）熟悉设计资料和施工条件　熟悉审核施工图纸是领会设计意图，明确工程内容，分析工程特点必不可少的重要环节，一般应着重注意以下几方面。

2.2 施工程序和
施工流程确定

① 核对设计计算的假定和采用的处理方法是否符合实际情况；施工时是否具有足够的稳定性，对保证安全施工有无影响。

② 核对设计是否符合施工条件。如需要采取特殊施工方法和特殊技术时，技术上以及设备条件上能否达到要求。

③ 核对结合生产工艺和使用上的特点，对建筑安装施工有哪些技术要求，施工能否满足设计规定的质量标准。

④ 核对有无特殊材料要求，品种、规格数量能否解决。

⑤ 审查是否有特殊结构、构件或材料试验，能否解决。

⑥ 核对图纸说明有无矛盾、是否齐全、规定是否明确。

⑦ 核对主要尺寸、位置、标高有无错误。

⑧ 核对土建和设备安装图纸有无矛盾；施工时如何交叉衔接。

⑨ 通过熟悉图纸明确场外制备工程项目。

⑩ 通过熟悉图纸确定与单位工程施工有关的准备工作项目。

在有关施工人员认真阅读图纸、充分准备的基础上，召开设计、建设、施工（包括协作施工）、监理和科研（必要时）单位参加的"图纸会审"会议。设计人员向施工单位作技术交底，讲清设计意图和对施工的主要要求。有关施工人员应对施工图纸及工程有关的问题提出质询，通过各方认真讨论后，逐一作出决定并详细记录。对于图纸会审中所提出的问题和合理建议，如需变更设计或作补充设计时，应办理设计变更签证手续。未经设计单位同意，施工单位不得随意修改设计。

明确施工任务之后，还必须充分研究施工条件和有关工程资料，如施工现场"三通一平"条件；劳动力和主要建筑材料、构件、加工品的供应条件；施工机械和模具的供应条件；施工现场地质、水文补充勘察资料；现行施工技术规范以及施工组织设计和上级主管部门对该单位工程施工所作的有关规定和指示等。只有这样，才能制定出一个符合客观实际情况、施工可行、技术先进和经济合理的施工方案。

（2）确定施工程序　施工程序是指单位工程中各分部工程或施工阶段施工的先后次序及其制约关系。工程施工除受自然条件和物质条件等的制约，同时它在不同阶段的不同的施工过程必须按照其客观存在的、不可违背的先后次序渐进地向前开展，它们之间既相互联系又不可替代，更不容许前后倒置或跳跃施工。在工程施工中，必须遵守先地下、后地上，先主体、后围护，先结构、后装饰，先土建、后设备的一般原则，结合具体工程的建筑结构特征、施工条件和建设要求，合理确定建筑物各楼层、各单元（跨）的施工顺序、施工段的划分，各主要施工过程的流水方向等。

引例：图2-1中的（a）、（b）、（c）、（d）应先干什么，后干什么？

图2-1　施工顺序举例

2. 确定施工流程

施工流程是指单位工程在平面或空间上施工的部位及其展开方向。施工流程主要解决单个建筑物（构筑物）在空间上的按合理顺序施工的问题。对单层建筑应分区分段确定平面上的施工起点与流向；多层建筑除要考虑平面上的起点与流向外，还要考虑竖向上的起点与流向。施工流程涉及一系列施工活动的开展和进程，是施工组织中不可或缺的一环。

对于单层的建筑物，如单层厂房，按其车间、工段或节间，分区分段地确定出平面上的施工流向。

对于多层建筑物，除了确定出每层平面上的施工流向外，还要确定竖向的施工流向。

思考：多层房屋内墙抹灰施工采用自上而下，还是自下而上地进行？

确定单位工程的施工流程时，应考虑以下几个方面。

（1）建筑物的生产工艺流程或使用要求　如生产性建筑物中生产工艺流程上需先期投入使用的，需先施工。

（2）建设单位对生产和使用的要求　一般应考虑建设单位对生产和使用要求急的工段

或部位先进行施工。

（3）平面上各部分施工的繁简程度　如地下工程的深浅及地质复杂程度、设备安装工程的技术复杂程度、工期较长的分部分项工程优先施工。

（4）房屋高低层和高低跨　应从高低层或从高低跨并列处开始施工。例如，在高低层并列的多层建筑物中，应先施工层数多的区段；在高低跨并列的单层工业厂房结构安装时，应从高低跨并列处开始吊装。

（5）施工现场条件和施工方案　施工现场场地大小、道路布置和施工方案所采用的施工方法和施工机械也是确定施工流程的主要因素。例如，土方工程施工时，边开挖边余土外运，则施工起点应定在远离道路的一端，由远及近地展开施工。

（6）施工组织的分层分段　划分施工层、施工段的部位（如变形缝）也是决定施工流程应考虑的因素。

（7）分部工程或施工阶段的特点及其相互关系　例如，基础工程选择的施工机械不同，其平面的施工流程则各异；主体结构工程在平面上的施工流程则无要求，从哪侧开始均可，但竖向施工一般应自下而上施工；装饰工程竖向的施工流程则比较复杂，室外装饰一般采用自上而下的施工流程，室内装饰分别有自上而下、自下而上、自中而下再自上而中三种施工流程。具体如下。

① 室内装饰工程自上而下的施工流程是指主体工程及屋面防水层完工后，从顶层往底层依次逐层向下进行。其施工流程又可分为水平向下和垂直向下两种，通常采用水平向下的施工流程，如图2-2所示。采用自上而下的优点是：可以使房屋主体结构完成后，有足够的沉降和收缩期，沉降变化趋向稳定，这样可保证屋面防水工程质量，不易产生屋面渗漏，也能保证室内装修质量，可以减少或避免各工作操作互相交叉，便于组织施工，有利于施工安全，而且也很方便楼层清理。其缺点是：不能与主体及屋面工程施工搭接，故总工期相应较长。

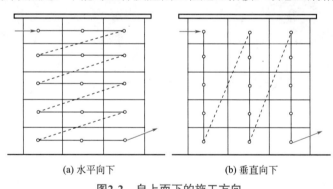

(a) 水平向下　　　　　　　　　(b) 垂直向下

图2-2　自上而下的施工方向

② 室内装饰工程自下而上的施工流程是指主体结构施工到三层及三层以上时（有两层楼板，以确保底层施工安全），室内装饰从底层开始逐层向上进行，一般与主体结构平行搭接施工。其施工流向又可分为水平向上和垂直向上两种，通常采用水平向上的施工流向，如图2-3所示。为了防止雨水或施工用水从上层楼板渗漏，而影响装修质量，应先做好上层楼板的面层，再进行本层顶棚、墙面、楼、地面的饰面施工。该方案的优点是：可以与主体结构平行搭接施工，从而缩短工期。其缺点是：同时施工的工序多、人员多、工序间交叉作业多，要采取必要的安全措施；材料供应集中，施工机具负担重，现场施工组织和管理比较复杂。因此，只有当工期紧迫时，才会考虑本方案。

③ 室内装饰工程自中而下再自上而中的施工流程，是指主体结构进行到中部后，室内装饰从中部开始向下进行，再从顶层向中部施工。它集前两者优点，适用于中、高层建筑的室内装饰工程施工。

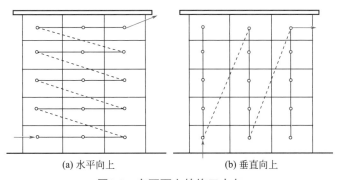

| (a) 水平向上 | (b) 垂直向上 |

图2-3　自下而上的施工方向

　　分部工程的施工阶段关系密切时，一旦前面的施工流程确定后，就决定了后续施工过程的施工流程。例如，单层工业厂房的土方工程的施工流程就决定了柱基础及柱吊装施工过程的施工流程。

3. 确定施工顺序

2.3 施工顺序确定

　　施工顺序是指分项工程或工序间施工的先后次序。根据如下六个方面来确定。

　　（1）施工工艺的要求　各种施工过程之间客观存在着的工艺顺序关系，它随着房屋结构和构造的不同而不同。在确定施工顺序时，必须服从这种关系。例如当建筑物采用装配式钢筋混凝土内柱和外墙承重的多层房屋时，由于大梁和楼板的一端是支承在外墙上，所以应先把墙砌到一层楼高度之后，再安装梁板。

　　（2）施工方法和施工机械的要求　不同施工方法和施工机械会使施工过程的先后顺序有所不同。例如在建造装配式单层工业厂房时，如果采用分件吊装法，施工顺序应该是先吊柱，再吊吊车梁，最后吊屋架和屋面板；如果采用综合吊装方法，则施工顺序应该是吊装完一个节间的柱、吊车梁、屋架和屋面板之后，再吊装另一个节间的构件。又如在安装装配式多层多跨工业厂房时，如果采用的机械为塔式起重机，则可以自下而上地逐层吊装；如果采用桅杆式起重机，则可能是把整个房屋在平面上划分成若干单元，由下而上地吊完一个单元构件，再吊下一个单元的构件。

　　（3）施工组织的要求　除施工工艺、机械设备等的要求外，施工组织也会引起施工过程先后顺序的不同。例如，地下室的混凝土地坪，可以在地下室的上层楼板铺设以前施工，也可以在上层楼板铺设以后施工。但从施工组织的角度来看，前一方案比较合理，因为它便于利用安装楼板的起重机向地下室运送混凝土。又如在建造某些重型车间时，由于这种车间内通常都有较大较深的设备基础，如先建造厂房，然后再建造设备基础，在设备基础挖土时可能破坏厂房的柱基础，在这种情况下，必须先进行设备基础的施工，然后再进行厂房柱基础的施工，或者两者同时施工。

　　（4）施工质量的要求　施工过程的先后顺序会直接影响到工程质量。例如，基础的回填土，特别是从一侧进行的回填土，必须在砌体达到必要的强度以后才能开始，否则砌体的质量会受到影响。又如工业厂房的卷材屋面，一般应在天窗嵌好玻璃之后铺设，否则，卷材容易受到损坏。

　　（5）工程所在地气候的要求　不同地区的气候特点不同，安排施工过程应考虑到气候特点对工程的影响。例如，在华东、中南地区施工时，应当考虑雨季施工的特点。土方、砌墙、屋面等工程应当尽量安排在雨季和冬季到来之前施工，而室内工程则可以适当推后。

（6）安全技术的要求　合理的施工顺序，必须使各施工过程的搭接不至于引起安全事故。例如，不能在同一施工段上一面铺屋面板，一面又在进行其他作业。又如多层房屋施工时，只有在已经有层间楼板或坚固的临时铺板把一个个楼层分隔开的条件下，才允许同时在各个楼层展开工作。

4. 选择施工方法和施工机械

正确地拟定施工方法和选择施工机械是选择施工方案的核心内容，它直接影响工程施工的工期、施工质量和安全，以及工程的施工成本。一个工程的施工过程、施工方法和建筑机械均可采用多种形式。施工组织设计就是要在若干个可行方案中选取适合客观实际的较先进合理又最经济的施工方案。

（1）确定施工方法的重点　施工方法的选择，对常规做法和工人熟悉的项目，则不必详细拟定，可只提具体要求。但对影响整个单位工程的分部分项工程，如工程量大、施工技术复杂或采用新技术、新工艺及对工程质量起关键作用的分部分项工程应着重考虑。

（2）主要分部工程施工方法要点　在施工组织设计中明确施工方法主要是指经过决策选择采纳的施工方法，比如降水采用轻型井点降水还是井点降水，护坡采用护坡桩还是桩锚组合护坡或喷锚护坡，墙柱模板采用木模板还是钢模板，是整体式大模板还是组拼式模板，模板的支撑体系如何选用，电梯井筒、雨篷阳台、门窗洞口、预留洞模板采用何种形式，钢筋连接形式如何，钢筋加工方式、钢筋保护层厚度要求及控制措施，混凝土浇筑方式，商品混凝土的试配，拆模强度控制要求、养护方法、试块的制作管理方法等。这些施工方法应该与工程实际紧密结合，能够指导施工。

1）土方工程

① 确定基坑、基槽、土方开挖方法、工作面宽度、放坡坡度、土壁支撑形式，所需人工、机械的数量。

a. 开挖方法

（a）人工挖土：适用于开挖工程量不大的情况。

（b）机械挖土：

正铲挖掘机：适用于停机面以下挖土；

反铲挖掘机：适用于停机面以上挖土；

拉铲挖掘机：适用于大面积场地平整；

抓铲挖掘机：适用于水下挖土。

2.4 预制桩
施工

采用机械挖土时，根据土方工程量计算挖掘机、运输车型号和数量。

b. 支护方法

（a）自然放坡：适用于挖土深度不大，土质较好，有放坡工作面的情况；

（b）土钉墙：适用于开挖深度 12m 内，基坑安全等级二、三级的情况；

（c）逆作拱墙：适用于开挖深度 12m 内，有形成拱的工作面，基坑安全等级二、三级，土质非淤泥土的情况；

（d）水泥土墙：适用于基坑深度 6m 内，基坑安全等级二、三级的情况；

（e）排桩或地下连续墙：适用于基坑安全等级一、二、三级的情况。

根据《建筑基坑支护技术规程》（JGJ 120—2012）设计计算。

② 余土外运方法，所需机械的型号和数量。

③ 地下、地表水的排水方式，排水沟、集水井、井点的布置，所需设备的型号和数量。

降排水方法如下。

a. 积水明排：设置集水井、排水沟，抽出地下水；

b. 降水：分为管井降水、真空井点降水和喷射井点降水；

c. 截水：一般与降水配合使用，确保周边地下水位不受影响；

d. 回灌：一般与降水配合使用，确保周边地下水位不受影响。

根据《建筑基坑支护技术规程》（JGJ 120—2012）设计计算。

2）基础工程

① 桩基础施工中应根据桩型及工期，选择所需机具型号和数量。

② 浅基础施工中应根据垫层、承台、基础的施工要点，选择所需机械的型号和数量。

③ 地下室施工中应根据防水要求，留置、处理施工缝，大体积混凝土的浇筑要点、模板及支撑要求选择所需机具型号和数量。

3）砌筑工程

① 砌筑工程中根据砌体的砌筑方式、砌筑方法及质量要求，进行弹线、立皮数杆、标高控制和轴线引测。

② 选择砌筑工程中所需机具型号和数量。

a. 砌筑砂浆方式

（a）现场搅拌：适用于地方材料充足、搅拌制度完善的情况；

（b）预拌砂浆：具有占地少、使用方便的特点。

砌筑砂浆方式应根据现场条件、工程情况选取。

b. 组砌方法：包括全顺法、全丁法、三顺一丁、梅花丁等。

c. 施工方法：包括三一砌筑法、铺浆法等。

组砌方法及施工方法应根据现场条件、工程情况结合《砌体结构工程施工质量验收规范》（GB 50203—2011）选取。

d. 脚手架工程选择

（a）落地脚手架：常用于底层建筑，地基承载力好的小高层建筑；

（b）悬挑脚手架：常用于小高层及高层建筑；

（c）附着升降脚手架：常用于高层及超高层建筑。

脚手架工程选择应根据现场条件、工程情况选取，按《建筑施工扣件式钢管脚手架安全技术规范》（JGJ 130—2011）或《建筑施工附着升降脚手架安全技术规程》（DGJ 08—19905—1999）进行计算。

4）钢筋混凝土工程

① 确定模板类型及支模方法，进行模板支撑设计。

② 确定钢筋的加工、绑扎、焊接方法，选择所需机具型号和数量。

2.5 施工方法和施工机械选择

③ 确定混凝土的搅拌、运输、浇筑、振捣、养护、施工缝的留置和处理，选择所需机具型号和数量。

④ 确定预应力钢筋混凝土的施工方法，选择所需机具型号和数量。

a. 钢筋加工方法

（a）现场机械加工：企业有加工机械，用工量大；

（b）现场数控加工：用工量少，加工精度高，速度快；

（c）成品钢筋加工配送：具有工业化程度高的特点。

钢筋加工方法应根据企业自身条件和市场情况加以选择。

b. 钢筋安装方法

（a）预制骨架，现场安装：工期短、用工较少，安装需吊装设备配合；

（b）现场绑扎：用工较多，工期较长，不受作业条件限制。

钢筋安装方法应根据现场作业条件和钢筋安装复杂程度确定。

c. 钢筋连接方法

（a）机械连接：现场冷作业，速度快，成本较低；

（b）焊接连接：成本低，适用于抗震等级二、三级和非抗震的情况；

（c）绑扎搭接：小直径成本低，大直径成本高。

连接方法应根据《钢筋机械连接技术规程》（JGJ 107—2016）、《钢筋焊接及验收规程》（JGJ 18—2012）及《混凝土结构工程施工规范》（GB 50666—2011），并结合自身和市场条件确定。

d. 模板的选择

（a）小钢模散拼散拆：观感差，用工量大，周转次数多；

（b）竹（木）胶合板模板：观感较好，用工量大，周转次数少；

（c）全钢大模板／钢框胶合板模板：观感好，用工较少，周转次数多；

（d）铝合金模板：观感好，用工少，周转次数最多，一次性投入大；

（e）塑料模板：观感好，用工多，周转次数较多；

（f）特种模板：包括滑膜、爬模、飞模等，适用于特种工程、超高层建筑。

模板选择应根据结构形式、周转次数、复杂程度结合市场条件选择，并结合《建筑施工模板安全技术规范》（JGJ 162—2008）进行计算。

e. 模板支撑体系的选择　模板支撑体系包括钢管扣件支撑体系、碗扣式支撑体系、门式脚手架支撑体系、盘销式支撑体系、插接式支撑体系等。

其选择应根据结构形式、周转次数、复杂程度并结合市场条件选择。可通过《建筑施工模板安全技术规范》（JGJ 162—2008）等规范进行计算。

f. 混凝土输送方法

（a）人工输送：采用手推车，运输最慢；

（b）塔吊吊运：速度较慢；

（c）固定泵泵送：速度较快；

（d）移动泵泵送：速度快，受现场条件影响。

输送方法应根据现场条件、工程情况、市场情况选取，并根据一次浇筑混凝土量计算混凝土运输车、移动泵或固定泵数量。

g. 混凝土浇筑方法

（a）分层浇筑：适合墙、柱等竖向构件；

（b）依次浇筑：适合梁、板等水平构件；

（c）整体分层浇筑：适合于大体积混凝土，且平面尺寸不宜太大；

（d）斜面分层浇筑：适合于大体积混凝土。

浇筑方法应根据现场条件、工程情况选取，大体积混凝土浇筑时需计算分层间隔时间，其不应大于混凝土凝结时间。

h. 混凝土振捣机械

（a）振捣棒振捣：适合竖向结构及厚度较厚的梁、板等结构；

（b）平板振捣器振捣：适合厚度不厚的板，构件表面振捣。

混凝土振捣机械应根据现场条件、工程情况选取，还应考虑选型机械的振捣范围。

i. 混凝土养护方法

（a）覆盖养护：根据天气、是否为大体积混凝土、气温选择覆盖材料；

（b）洒水养护：适合表面积不大的水平构件或不能覆盖的竖向构件；

（c）喷洒养护液养护：适用于缺水地区养护。

另外，冬期施工、大体积混凝土需进行温度计算。

5）结构吊装工程

① 确定构件的预制、运输及堆放要求，选择所需机具型号和数量。

② 确定构件的吊装方法，选择所需机具型号和数量。

a. 吊装机械的选择

（a）汽车吊：行走不便，不可吊物行走；

（b）履带吊：转弯灵活，可吊物行走。

吊装机械应根据条件、工程情况选取，需进行停机点和起重量计算。

b. 吊点布置的选择

（a）两点布置：适用于体积较小的构件，应防止失稳；

（b）四点布置：适用于体积较大的构件。

吊点布置应根据现场条件、工程情况选取，需经过计算确定构件重心。

6）屋面工程

① 确定屋面工程防水层的做法、施工方法、选择所需机具型号和数量。

② 确定屋面工程施工中所用材料及运输方式。

屋面工程常用铺贴方法如下。

a. 热熔法：适用于高聚物改性沥青卷材。

b. 冷粘法：适用于合成高分子卷材以及厚度 3mm 以下的高聚物改性沥青卷材，包括以下几种方法：

（a）空铺法：底板垫层上铺卷材，只与基层在周边一定宽度内粘接的施工方法；

（b）点粘法：底板垫层上铺卷材，采用点状粘接的施工方法；

（c）满粘法：其他与混凝土接触部位。

c. 自粘法：适用于自粘型卷材。

d. 焊接法：适用于 APP 塑料卷材。

e. 机械固定法：适用于钢结构屋面等。

铺贴方法应根据《屋面工程技术规范》（GB 50345—2012）选取。

7）装修工程

① 室内外装修工艺的确定。

② 确定工艺流程和流水施工的安排。

③ 装修材料的场内运输，减少二次搬运的措施。

8）现场垂直运输、水平运输及脚手架等搭设

① 确定垂直运输及水平运输方式、布置位置、开行路线，选择垂直运输及水平运输机具型号和数量。

② 根据不同建筑类型，确定脚手架所用材料、搭设方法及安全网的挂设方法。

常用垂直运输机械如下。

a. 物料提升机：适用于底层建筑，地基承载力好的小高层建筑；

b. 塔吊：适用于小高层及高层建筑；

c. 施工电梯：适用于高层建筑。

其选择应根据现场条件、工程情况选取。

9）特殊项目

① 对四新项目，高耸、大跨、重型构件，水下、深基础、软弱地基及冬期施工项目均应单独编制。单独编制的内容包括：工程平、立、剖面示意图、工程量、施工方法、工艺流程、劳动组织、施工进度、技术要求与质量、安全措施、材料、构件、机具设备需要量。

② 大型土方工程、桩基工程、构件吊装等，均需确定单项施工方法与技术组织措施。

（3）施工机械的选择　选择施工方法必然涉及施工机械的选择。工程施工中机械的使用直接影响到工程施工效率、质量及成本，机械化施工还是改变建筑工业生产落后面貌，实现建筑工业化的基础，因此施工机械的选择是施工方法选择的中心环节，在选择时应注意以下几点。

① 首先选择主导工程的施工机械，如地下工程的土方机械，主体结构工程的垂直、水平运输机械，结构吊装工程的起重机械等。

② 各种辅助机械或运输工具应与主导机械的生产能力协调配套，以充分发挥主导机械效率。如土方工程在采用汽车运土时，汽车的载重量应为挖土机斗容量的整数倍，汽车的数量应保证挖土机连续工作。

③ 在同一工地上，应力求建筑机械的种类和型号尽可能少一些，以利于机械管理。

④ 机械选择应考虑充分发挥施工单位现有机械的能力，当本单位的机械能力不能满足工程需要时，则应购置或租赁所需新型机械或多用机械。

任务一

确定砖混结构单位工程施工部署及施工方案

任务提出

根据附录一的新建部件变电室工程设计图纸、建设工程质量验收规范、强制性条文标准和现场场地条件编制施工部署及施工方案。

任务实施

一、施工部署

1. 企业方针、质量、安全指标

（1）质量目标　精心组织，严格控制，确保质量。

（2）安全指标　强化管理，安全第一，以人为本，确保施工全过程无任何安全事故。

（3）环境目标　严格管理，保护环境，确保施工过程"水、气、声、渣"排放达标。

（4）工期目标　详细计划，合理流水，加快施工节奏，确保按期向建设单位交付满意工程。

2. 施工准备

（1）项目部组织机构　见图2-4。

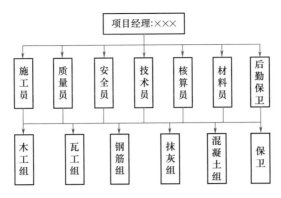

图2-4 项目部组织机构图

（2）主要管理人员部署 见表 2-1。

表2-1 主要管理人员部署

序号	项目职务	姓名	技术职称及执业证号
1	项目经理	×××	×××
2	项目工程师	×××	×××
3	专职质量员	×××	苏建质 D×××
4	施工员	×××	苏建施字×××号
5	材料员	×××	苏××建材字第×××号
6	安全员	×××	苏建安 C（×××）×××
7	造价员	×××	苏××D×××
8	取样员	×××	××取×××号

（3）施工准备

1）技术准备

① 熟悉和审查施工图纸。

a. 收拿到图纸后，仔细检查施工图纸是否完整和齐全，施工图纸设计内容是否符合工程施工规范。

b. 各技术人员抓紧熟悉图纸，检查施工图纸及各组成部分间有无矛盾和错误，如建筑图与其相关的结构图尺寸、标高、说明等方面是否一致等。

c. 通过图纸自审、互审和会审形成图纸会审纪要，掌握拟建工程的特性及应重点注意的问题，给工程的全面施工创造条件。

② 各项资料的调查分析。开工前，派有关管理人员对该地区周边的技术经济条件等进行调查分析，如三大材的价格、材料进场来源、交通资源、建筑协作单位的施工能力等。

③ 预算员做好施工预算及分部工程工料分析。主要构配件平均供应及加工计划，提出加工订货数量、规格及需用日期。

④ 按施工现场实际情况、以往施工经验及合同批准的施工组织设计，制定各部门的工程技术措施、技术方案，组织技术交底工作。

2）施工现场及生产准备。在工程正式开工前，完成施工现场的全场性前期准备工作，施工现场准备工作包括以下内容。

① 施工现场临时围墙的施工。

② 大型临时设施的建造。包括材料堆放区、施工通道，主楼通道、周转材料堆放，门卫，钢筋堆放，钢筋工棚，公共厕所。

③ 临时施工道路的浇筑，临时用水用电管网的布置和敷设。

④ 复核及保护好建设方提供的永久性坐标和高程，按照既定的永久性坐标定好施工现场的测量控制网。

⑤ 有计划组织机构及材料、机械设备的进场，布置或堆放于指定地点。

3. 任务划分

施工时根据专业划分任务，土建、防水、部分装饰等工程分别由公司所属各专业队伍承担，在公司、项目部的统一管理下，以土建为主导，各专业之间做到相互协调、密切配合。

4. 施工组织计划

根据本工程特点，将本工程划为两个施工段。通过加强计划、合理组织，提高劳动效率，加快施工进度。

二、施工方案

根据本工程特点和施工条件，划分为四个施工阶段，即基础阶段、主体阶段、屋面阶段及装修阶段。施工起点流向程序：遵循先地下后地上、先主体后围护、先结构后装潢、先土建后设备安装的原则进行施工。

（一）定位放线

（1）本工程定位放线根据建设单位提供的定位放线图和已知坐标控制点进行定位。建筑物四周设置轴线控制桩，水泥捂牢。

（2）现场水准点由永久水准点引入，共设置三个水准点（通视须良好），水准点设置在固定建筑物上。

（3）工程定位后，距基坑 1.5m 设置轴线桩，经建设单位和规划部门验收合格后方可施工。

（4）基础施工阶段标高测量方法：在土方开挖期间，对于标高的测定，采用专人负责，在接近基底时，将标高点引到基坑内，作为基础施工阶段垫层浇筑、支基础模板的依据。

（5）上部结构标高测法：±0.000 以上的标高测法，主要是用钢尺向上竖直测量，在四周共设四处引测点，以便于相互校验。其施测要点如下：

① 起始标高线用水准仪根据水准点引测，必须保证精度；

② 由 ±0.000 水平线向上量高差时，钢尺必须是合格品；

③ 观测时，采用等距离法。

（二）基础工程

施工顺序：建筑定位→放线→开挖→（基坑支护）→垫层→墙基→ GZ 及 DQL →回填土。

1. 土方工程

（1）土方开挖

① 放坡系数 1∶0.33。土方开挖阶段须考虑雨天对基础施工的影响。施工中防止地基暴露时间长及地面水流入槽内，影响边坡塌方及地基持力层。

② 分两个施工段，采用人工开挖。在土方开挖过程中严格控制，不超深（预留30cm

人工精修）、不欠挖。在槽外侧围以土堤并开挖水沟，防止地面水流入。基槽开挖完成后，按规定进行钎探，使基底标高和土质满足设计要求，做到及时验槽浇筑垫层混凝土。

（2）土方回填

① 回填土前应将基础两边基槽内和房心的垃圾、杂物清净，同时清出松散物，回填由基础底面开始。

② 回填土采用土质良好、无有机杂质的黏土，控制好回填土的含水量，以免产生"橡皮土"现象。

③ 土方回填时，两边同时分层回填，用蛙式打夯机分层压实（土块粒径不大于 5cm，每层厚度不大于 200mm），每层都按规定取样做干密度试验，以确保其密实度达到设计或施工质量验收规范的要求。

土方工程质量控制程序见附录四中附表 4-1。

2. 模板工程（垫层、构造柱、地圈梁）

基础模板采用定型组合木模板（垫层采用组合钢模板），模板对缝严密，无漏浆，支撑应牢固，无松动、位移、跑模现象。

3. 钢筋工程（构造柱、地圈梁）

① 本工程所用钢筋均由项目部技术员开出规格。必须经复核无误后方可加工制作。

② 所有进场钢筋必须有出厂合格证且经复试合格后方可使用。

③ 进场钢筋要合理计划，存放期不宜过长，且应架空有序堆放，防止锈蚀。

④ 技术人员开出规格及班组施工绑扎时，必须注意满足规范及图纸中对接头位置、搭接及锚固长度等质量要求。

⑤ 构造柱伸入基础的插盘其下部应固定牢。

⑥ 钢筋绑扎时，钢筋保护层应采用 1：2 水泥砂浆（或 C20 细石混凝土）预制块支垫，严禁使用石子支垫钢筋。

⑦ 钢筋绑扎成型后，安排专人负责，做好成品保护。

⑧ 钢筋隐蔽前必须经建设单位、质检部门、监理单位等检查验收，合格后方可浇筑混凝土。

4. 混凝土工程

① 混凝土由商品混凝土搅拌站供应，须有出厂合格证和复试合格报告（水泥、砂、碎石、外加剂等）。

② 混凝土宜分层连续浇筑完成，每浇筑完，表面原浆抹平。

③ 用插入式振捣器应快插慢拔，插入点应均匀排列，逐点移动，顺序进行，不得遗漏，做到振捣密实，移动间距不大于振捣棒作用半径的 1.5 倍，振捣上一层时，应插入下层 5cm，以消除两层间的接缝。

④ 构造柱插筋要加以固定，保证插筋位置的正确，防止浇捣混凝土时发生位移。

⑤ 混凝土浇筑完毕，外露表面应适时覆盖洒水养护。

5. 砖基础工程

① 砖进场前应有出厂合格证，并经复试合格后方可进场交付使用。

② 所用砖必须提前 1～2d 浇水湿润，确保砌筑质量。

③ 砌筑砂浆采用重量配合比，计量要准确，试块按规定留置，隔夜砂浆不得使用。

④ 砌筑时采用"三一"砌砖法，组砌形式宜一顺一丁，要求双面挂线砌筑。

⑤ 临时间断处应砌成斜槎，不得留直槎。

⑥ 构造柱处宜砌筑成马牙槎，先退后进。退出尺寸为6cm，墙内应预埋2φ6@500拉结筋，长度应符合规范要求。

⑦ 水平灰缝及竖向灰缝的宽度应控制在10mm左右，最小不得小于8mm，最大不得超过12mm，水平灰缝的砂浆饱满度不得小于80%。

⑧ 砖基础中的洞口，于砌筑时正确留出或预埋，洞宽度超过300mm时设置过梁。

⑨ 砌基础时，应检查和注意基槽土质变化情况，有无崩裂现象；堆放材料应离坑边1m以上。

⑩ 基础施工完毕，经有关部门验收合格后，应及时回填。回填土应在基础两侧同时进行并分层夯实。

（三）主体工程

施工顺序：轴线、标高传递→砌筑墙体（矩形柱、构造柱）→屋面现浇板混凝土施工。

1. 砌体工程

（1）施工工艺及措施　砖墙的砌筑工艺：抄平、放线→立皮数杆→铺灰砌砖→修缝、清理等。

① 抄平、放线：为保证建筑物平面尺寸正确及各层标高的正确，砌筑前应认真抄平、放线，标高引至DQL侧边上，先放出墙轴线，再根据轴线放出砌墙轮廓及门洞口位置。

② 砌体施工中做到无皮数杆不施工，皮数杆间距为15~20m，转角处均应设置，砌砖前应先对皮数杆进行预检。

③ 墙体砌筑时严格按照施工操作规程及设计要求施工，做好技术交底，砌体用砖提前浇水湿润，严禁干砖上墙，以确保砌筑及粉刷质量。

④ 砌筑砂浆采用重量配合比，计量准确，试块按规定留置。砂浆应随拌随用，水泥混合砂浆须在拌成4h内使用完毕，隔夜砂浆不得使用。

⑤ 木砖的尺寸符合要求，数量足够，并作防腐处理。

⑥ 构造柱处墙体砌成凹凸槎，槎深为60mm，高度为5皮砖，从底部先退后进，并按规范要求设置拉结筋。

2.6 砌筑工程

⑦ 砖砌体的转角处和交接处尽量同时砌筑，如在转角处砌筑确有困难时考虑留斜槎，斜槎底长不小于高度的2/3，槎子须平直通顺；隔墙与墙交接处留斜槎确有困难时可留直槎，且为阳槎，并加设拉结筋，拉结筋的数量为每120mm厚墙放置1φ6钢筋（120mm厚墙放置2φ6拉结钢筋），间距沿墙高不超过500mm，埋入深度从墙的留槎处算起大于500mm，外露长度大于500mm，末端成90°弯钩。接槎时，将接槎处的表面清理干净，浇水湿润，并填实砂浆，保证灰缝顺直。

⑧ 在操作过程中，要认真进行自检，如出现偏差，应随时纠正，严禁事后砸墙。

（2）成品保护

① 砂浆稠度应适宜，砌墙时应防止砂浆溅脏墙面。

② 墙体拉结钢筋、抗震构造柱钢筋及各种预埋件、水电管线等，均应注意保护，不得任意拆改或损坏。

③ 基础墙两侧的回填土，应同时进行，防止回填土将墙挤歪、挤裂。

④ 屋面现浇板未施工，若可能遇大风时，应采取临时支撑等措施，以保证施工中的稳定性。

⑤ 构造柱支模过程中应单独考虑支架、支撑，保证稳定，不得利用砖墙顶支加固而引起墙体移动、开裂等。

⑥ 雨天施工收工时，应覆盖砌体表面。

砌体工程质量控制程序见附录四中附表 4-6。

2. 模板工程

① 本工程采用多层板，现浇板用直径 48mm 普通钢管支撑的方案。对油质类等影响结构或妨碍装饰工程施工的隔离剂不得采用，钢筋及混凝土接搓处及时清理，不使隔离剂沾污。

② 在模板工程中，模板应支撑牢固，并严格控制标高、轴线位置、截面几何尺寸，达到准确无误，消除爆模，轴线位移等质量问题。

③ 柱模安装顺序：搭设安装架子→木模拼装→安装上下端柱箍→检查对角线、垂直度和位置→中间各柱箍安装→全面检查校正→群体固定。

④ 梁板模板的支撑体系：间距 1m，横楞间距 500mm，水平杆间距 1.8m。

⑤ 当梁长 $L>4m$ 时，按梁跨度的 0.1%～0.3% 起拱。

⑥ 现浇板施工时注意到模板的平整度、梁板交接处接缝的严密性。

⑦ 底模板拆除。

a. 除了非承重侧模应以能保证混凝土表面及棱角不受损坏时（大于 $1.2N/mm^2$）方可拆除外，承重模板按《混凝土结构工程施工质量验收规范》（GB 50204—2015）的有关规定执行并留设拆模试块。

b. 模板拆除的顺序和方法：按照模板设计的规定进行，遵循先支后拆、后支先拆、先非承重部位后承重部位以及自上而下的原则，拆模时，严禁用大锤和撬棍硬砸硬撬。拆除的模板等配件，严禁抛扔，要有人接应传递，按指定地点堆放，并做到及时清理、维修和涂刷好隔离剂，以备待用。

模板工程质量控制程序见附录四中附表 4-2。

3. 钢筋工程

① 所有进场钢筋均有出厂质量证明和试验报告单，并按批分类架空堆放整齐，避免锈蚀和油污，应有覆盖防雨水措施。

② 本工程所用全部钢筋均由现场加工制作，工地技术员校核下料尺寸、规格后，方可加工。Ⅰ级钢筋末端均应做 180° 弯钩。Ⅱ级钢筋做 90°、135° 弯钩时，其弯曲直径 D 不小于钢筋直径 d 的 4 倍。箍筋均做 135° 弯钩，平直部分为钢筋直径的 10 倍。

③ 进场钢筋合理计划，随用随进，不合格钢筋决不进场。

④ 钢筋的绑扎应符合下列规定。

a. 钢筋的交叉点都应绑扎牢。

b. 板钢筋网，除靠近外围两行钢筋的相交点全部扎牢外，中间部分的相交点可相隔交错扎牢，但必须保证受力钢筋不产生位移。双向受力的钢筋须将所有相交点全部扎牢。

c. 梁和柱的箍筋，除设计有特殊要求外，应与受力钢筋保持垂直；箍筋弯钩叠合处，应沿受力钢筋方向错开放置。此外，梁的箍筋弯钩应尽量放在受压处。

d. 现浇板钢筋绑扎成型后，浇筑混凝土时，应在木马凳上铺木跳板运输混凝土，以免压偏负弯矩筋。板负筋、悬臂构件钢筋严禁踩踏，以避免因此发生变形或位移。

e. 梁中水平钢筋接头采用闪光对焊，按规定制作试件，试件经试验合格后正式施焊于结构。

f. 混凝土浇筑前必须组织有关人员对所有钢筋进行检查，严格把关，并报请甲方、监理工程师验收确认，同时及时办理隐蔽工程验收手续。

钢筋工程质量控制程序见附录四附表 4-3、附表 4-4。

4.混凝土工程

（1）混凝土来源　混凝土采用商品混凝土搅拌站机械搅拌并运至工程现场、机械振捣的方法施工。柱采用插入式振捣振实，现浇梁板采用插入式振捣棒结合平板振捣器振实，使混凝土达到无蜂窝、麻面、漏筋等现象。

（2）混凝土运输　采用提升井架，水平运输用人力灰斗车。因为混凝土运至现场，运输距离短，不会产生离析，但是混凝土应避免在运输过程中存放时间太长，水平运输架设专用通道，严禁车子和人走在钢筋、模板或新浇混凝土上。

（3）混凝土浇筑

① 浇筑混凝土前，对模板及支架、钢筋和预埋件进行检查；对模板内的杂物和钢筋上的油污等清理干净；对模板的缝隙和孔洞予以堵严；对木模板浇水湿润，并保证无积水。要求木工、钢筋工在混凝土施工过程中跟班检查，随时处理浇筑过程中出现的支架松动、模板变形、钢筋位移等问题。

② 在浇筑构造柱混凝土时，先在底部填以50mm厚与混凝土内砂浆成分相同的水泥砂浆作引浆；浇筑过程中发现有离析现象，及时进行二次搅拌。

③ 混凝土施工缝的留置在浇筑前确定，并留置在结构受剪力较小且便于施工的部位，主梁、悬挑梁不留施工缝，次梁梯板设在跨中1/3区内，且为垂直缝。现浇板连续浇筑不留施工缝。施工缝按规范要求处理。

④ 混凝土应分层浇灌，分层振捣，用插入式振捣器每层厚度以40～50cm为宜，用平板振捣器时每层厚度以小于20cm为宜，振捣点应落点有序，振捣充分又不过振，严防漏振或出现蜂窝麻面。

（4）混凝土养护　混凝土浇筑后及时进行"一养三防"（即浇水养护、防冻、防雨、防暴晒），新浇混凝土上面及刚拆模混凝土应用麻袋覆盖或包裹养护，以提高混凝土强度，混凝土养护设专人，分班定时养护，现场设养护水池，停水时采用潜水泵抽水养护，养护时间不小于14天。新浇混凝土在强度未达到规范要求（1.2MPa）前不得在其上踩踏和施工。

混凝土工程质量控制程序见附录四附表4-5。

（四）屋面工程

施工顺序为：钢筋混凝土屋面板表面清扫干净→20mm厚1∶3水泥砂浆找平层→洒细砂一层，再干铺纸胎油毡一层→40mm厚C20细石混凝土内配φ4@150双向钢筋，粉平压光。

（1）找平层　工艺流程：清理基层→找标高、弹线分格→做灰饼、嵌分格条→刷素水泥浆→铺设找平层→刮平抹压→养护→检查验收。

① 做灰饼、嵌分格条：用水泥砂浆做成间距1.5m的冲筋，厚度与找平层相同。分格条用刨光的楔形木条，上口宽25mm，下口宽20mm。

② 铺设找平层前基层适当洒水湿润，于铺浆前1h在混凝土构件面刷素水泥浆一道，使找平层与基层牢固结合。

③ 铺设找平层。

a.严格按规定配合比计量搅拌，随拌随用，并在3h内用完。

b.不留施工缝，砂浆的稠度控制在7cm左右。

④ 刮平抹压。

a.先用木抹子在表面搓压提浆，并检查平整度。

b.当开始初凝（即人踏上去有脚印但不下陷）时，用钢抹子压第二遍，不得漏压，把凹坑、死角、砂眼抹平。

c.在水泥终凝前进行第三次压实收光，以减少收缩裂缝。终凝前要轻轻取出分格木条。

⑤ 养护：找平层施工完成后 12h 左右覆盖和洒水养护，严禁上人，养护期 7 天。

（2）干铺纸胎油毡层

① 注意细砂洒铺时的均匀性，砂的含水率应符合要求。

② 油毡层卷入女儿墙的长度、油毡搭接长度均须满足规范要求。

（3）刚防层　工艺流程：分格弹线→设置分格缝木条→绑扎钢筋→铺下层混凝土→铺上层混凝土→平仓→振捣→滚压→光面→二次压光→三次压光→起分格条→嵌修分格缝→养护→嵌填密封材料。

① 分格缝分格面积 $36m^2$，$6m \times 6m$ 设置。

② 绑扎钢筋：钢筋网片进行绑扎，绑扎钢筋端头做成弯钩，搭接长度 >30d，绑扎钢筋的铁丝弯至主筋下；钢筋网片的位置处于刚防层的中部偏上，但保护层厚度控制在 10mm 以外；钢筋在分格缝处断开。

③ C20 细石混凝土：采用商品混凝土搅拌站供应的混凝土；一个分格缝内的混凝土必须一次浇筑完成，不得留置施工缝；铺设混凝土时边铺边提钢筋网片，使其处于中部偏上的位置；采用平板振捣器振捣，捣实后用铁滚筒十字交叉地来回滚压 5～6 遍，直到混凝土表面泛浆为止；混凝土振捣、滚压泛浆后，用木抹子按设计要求的厚度刮平压实，使表面平整，在浇捣过程中，随时用 2m 直尺检查、刮平；混凝土初凝、收水后，用铁抹子进行第二次压光，剔除露出的活动石子，同时取出分格条，及时用 1：2 水泥砂浆修补好缺口，使分格缝平直；终凝前，用铁抹子进行第三次收光，收光时不得在表面洒水、撒水泥或水泥浆；终凝后，在浇筑后 12h 采用浇水养护，养护时间 14 天，养护期间严禁上人踩踏。

④ 嵌修分格缝：在混凝土干燥并达到设计强度后，用油膏对分格缝进行嵌修；采用热灌法嵌修的方法，嵌修应仔细，做到不漏填，不多填，均匀饱满。

屋面防水工程质量控制程序见附录四附表 4-8。

（五）装饰工程

（1）内外墙装饰工程　内外装修顺序自上而下进行，外墙抹灰与面层外墙两道工序连续进行，以便合理利用外架。装修阶段，垂直运输采用井字架运输砂浆等装饰材料，室内水平运输采用手推车。

（2）室内粉刷

① 室内抹灰先顶棚后墙面，墙面抹灰前洒水湿润，顶棚抹底前先在墙顶弹线（以墙上 +50 线为准），按弹的线拉水平线贴饼，再抹灰，以保证其平整度。

室内一般抹灰工程质量控制程序见附录四附表 4-7。

② 内装修主要施工工序为：放线→立门窗口→贴饼子→冲筋→门窗口护角→门窗口塞缝→顶棚抹灰→内墙面抹灰→地面→安装门窗扇→批刷涂料。

③ 所在内墙的门、窗均做 1：2 水泥砂浆门窗套，内墙阳角做 1：2 砂浆护角，高1.8m。

（3）涂料施工

① 基层要求：基层表面必须坚固和无酥松、脱皮、起壳、粉化等现象；基层表面的泥土、灰尘、油污等杂物脏迹也必须清洗干净，粉化物必须铲除；基层必须干燥，含水率不得大于 10%，基层要平整，但不能太光滑，孔洞和不必要的沟槽应进行补修，基层表面的垂直度、平整度、强度符合施工质量要求。

② 批嵌腻子：对处理好的基层表面，用腻子批嵌两遍，使整个墙面平整光洁。第一遍用稠腻子嵌缝洞，第二遍用材性相溶腻子找平大面，然后用 0～2 号砂纸打磨，清除表

面浮灰。

③涂刷：涂刷前，将不需涂刷的部位，用塑料布完全遮挡好，以免破坏或弄污，然后检查涂料色彩，同一墙面应用同一批号的涂料，如几桶涂料中涂料有差别，应将涂料倒入大桶中搅拌均匀，再用刷涂方法进行施工；刷涂时使用排笔，先刷门窗口，然后竖向、横向涂刷的接头、流平性要好。每遍涂料不宜施涂过厚，涂层应均匀，颜色应一致。

（4）外墙装饰　工艺流程：外墙竖横缝处理→墙面清理粉尘、污垢→浇水湿润墙面→吊垂直套方抹灰饼冲筋找规矩→抹底灰→粘分格条（先弹线）→抹面层水泥砂浆→刷外墙涂料。

①基层处理：将墙面上残余砂浆、污垢、灰尘等清理干净，并用水浇灌，将砖缝中的尘土冲掉，并将墙面湿润。

②吊垂直、套方，找规矩，按墙上已弹的基准，分别在洞口、垛、墙面等处吊垂直、套方、抹灰饼，并按灰饼冲筋。

③抹底层砂浆，应分层分遍与所抹筋齐平，并用大尺杆刮平找直，木抹子搓毛。

④底层砂浆抹好后，第二天即可抹面层砂浆，首先应将墙面湿润，按图纸尺寸弹分格线，然后依次粘分格条、滴水线、抹面层砂浆。

⑤对抹灰工序的安排是先从上往下打底，底灰抹完后，架子再上去，再从上往下抹面层砂浆，应注意先检查底层灰是否有空裂现象，如有空裂现象应剔凿反修后再做面层；内外粉底层冲筋贴饼处，在底层做完经检查合格后，剔掉筋、饼，用与底灰同样标号砂浆抹灰，以防抹灰面空裂。

（5）油漆工程　工艺流程：基层处理→刮腻子→刷第一遍油漆（除锈漆）→刮腻子→磨砂纸→第二遍油漆→磨砂纸→刷最后一遍调和漆（海蓝色）。

①基层处理：清扫、除锈、磨砂纸。首先将基层表面上浮土、灰浆等打扫干净；基层表面的砂眼、凹坑、缺棱、拼缝等处，用腻子刮抹平整重量配合比为石膏粉20、熟桐油5、油性腻子或醇酸腻子10、底漆7、水适量。腻子要调成不软、不硬、不出蜂窝，挑丝不倒为宜，待腻子干透后，用1号砂纸打磨，磨完砂纸后用湿布将表面上的粉末擦干净。

②刮腻子：用刮板在基层表面上满刮一遍腻子（配合比同上），要求刮的薄，收的干净，均匀平整无飞刺。等腻子干透后，用1号砂纸打磨，注意保护棱角，要求达到表面光滑、线角平直、整齐一致。

③刷第一遍油漆：经过搅拌后过箩，秋季宜加适量催干剂。油的稠度以达到盖底、不流淌、不显刷痕为宜，厚薄要均匀一致，刷纹必须通顺。

④抹腻子：待油漆干透后，对于底腻子收缩或残缺处，再用腻子补抹一次，要求与做法同前。

⑤磨砂纸：待腻子干透后，用1号砂纸打磨，要求同前。磨好后用湿布将磨下的粉末擦净。

⑥刷第二遍油漆，方法同前。

⑦磨砂纸用1号砂纸轻磨一遍，方法同前，但注意不要把底漆磨穿，要保护棱角。磨好砂纸应打扫干净，用湿布将磨下的粉末擦干净。

⑧刷最后一遍漆。刷油方法同前。但由于调和漆黏度较大，涂刷时要多刷多理，刷油要饱满、不流不坠、光亮均匀、色泽一致。

（6）散水施工　提前预制沥青砂浆条，条的厚度为20mm，高度同散水厚、长度同散水宽。施工中按图纸要求，在散水变形缝的位置拉线，外边线仍用木板支模，靠墙身及分格线位置均固定沥青砂浆条。浇灌散水混凝土时，随打随抹，适时养护，待混凝土强度达1.2MPa 后，用钢制烙子烫熨沥青条，要求缝隙深浅一致，交角平顺，采用这种方法既保证了工程质量，杜绝了木条起不干净、碰坏混凝土边角以及污染墙面等问题，又缩短了施工周期，能取得较好的经济效益，有利于文明施工。

（7）地面工程

① 水泥地面：素土夯实→碎石夯实→ C20 混凝土。基土：机械夯实，先夯外围，后夯中间，不得漏夯，夯实后压实系数不得低于 0.9。碎石垫层：摊铺应均匀，表面空隙以粒径 5 ～ 25mm 的细石子填补，级配良好；采用平板振动器压实，压实前洒水时控制含水率15% ～ 20%，振动器往复振动至表面平整砂石不再松动为止，碾压至少三遍。混凝土面层：采用商品混凝土，平板振动器振捣，不设施工缝，要做到面层与基层的结合牢固、无空鼓，表面洁净，无裂纹、脱皮、麻面和起砂等现象。

② 卵石地面：素土夯实→ C20 混凝土→粒径 50 ～ 80mm 卵石；铺设卵石：铺设厚度要均匀，不得有杂质。

（六）门窗工程

（1）门窗放置　门窗现场堆放应注意垫平，防止变形。

（2）金属门

① 油漆同油漆工程。

② M-1 制作时注意门下口与地面间的缝隙，满足施工验收规范要求。

（3）施工要求　塑钢窗的施工按照标准图窗框的外尺寸宽和高都比窗口小 50mm，安装前先检查洞口尺寸和位置，以满足窗框安装对窗口尺寸要求。外墙装饰完成，室内墙面抹完底灰后，开始安装窗框。窗旁角水泥砂浆分两次抹完，第一次抹 8mm，抹完后框外缝隙为 17mm，待砂浆有一定强度后，安装窗框。先用木楔和检测工具调整窗的位置、水平度、垂直度，当三者都满足要求后，将窗框用木楔临时固定，再安装连接板正式固定。固定后，抹第二次水泥砂浆，厚为 10mm，将连接板盖住，此次抹完，框与抹灰面的缝隙为7mm 左右，但填密封膏的槽口宽度应小于 5mm，以节约密封膏。待第二次砂浆达到一定强度将木楔拔出，并在窗框周围填矿棉或玻璃毡条。窗的位置偏差：上下各层窗的相对垂直错位小于 20mm，每层的框底标高与基准线的高差小于 5mm，每扇窗的水平度与垂直度满足验收规范要求。

（七）给排水及电气工程（略）

2.7 施工缝留设

任务二

确定框架结构单位工程施工部署及施工方案

根据附录二的总二车间扩建厂房工程设计图纸、建设工程质量验收规范、强制性条文标准和现场场地条件编制施工部署及施工方案。

任务实施

本任务主要介绍主体结构工程，其余的可参照砖混结构。

施工工艺流程：技术交底→抄平放线→轴线复核→绑扎柱钢筋→钢筋验收→支柱模板→技术复核验收→浇捣柱混凝土→支梁底模→绑扎梁钢筋→支梁侧模→支现浇板模板→绑扎板钢筋→复核验收→浇捣梁板混凝土→养护→弹线复核→上层结构。

一、模板工程

模板质量直接关系到混凝土观感质量的好坏，为了保证混凝土密实度及外观质量，计划在模板方面进行一定的投入，决定模板采用木模板，用钢管与方木做支撑。为了保证施工进度，模板总量按以满足进度需要为标准进行配置，周转使用。柱模板支撑系统见图2-5。

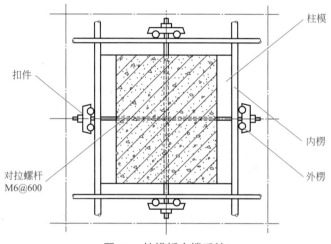

图2-5　柱模板支撑系统

1. 模板制作

模板统一安排在木工间集中加工，按项目部提供的模板加工料单及时进行制作，复杂混凝土结构先做好配板设计，包括模板平面分块图、模板组装图、节点大样图等。

2. 模板要求

模板制作完成后堆放整齐，随用随领。

（1）柱模板　柱模按柱截面尺寸用多层板制作成定型模板，采用钢管扣件排架支撑。钢管立杆间距为1.0m，该支撑系统同时用作梁板支撑。

① 柱模板安装时，先弹出柱的中心线及四周边线。通排柱模板安装时，先将柱脚互相搭牢固定，再将两端柱模板找正吊直，固定后，拉通线校正中间各柱模板。开间较大部分各柱单独找正吊直，然后拉通线校正复核。各柱柱模板单独固定外还应加设剪力撑彼此拉牢，排架系统应设剪力撑，以加强整体稳定性，防止浇筑混凝土时产生偏斜。

② 对截面较大的柱，采用在柱截面中设对拉螺杆以增强刚度。

③ 为了及时清除柱脚杂物，在柱脚模板预留清扫口，在浇捣混凝土前封堵。

（2）梁、板模板　采用18mm厚多层板，50mm×100mm木方，支柱用φ48焊接钢管与扣件组成排架系统，支柱在高度方向设置纵、横水平拉杆和斜拉杆，水平拉杆离地面 500mm 处设一道，以上每 2m 设一道，立柱底部铺 5cm 厚垫板，同时上层支架的立柱应对准下层支架的立柱。另外下层楼板应具有承受上层荷载的承载能力或加设支架支撑。梁板支模示意图见图 2-6。

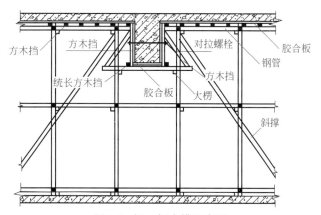

图2-6 梁、板支模示意图

① 对梁高在 70cm 以上的深梁模板支模，由于混凝土侧压力随高度的增加而加大，为防止模板向外爆裂及中间膨胀，在梁侧中部设置通长模楞，采用二道对拉螺栓紧固。

② 施工中，模板受混凝土自重和施工荷载等外力作用会产生变形，支柱也会产生压缩变形和侧向弯曲变形，为了抵消这种情况产生的挠度，当梁、板跨度大于 4m 时，模板中部应起拱，起拱高度宜为全跨长度的 0.1%～0.3%。同时为了防止因模板起拱而减少梁的截面高度，采用梁端底模下降的办法。

（3）楼梯模板 踏步模板及楼梯底模板采用 15mm 厚胶合板模板，50mm×100mm 木方背楞，支撑时先采用钢管脚手架。支模时先安装平台梁模板，再安装楼梯底模，然后安装楼梯外侧模板，最后安装踏步模板。楼梯模板示意图见图 2-7。

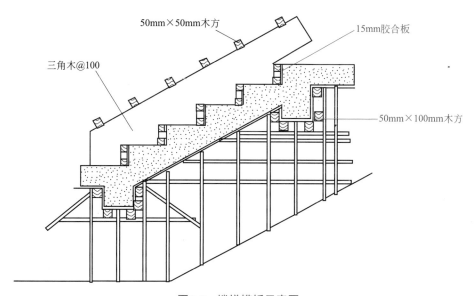

图2-7 楼梯模板示意图

模板均涂刷水质脱模剂，在涂刷脱模剂前必须将模板清扫干净。墙体模板下端、门洞口模板两面均贴海绵条以防跑浆。

3. 模板拆除时间

① 按规范要求留设同条件养护试块，经试压后决定拆模时间。底模拆除时的混凝土强度要求见表 2-2。

表2-2　底模拆除时的混凝土强度要求

构件类型	构件跨度 /m	混凝土设计强度百分率	构件类型	构件跨度 /m	混凝土设计强度百分率
板	$L \leqslant 2$	≥ 50%	梁、拱、壳	$L \leqslant 8$	≥ 75%
	$2 < L \leqslant 8$	≥ 75%		$L > 8$	≥ 100%
	$L > 8$	≥ 100%	悬臂构件	—	≥ 100%

②拆模时，按合理顺序进行拆除，一般按后支的先拆，先支的后拆，先拆除非承重部分，后拆除承重部分。拆模时不得强力振动或硬撬、硬砸，不得大面积同时撬落或拉倒，对重要承重部位应拆除侧模，检查混凝土无质量问题后方可继续拆除承重模板。

③已拆除模板及其支架的结构，在混凝土强度符合设计混凝土强度等级后，方可承受全部使用荷载；当施工荷载产生的效应比使用荷载的效应更为不利时，先进行核算，加设临时支撑。

4. 模板质量检查

模板工程安装完成后及时进行技术复核与分项工程质量检查，确保轴线、标高与截面尺寸准确。

①要求模板及其支架必须具有足够的强度、刚度和稳定性。

②模板接缝全部采用胶带纸粘贴。

③模板与混凝土的接触面清理干净并涂刷隔离剂。

④模板安装的允许偏差及检验方法见表2-3。

表2-3　现浇结构模板安装的允许偏差及检验方法

项 次	项 目		允许偏差 /mm	检验方法
1	轴线位置		5	钢尺检查
2	底模上表面标高		±5	水准仪或拉线、钢尺检查
3	截面内部尺寸	基础	±10	钢尺检查
		柱、墙、梁	+4，−5	
4	层高垂直度	不大于 5m	6	经纬仪或吊线、钢尺检查
		大于 5m	8	
5	相邻两板表面高低差		2	钢尺检查
6	表面平整度		5	2m 靠尺和塞尺检查
7	预埋钢板中心线位置		3	拉线和尺量检查
8	预埋管、预留孔中心线位置		3	

二、钢筋制作

钢筋的质量优劣是直接影响结构的安全使用与使用寿命的重要环节，为了保证本工程的钢筋质量，钢材全部由知名钢材厂家直接供应。同时，钢材进场时，项目部质量员与材料员等对钢材严格按《钢筋混凝土用钢 第1部分：热轧光圆钢筋》（GB/T 1499.1—2017）和《钢筋混凝土用钢 第2部分：热轧带肋钢筋》（GB/T 1499.2—2018）等规范进行外观质量、标志、出厂质量证明书等验收，并抽样进行力学验收，合格后方可进行加工。具体做到以下几点要求。

①为了确保工程质量，加强施工现场文明管理，钢筋统一由钢筋加工间集中制作，由项目部提供钢筋配料单，及时按要求加工。

②钢筋在运输和储存时，不得损坏标志，并按批分别堆放整齐，避免锈蚀或油污。

③ 钢筋加工的形状、尺寸按设计要求，钢筋的表面要求洁净、无损伤，油渍、漆污和铁锈等在使用前清除干净。不使用带有颗粒状或片状老锈的钢筋。

④ 钢筋要求平直，无局部曲折。采用冷拉方法调直钢筋时，Ⅰ级钢筋的冷拉率控制在4% 以内。

⑤ Ⅰ级钢筋末端做 180° 弯钩，其圆弧弯曲直径 D 不小于钢筋直径 d 的 2.5 倍，平直部分长度不宜小于钢筋直径 d 的 3 倍。Ⅲ级钢筋末端需做 90° 弯折时，弯曲直径 D 不宜小于钢筋直径 d 的 4 倍。

⑥ 钢筋加工的允许偏差：受力钢筋顺长度方向全长的净尺寸不大于 ±10mm。钢筋制作完成后，按规格、使用部位堆放整齐。

1. 钢筋下料

钢筋因弯曲会使其长度发生变化，这一点在配料中值得注意，因此不能直接根据图纸中尺寸下料，必须了解对混凝土保护层、钢筋弯曲、弯钩等的规定，再根据图中尺寸正确计算其下料长度。钢筋弯曲调整值：45° 弯曲为 0.5d；90° 弯曲为 2d；135° 弯曲为 2.5d。钢筋弯钩增加长度一般是：半圆弯钩为 6.25d，直弯钩为 3.5d，斜弯钩为 4.9d，对弯钩增加长度尚要根据具体条件，并满足设计要求。

① 在配料计算时，钢筋配置的细节问题没有明确时，原则上按构造要求处理。

② 钢筋配料应坚持节约利用的原则，计算应填写配料单，下料制作依据配料单进行。

③ 配料时，尚要考虑施工需要的附加钢筋。

2. 成形加工

钢筋表面应洁净，油污、浮皮、铁锈等应在使用前清除干净，在焊接前，焊点处的铁锈应清除干净，除锈后留有麻点的钢筋不得随意使用。

① 钢筋切断断口规整，不得有马蹄形或端头弯曲等现象，钢筋切断长度要求正确，其允许偏差为 ±10mm。

② 钢筋弯曲成形，Ⅰ级钢筋末端弯钩的圆弧弯曲直径不应小于 2.5d，平直部分长度按要求确定，不作要求时不宜小于 3d；Ⅲ级钢筋末端弯折时，弯曲直径不宜小于 4d，平直部分长度按要求确定，弯起钢筋中部弯折处的弯曲直径不宜小于 5d。

③ 梁、柱箍筋必须做 135° 弯钩，弯钩平直段长度为 10d。

3. 质量要求

钢筋成形形状正确，平面上没有翘曲不平现象。

① 钢筋弯曲点处不允许有裂纹，为此，钢筋弯曲时要避免弯来弯去的现象。

② 钢筋弯曲成形后的允许偏差：全长 ±10mm，弯起钢筋起弯点后位移 20mm，弯起高度 ±5mm，箍筋边长 ±5mm。

三、钢筋焊接

本工程中梁主筋接长采用闪光对焊，柱主筋接长采用电渣压力焊。

1. 焊前准备

为了确保焊接质量，焊接严格按《钢筋焊接及验收规程》（JGJ 18—2012）进行。钢筋焊接前，根据施工条件先进行试焊，合格后方可施焊。同时焊工必须有焊工考试合格证，才能上岗操作。钢筋电渣压力焊接头焊接缺陷与防止措施见表 2-4。

表2-4   钢筋电渣压力焊接头焊接缺陷与防止措施

项次	焊接缺陷	防止措施	项次	焊接缺陷	防止措施
1	轴线偏移	1. 矫直钢筋端部 2. 正确安装夹具和钢筋 3. 避免过大的挤压力 4. 及时修理或更换夹具	5	未焊合	1. 增大焊接电流 2. 避免焊接时间过短 3. 检修夹具,确保上钢筋下送自如
2	弯折	1. 矫直钢筋端部 2. 注意安装与扶持上钢筋 3. 避免焊后过快卸夹具 4. 修理或更换夹具	6	焊包不匀	1. 钢筋端面力求平整 2. 填装焊剂尽量均匀 3. 延长焊接时间,适当增加熔化量
3	焊包薄而大	1. 降低顶压速度 2. 减小焊接电源 3. 减少焊接时间	7	气孔	1. 按规定要求烘焙焊剂 2. 清除钢筋焊接部位的铁锈 3. 确保被焊处在焊剂中的埋入深度
4	咬边	1. 减小焊接电流 2. 缩短焊接时间 3. 注意上钳口的起始点,确保上钢筋挤压到位	8	烧伤	1. 钢筋导电部位除净铁锈 2. 尽量夹紧钢筋
			9	焊包下淌	1. 彻底封堵焊剂罐的漏孔 2. 避免焊后过快回收焊剂

2. 焊接验收

所有钢筋焊接后按现行规范规程规定批数进行力学性能试验。要求试验报告必须在钢筋隐蔽工程验收前提交,以确保无不合格项目进入下道工序。

3. 对焊焊接工艺

进行闪光对焊、电渣压力焊时,应随时观察电源电压的波动情况。对于闪光对焊,当电源电压下降大于 5%、小于 8% 时,应采取提高焊接变压器级数的措施;当大于或等于 8% 时,不得进行焊接。对于电渣压力焊,当电源电压下降大于 5% 时,不宜进行焊接。

① 本工程采用对焊机容量为 100kV·A,对 $\phi22$ 以下钢筋可采用连续闪光焊;对 $\phi25$ 钢筋,钢筋表面较平整时,采用预热闪光焊;当钢筋端面不平整时,则采用"闪光—预热闪光焊"。

② 闪光对焊时,应选择调伸长度、烧化留量、顶锻留量以及变压器级数等焊接参数。闪光—预热闪光焊时的留量应包括:一次烧化留量、预热留量、二次烧化留量、有电顶锻留量和无电顶锻留量。

③ 焊接后及时进行外观检查和力学性能试验,外观检查要求:接头处弯折不大于 4°;钢筋轴线位移不大于 0.1d,且不大于 2mm;无横向裂纹和烧伤,焊包均匀。

4. 电渣压力焊焊接工艺

电渣压力焊适用于现浇混凝土结构中竖向钢筋的连接,其焊接工艺如下。

① 焊接夹具的上下钳口夹紧于上、下钢筋上;钢筋一经夹紧,不得晃动。

② 引弧采用钢丝圈引弧法。

③ 引燃电弧后,先进行电弧过程,然后加快上钢筋下送速度,使钢筋端面与液态渣池接触,转变为电渣过程,最后在断电的同时,迅速下压上钢筋,挤出熔化金属和熔渣。

④ 接头焊毕,停歇后,回收焊剂和卸下焊接夹具,并敲去渣壳。

⑤ 焊接后逐个进行外观质量检查,要求:四周焊包应均匀,凸出钢筋表面的高度应大于或等于 4mm;无裂纹及烧伤;接头处弯折不大于 4°;钢筋轴线位移不大于 0.1d,且不大于 2mm。

5. 电弧搭接焊焊接工艺

对部分钢筋,对焊有困难时,采用电弧搭接焊。其焊接工艺如下。

① 焊接时尽量采用双面焊，如特殊情况不能进行双面焊时，采用单面焊。搭接长度按双面焊≥5d，单面焊≥10d。

② 搭接焊时，焊接端钢筋预弯，并使两钢筋的轴线在同一直线上。焊接前采用两点固定，定位焊缝与搭接端部的距离≥20mm。

③ 焊缝厚度不小于主筋直径的0.3倍；焊缝宽度不小于主筋直径的0.7倍。

电弧焊接头在清渣后逐个进行目测或量测，外观检查要求：焊缝表面应平整，不得有凹陷或焊瘤；焊接接头区域不得有裂纹；接头处弯折不大于4°；钢筋轴线偏移不大于0.1d，且不大于3mm；焊缝厚度偏差不大于+0.05d、−0mm；焊缝宽度偏差不大于+0.1d、−0mm；焊缝长度偏差不大于−0.5d；横向咬边深度不大于0.5mm；在长2d焊缝表面上的气孔及夹渣不多于2个，每处面积不大于6mm²。

四、钢筋绑扎

钢筋采用人工绑扎的方法，绑扎时分析受力情况，注意钢筋的位置与绑扎顺序。

1. 钢筋绑扎要点

纵向受拉钢筋的最小锚固长度应满足《混凝土结构工程施工质量验收规范》（GB 50204—2015）中的要求。

① 规格较小的圆钢采用绑扎接头，其中纵向受拉钢筋的最小搭接长度按：$L_1=1.2L_a$。

② 钢筋接头避开梁端、柱端的箍筋加密区。焊接接头及绑扎接头末端距钢筋弯扎处不小于钢筋直径的10倍，且尽量不位于构件的最大弯矩处。

③ 接头尽量设置在受力较小部位，且在同一根钢筋全长上尽量少设接头。同一构件内的接头相互错开，焊接接头在35d且不小于500mm长度范围内，同一根钢筋不得有两个接头；在该区段内有接头的受力钢筋截面积占总受力钢筋总截面积在受拉区尽量不超过50%。

④ 受力钢筋的混凝土保护层厚度，板按15mm，梁按25mm，柱按30mm，同时不小于受力钢筋直径。板中分布钢筋的保护层厚度不小于10mm，梁、柱中箍筋和构造钢筋的保护层厚度不小于15mm。

2. 柱钢筋绑扎

按图纸要求箍筋的数量，将箍筋套在下层伸出的搭接筋上，将箍筋的接头（弯钩叠合处）交错布置在四角纵向钢筋上，然后立柱子钢筋。为利于上层柱的钢筋搭接，对下层柱的钢筋露出楼面部分，采用工具式柱箍将其收进一个柱筋直径。

① 柱接头采用电渣压力焊连接。

② 在立好的柱子钢筋上画出箍筋的位置，箍筋转角与纵向钢筋交叉点均应扎牢，箍筋平直部分与纵向钢筋交叉点可间隔扎牢，绑扎箍筋时绑扣相互间成八字形。

3. 梁钢筋绑扎

钢筋在现场绑扎时，先决定合理的绑扎顺序，并确定支模和钢筋绑扎的先后顺序，对于较浅的梁（梁高450mm以内）可先支好侧模，而较深的梁则先绑扎钢筋，再支侧模。当绑扎形式复杂的结构部位时，应研究确定逐根钢筋穿插就位的顺序。

① 梁钢筋应放在柱的纵向钢筋内侧。箍筋的接头（弯钩叠合处）应交错布置在两根架立钢筋上。纵向受力钢筋采用双层排列时，两排钢筋之间应垫以ϕ25的短钢筋，以保持其设计距离。

② 板、次梁与主梁交叉处，板的钢筋在上，次梁的钢筋居中，主梁的钢筋在下。

4. 板钢筋绑扎

先在模板上画好钢筋位置间距，按间距先摆放主筋，后放次筋。

① 单向板的钢筋网，除靠近外围两行钢筋的相交点全部扎牢外，在保证受力钢筋不产生位置偏移的情况下，中间部分交叉点可间隔交错扎牢，但双向受力的钢筋，必须全部扎牢。负钢筋全扣绑扎。

② 双层钢筋，两层间加设马凳。同时注意板上部的负筋，防止被踩下，特别是悬臂板，要严格控制负筋位置，以免拆模后断裂。

③ 梁、板钢筋绑扎时注意防止水、电管线安装时将钢筋抬起或压下，按照图纸要求对管线部位上方绑扎加强筋。

5. 钢筋检查验收

钢筋绑扎完毕后，及时进行检查验收。

① 根据设计图纸检查钢筋的型号、直径、根数、间距、形状、尺寸是否正确，检查负筋的位置是否正确，钢筋弯钩朝向是否正确。

② 检查钢筋接头的位置及搭接长度、锚固长度是否符合规定。

③ 检查混凝土保护层是否符合要求。

④ 检查钢筋绑扎是否牢固，有无松动现象。要求绑扎缺扣、松扣的数量不超过应绑扣数的10%，且不应集中。

⑤ 钢筋表面有无油渍、颗粒状（片状）铁锈。

⑥ 钢筋安装位置的允许偏差和检验方法见表2-5，参见《混凝土结构工程施工质量验收规范》（GB 50204—2015）。

表2-5 钢筋安装位置的允许偏差和检验方法

项　目			允许偏差/mm	检验方法
绑扎钢筋网	长、宽		±10	钢尺检查
	网眼尺寸		±20	钢尺量连续三次，取最大值
绑扎钢筋骨架	长		±10	钢尺检查
	宽、高		±5	钢尺检查
受力钢筋	间距		±10	钢尺量两端、中间各一点，取最大值
	排距		±5	
	保护层厚度	基础	±10	钢尺检查
		柱、梁	±5	钢尺检查
		板、墙、壳	±3	钢尺检查
绑扎箍筋、横向箍筋间距			±20	钢尺量连续三次，取最大值
箍筋弯起点位置			20	钢尺检查
预埋件	中心线位置		5	钢尺检查
	水平高差		±3，0	钢尺和塞尺检查

五、混凝土工程

混凝土工程是现浇框架结构施工的重要部分，本工程采用商品混凝土，由商品混凝土搅拌站电脑计量、拌制、汽车运送至施工现场。

1. 浇混凝土前的准备工作

对已经全部安装完毕的模板、钢筋和预埋件、预埋管线、预留孔洞等进行检查和隐蔽验收。

① 浇筑混凝土所用的机具设备、脚手架等的布置及支搭情况经检查合格。

② 混凝土浇筑前，清理模内杂物、积水等，对木模板先进行浇水湿润。

2. 混凝土拌制

采用商品混凝土。

3. 混凝土运输

为了防止混凝土在运送过程中坍落度产生过大的变化，要求在搅拌后60min内泵送完毕。

4. 混凝土浇筑

（1）柱的混凝土浇筑

① 柱浇筑前底部应先填以5～10cm厚与混凝土配合比相同的减半石子混凝土，柱混凝土分层振捣，每层厚度不大于50cm。振捣时振捣棒不得触动钢筋和预埋件，除上面振捣外，下面要有人随时敲打模板。

② 柱、墙留施工缝于梁下面100mm处。

（2）梁、板混凝土浇筑　梁、板同时浇筑，浇筑方法是从一面开始往另一面用"赶浆法"，即先根据梁高分层浇筑成阶梯形，当达到板底位置时再与板的混凝土一起浇筑，随着阶梯形延长，梁、板混凝土浇筑连续向前推进。振捣时不得触动钢筋及预埋件。

① 浇筑板的虚铺厚度应略大于板厚，用振捣器以垂直浇筑方向来回振捣，振捣完毕后用长木抹子抹平。施工缝处，柱头里面及有预埋件及插筋处用木抹子找平。浇筑板混凝土时不允许用振捣棒铺摊混凝土。

② 浇筑方向应沿着次梁方向浇筑楼板，本工程每层楼面原则上不留施工缝，如遇特殊情况，确需留置时应留置在次梁跨度的中间1/3范围内。施工缝的表面应与梁轴线或板面垂直，不得留斜槎。施工缝宜用木板或钢丝网挡牢。

③ 本工程不留施工缝。

（3）楼梯混凝土浇筑

① 楼梯混凝土自下而上浇筑，先振实底板混凝土，达到踏步位置时再与踏步混凝土一起浇捣，不断连续向上推进，并随时用抹子将踏步上表面抹平。

② 施工缝：楼梯混凝土宜连续浇筑完，多层楼梯的施工缝应留置在楼梯段1/3的部位，应与梯底板形成90°。

（4）技术措施　本工程各层的层高较高，浇筑下料时，应防止混凝土离析，采用薄铁皮制作的串筒来控制混凝土自由下落的高度（高度控制为2m）。混凝土振捣采用插入式振捣器，应分层振捣密实，在振捣上层时应插入下层混凝土5cm左右，并应在下层混凝土初凝前进行。混凝土振捣应顺序正确，避免出现漏振、过振现象。

（5）养护　混凝土浇筑完毕后，应在12h以内加以覆盖和浇水，浇水次数应能保持混凝土有足够的润湿状态，养护期14天，尤其是第一天和前三天养护特别重要。

（6）模板拆除　必须按规范要求进行，如需提前进行必须报技术部门认可。

（7）雨期施工措施　对已振捣好的混凝土要及时用草包覆盖，预先考虑好在大雨情况下，施工缝的留设位置。

（8）成品保护措施

① 要保证钢筋和垫块位置正确，不得踩楼板、楼梯的负筋，不碰动预埋件和插筋。

② 不用重物冲击模板，不在梁或楼梯踏步模板吊板上蹬踩，应搭设跳板，保护模板的牢固和严密。

③ 已浇筑楼板、楼梯踏步的上表面混凝土要加以保护，必须在混凝土强度达到1.2MPa以后，方准在面上进行操作和搭架立模。

（9）应注意的质量问题

① 蜂窝：原因是混凝土一次下料过厚，振捣不实或漏振；模板有缝隙水泥浆流失；钢筋较密而混凝土坍落度过小或过大。

② 露筋：原因是钢筋垫块位移、间距过大、漏放、钢筋紧贴模板造成露筋或梁、板底振捣不实而出现露筋。

③ 麻面：模板表面不光滑或模板湿润不够或拆模过早，构件表面混凝土易黏附在模板上造成脱皮麻面。

④ 孔洞：原因是在钢筋较密的部位混凝土被卡，未经振捣就继续浇筑上层混凝土。

⑤ 缝隙及夹层：施工缝杂物清理不干净或未套浆等原因造成缝隙、夹层。

⑥ 梁柱节点处断面尺寸偏差过大：主要原因是柱接头模板刚度太差。

⑦ 现浇楼板和楼梯上表面平整度偏差太大：主要原因是混凝土浇筑后表面不认真用抹子抹平。

（10）施工缝留置与处理　施工缝位置留置在结构受剪力较小且便于施工的部位，混凝土柱、墙施工缝留置在梁底标高以下20～30mm处。同一施工段内平面结构一般不再设施工缝，要求一次浇毕。同时浇捣楼板时顺着次梁方向进行。

① 如特殊情况必须设置施工缝，按现行规范《混凝土结构工程施工质量验收规范》（GB 50204—2015）规定位置设置，并经项目经理、技术负责人同意，留置位置规定如下：单向板，留置在平行于板的短边位置或与受力主筋垂直方向的跨度的1/3处；有主次梁的楼板，留置在次梁跨度的中间1/3范围内；双向板及其他复杂结构按设计要求留置。

② 施工缝的处理：在施工缝处继续浇筑混凝土时，已浇筑混凝土的抗压强度不得小于1.2MPa，同时清除混凝土表面的垃圾、水泥薄膜、松动的石子和软弱混凝土层，加以凿毛，用清水冲洗干净并充分湿润，之后清除表面积水；在浇筑混凝土前，施工缝处先铺一层2～3cm厚的水泥浆或同强度等级水泥砂浆，使其粘接牢固；混凝土应细致捣实，使新旧混凝土紧密结合；应注意不使振捣器触及接触处的钢筋及已硬化的混凝土。

（11）混凝土养护　为了使混凝土有适宜的硬化条件，保证混凝土在规定龄期内达到设计强度，防止混凝土产生收缩裂缝，在混凝土浇筑完毕终凝后，及时进行浇水养护，使混凝土处于润湿状态。养护时间为14个昼夜。夏季高温时采用草包覆盖洒水养护等方法。

在已浇筑的混凝土强度未达1.2MPa前，不允许在其上踩踏或安装模板及支架。

（12）混凝土质量检查　混凝土浇筑完成后，及时对混凝土表面进行外观质量与允许偏差项目检查，在外观上检查有无麻面、露筋、裂缝、蜂窝、孔洞等缺陷。万一有局部缺陷时，经监理认可后，严格按现行规范进行修整。现浇混凝土结构尺寸的允许偏差及检验方法如表2-6所示。

表2-6 现浇结构尺寸允许偏差及检验方法

项 目			允许偏差/mm	检验方法
轴线位置	基础		15	钢尺检查
	独立基础		10	
	墙、柱、梁		8	
垂直度	层高	≤5m	8	经纬仪或吊线、钢尺检查
		>5m	10	
	全高（H）		H/100且≤30	经纬仪、钢尺检查
标高	层高		±10	水准仪或拉线、钢尺检查
	全高		±30	
截面尺寸			+8，-5	钢尺检查
表面平整度			8	2m靠尺和塞尺检查
预埋设施中心线位置	预埋件		10	钢尺检查
	预埋螺栓		5	
	预埋管		5	
预留洞中心线位置			15	钢尺检查

小 结

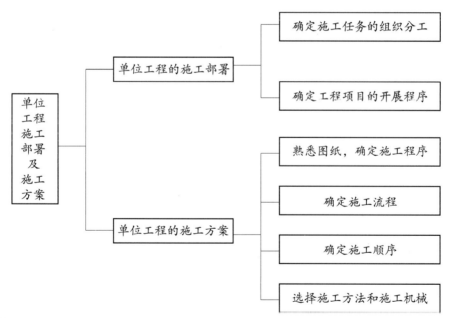

综合训练

训练目标：编制单位工程施工方案。

训练准备：见附录三中的柴油机试验站辅房及浴室工程图纸。

训练步骤：

① 确定施工部署；

②　确定施工程序、施工顺序、施工流程；
③　选择施工机械和施工方法。

🔆 能力训练题

一、单项选择题

1. 单位施工组织设计一般由（　　　）负责编制。

A. 建设单位的负责人　　　　　　　B. 施工单位的工程项目主管工程师

C. 施工单位的项目经理　　　　　　D. 施工员

2. 单位工程施工组织设计必须在开工前编制完成，并应经（　　　）批准方可实施。

A. 建设单位　　　　B. 项目经理　　　　C. 设计单位　　　　D. 总监理工程师

3. 单位工程施工方案主要确定（　　　）的施工顺序、施工方法和选择适用的施工机械。

A. 单项工程　　　　B. 单位工程　　　　C. 分部分项工程　　　D. 施工过程

4. （　　　）是选择施工方案首先要考虑的问题。

A. 确定施工顺序　　B. 确定施工方法　　C. 划分施工段　　　D. 选择施工机械

5. 内外装修之间最常用的施工顺序是（　　　）。

A. 先内后外　　　　B. 先外后内　　　　C. 同时进行　　　　D. 没有要求

6. 室外装修工程一般采用（　　　）的施工流向。

A. 自上而下　　　　B. 自下而上　　　　C. 没有要求　　　　D. 自左至右

7. 室内装修工程施工顺序采用（　　　）工期较短。

A. 顶棚→墙面→地面　　　　　　　B. 顶棚→地面→墙面

C. 地面→墙面→顶棚　　　　　　　D. 地面→顶棚→墙面

8. （　　　）控制各分部分项工程施工进程及总工期的主要依据。

A. 技术经济指标　　　　　　　　　B. 施工方案

C. 施工进度计划　　　　　　　　　D. 施工平面布置图

二、多项选择题

1. 单位工程施工组织设计编制的依据有（　　　）。

A. 经过会审的施工图　　　　　　　B. 施工现场的勘测资料

C. 建设单位的总投资计划　　　　　D. 施工企业年度施工计划

E. 施工组织总设计

2. 单位工程施工组织设计的核心内容是（　　　）。

A. 工程概况　　　　　　B. 施工方案　　　　　　C. 施工进度计划

D. 施工平面布置图　　　E. 技术经济指标

3. 单位工程施工组织设计的技术经济指标主要包括（　　　）。

A. 工期指标　　　　　　B. 质量指标　　　　　　C. 安全指标

D. 环境指标　　　　　　E. 进度指标

4. "三通一平"是指（　　　）。

A. 水通　　　　　　　　B. 路通　　　　　　　　C. 电通

D. 平整场地　　　　　　E. 气通

5. 确定施工顺序应遵循的基本原则有（　　　）。

A. 先地下后地上　　　　B. 先主体后围护　　　　C. 先结构后装修

D. 先土建后设备   E. 先楼体后绿化

6. 确定施工顺序的基本要求有（   ）。

A. 符合施工工艺   B. 与施工方法协调   C. 考虑施工成本要求

D. 考虑施工质量要求   E. 考虑施工安全要求

7. 室内装修工程一般采用（   ）施工流向。

A. 自上而下   B. 自下而上   C. 自下而中再自上而中

D. 自下而中再自中而上   E. 自左至右

8. 室内装修同一楼层顶棚、墙面、地面之间施工顺序一般采用（   ）两种。

A. 顶棚→墙面→地面   B. 顶棚→地面→墙面   C. 地面→墙面→顶棚

D. 地面→顶棚→墙面   E. 墙面→地面→顶棚

9.（   ）是单位工程施工组织设计的重要环节，是决定整个工程全局的关键。

A. 工程概况   B. 施工方案   C. 施工进度计划

D. 施工平面布置图   E. 技术经济指标

项目三

编制单位工程施工进度计划

知识目标	• 了解建筑流水施工的组织方式、基本概念；了解网络计划的基本原理和特点
	• 准确理解流水施工参数的含义；理解网络计划的基本知识
	• 掌握各种流水施工组织方式的确定方法；掌握网络图的绘制方法和时间参数的计算
能力目标	• 能解释流水施工参数的含义
	• 能解释网络计划的基本知识
	• 能应用给定的条件编制实际工程的单位工程施工进度计划（横道图和网络图）
	• 能应用给定的条件编制单位工程各项资源需要量计划
素质目标	• 统筹兼顾意识
	• 抓关键，抓重点

根据《左传》记载，春秋战国时期各诸侯国对城的建造就制定了很周密的工程计划，不仅测量计算了土石方总量，连所需人工材料、人员所需口粮、各自负担的任务等，也都计划周详、分配得明明白白，而且每个工程还聘用"有司"作监工，保证工程按时完成。几千年过去了，现代人不光要会做施工的进度计划，而且还要做得合理分配，把人和机械的使用进行科学的优化，这样才能在保证质量的前提下有效缩短工期、节约成本。

施工进度计划是建筑工程施工组织设计中的三大核心之一。通过编制工程的施工进度计划可以明确工程进展的实际情况，工程进展是否正常，若出现延误，分析导致工程延误的原因，并进行及时调整，以确保工程按期按质完成。在工程实例中，由于拍脑袋、想当然而不遵循施工规则导致的工程事故也数不胜数。如 2008 年杭州地铁工程，由于光挖不撑引起的路面塌陷，造成多辆汽车坠落；2014 年河池市某中学实验楼综合项目梁、板、柱同时浇筑致使模板支撑突然倒塌，造成两人死亡。还有混凝土浇筑后不考虑养护时间而急于进行下一道工序的施工使得后期工程质量问题频出等，都是由于盲目赶进度造成的后果。因此，大家首先要有过硬的专业知识，同时也要积极认真负责，坚决杜绝违背规范、标准、规程的盲目赶工，以保证工程质量、人身安全。

项目分析

编制施工进度计划，首先要把工程施工过程进行划分，也就是要清楚工程施工时的先后顺序，列出各个分部工程及分部工程中的分项工程，原则上只要列出占据关键线路上的分项工程即可；其次先要编制各个分部工程施工进度计划，然后进行整合即为整个工程的进度计划。在编制分部工程施工进度计划时要做到下面几点。

（1）在工程预算书中找出与分项工程相对应的工程量。
（2）计算劳动量，得出分项工程具体的施工天数。
（3）根据工程作业条件、工程量，确定施工段。
（4）计算流水节拍和流水步距。
（5）计算分部工程工期。
（6）绘制分部工程施工进度计划横道图和网络计划图。

工作过程

熟悉图纸、熟悉施工说明，了解建设单位、施工单位的情况，结合施工方案，了解现场情况和合同等内容。具体编写（典型工作）内容如下：

（1）编制分部工程施工进度图（含横道图和网络图）；
（2）编制单位工程施工进度计划（含横道图和网络图）；
（3）编制资源需要量计划。

相关知识

一、流水施工原理

工程进度计划是反映工程施工时各施工过程的施工先后顺序、相互配合的关系以及它们在时间和空间上的施工进展情况。流水作业法是表现工程进度的有效方法。在建筑安装施工中，由于建筑产品固定性、个体性和施工流动性的特点，和一般工业生产的流水作业相比，建筑工程流水施工具有不同的特点和要求。

（一）工程施工展开的基本方式

引例：如有四幢房屋的基础，其每幢的施工过程及工程量等见表3-1。如何组织这四栋房屋基础的施工？

表3-1　工程量表

施工过程	工程量	产量定额	劳动量	班组人数	延续时间	工　种
基础挖土	210m³	7m³/工日	30工日	30	1	普工
浇混凝土垫层	30m³	1.5m³/工日	20工日	20	1	混凝土工
砌筑砖基	40m³	1m³/工日	40工日	40	1	瓦工
回填土	140m³	7m³/工日	20工日	20	1	普工

1.依次施工

依次施工是指在前一幢房屋完工后才开始后一幢房屋的施工，即按次序一幢一幢房屋的施工。这种方法的特点是同时投入的劳动力和物质资源较少，总资源消耗量均衡，但施工工作队（组）的工作是有间歇的，工地上的同一种资源的消耗量也是有间歇性的，工期也较长（见图3-1）。

3.1 依次施工

3.2 施工组织
方式（一）

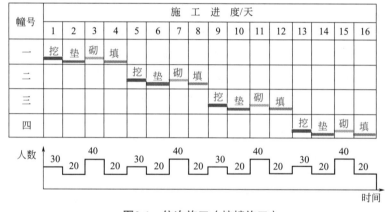

图3-1　依次施工（按幢施工）

（1）特点：工期长，$T=16d$；劳动力、材料、机具投入量小；专业工作队不能连续施工（宜采用混合队组）。

（2）适用对象：场地小、资源供应不足、工期不紧时，组织大包队施工。

2.平行施工

平行施工是指所有若干幢房屋同时开工，同时竣工。按这种施工展开方式工期很短，但施工工作队（组）人数大大增加，使资源消耗量大大集中，给施工带来不良的经济效果（见图3-2）。

（1）特点：工期短，$T=4d$；资源投入集中；仓库等临时设施增加，费用高。

（2）适用对象：工期极紧时的人海战术。

3.流水施工

流水施工是指在各施工过程连续施工的条件下，把各幢房屋的建造过程最大限度地相互搭接起来，陆续开工，陆续竣工。流水施工保证了施工队（组）的工作和物资消耗的连续性、均衡性，它保留了依次施工和平行施工的优点，

3.3 施工组织
方式（二）

消除了该两种方法的缺点（见图3-3）。

（1）特点：工期较短，$T=7d$；资源投入较均匀；各工作队连续作业；能连续、均衡地生产。

（2）实质：充分利用时间和空间。

大家有没有发现，无论什么施工方式，它都很像工厂的流水线，先做什么后做什么，都是安排好的。你可以在不同空间开工，但是工序却不能变。因为每一道工序都有它特定的位置，你不能把后面的工序放到前面去做，那是要出大问题的。

（二）流水施工进度计划的表示方法

流水图按绘制方法的不同有横道图和斜线图两种形式。

1. 横道图

又称横线图，如图3-4所示。它是利用时间坐标上横线条的长度和位置来表示工程中各施工过程的相互关系和进度。在横道图中，左边部分列出各施工过程（或工程对象）的名称，右边部分用横线来表示施工过程（或工程对象）的进度，反映各施工过程在时间和空间上的进展情况。在图的下方，相应画出每天所需的资源曲线。

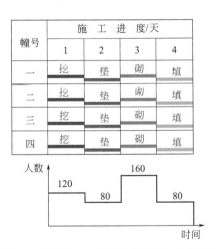

图3-2 平行施工（各幢同时开始，同时结束）

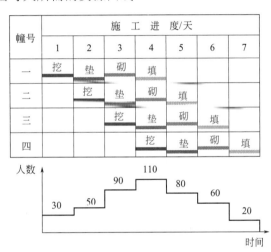

图3-3 流水施工

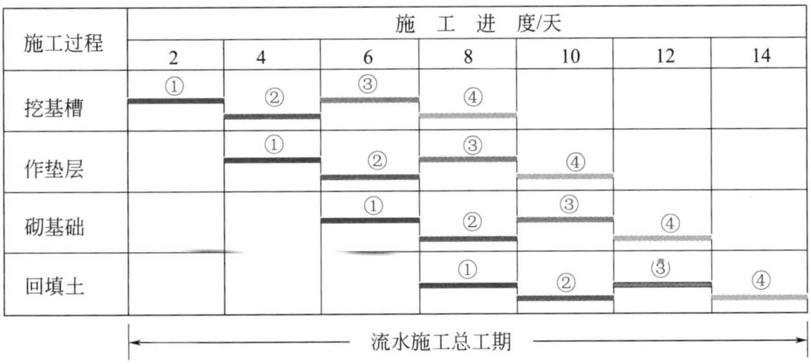

3.4 基础工程流水施工

施工过程	施工 进 度/天						
	2	4	6	8	10	12	14
挖基槽	①	②	③	④			
作垫层		①	②	③	④		
砌基础			①	②	③	④	
回填土				①	②	③	④

流水施工总工期

图3-4 横道图表示方法

横道图具有绘制简单、一目了然、易看易懂的优点，是应用最普遍的一种工程进度计划的表达形式。

2. 斜线图

又称为垂直图，如图 3-5 所示，它是将横道的水平进度线改为斜线表达的一种方法。它能够直观地反映出工程对象中各施工过程的先后顺序和配合关系。在斜线图中，斜线的斜率表示某施工过程的速度，斜线的数目为参与流水施工过程的数目。斜线图一般只用于表达各项工作连续的施工。

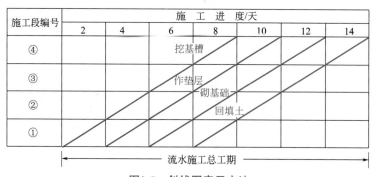

3.5 工艺参数

图3-5 斜线图表示方法

（三）流水施工参数

施工进度计划的表示方法之一就是横道图，如何绘制横道图就要了解横道图中所需要的信息。

1. 工艺参数

工艺参数主要是指在组织流水施工时，用以表达流水施工在施工工艺方面进展状态的参数，通常包括施工过程和流水强度两个参数。

（1）施工过程 组织建设工程流水施工时，根据施工组织及计划安排需要而将计划任务分成的子项称为施工过程。施工过程划分的粗细程度由实际需要而定，当编制控制性施工进度计划时，组织流水施工的施工过程可以划分得粗一些，施工过程可以是单位工程，也可以是分部工程。当编制实施性施工进度计划时，施工过程可以划分得细一些，施工过程可以是分项工程，甚至是将分项工程按照专业工种不同分解而成的施工工序。

施工过程的数目一般用 n 表示，它是流水施工的主要参数之一。根据其性质和特点不同，施工过程一般分为三类，即建造类施工过程、运输类施工过程和制备类施工过程。

① 建造类施工过程。是指在施工对象的空间上直接进行砌筑、安装与加工，最终形成建筑产品的施工过程。它是建设工程施工中占有主导地位的施工过程，如建筑物或构筑物的地下工程、主体结构工程、装饰工程等。

② 运输类施工过程。是指将建筑材料、各类构配件、成品、制品和设备等运到工地仓库或施工现场使用地点的施工过程。

③ 制备类施工过程。是指为了提高建筑产品生产的工厂化、机械化程度和生产能力而形成的施工过程。如砂浆、混凝土、各类制品、门窗等的制备过程和混凝土构件的预制过程。

由于建造类施工过程占有施工对象的空间，直接影响工期的长短，因此，必须列入施工进度计划，并在其中大多作为主导施工过程或关键工作。运输类与制备类施工过程一般不占有施工对象的工作面，影响工期时，才列入施工进度计划之中。例如，对于采用装配式钢筋混凝土结构的建设工程，钢筋混凝土构件的预制过程就需要列入施工进度计划之中；同样，结构安装中的构件吊运施工过程也需要列入施工进度计划之中。

（2）流水强度　流水强度是指流水施工的某施工过程（专业工作队）在单位时间内所完成的工程量，也称为流水能力或生产能力。例如，浇筑混凝土施工过程的流水强度是指每工作班浇筑的混凝土立方数。

流水强度可用式（3-1）计算求得：

$$V = \sum_{i=1}^{X} R_i S_i \qquad (3\text{-}1)$$

式中　　V——某施工过程（队）的流水强度；

R_i——投入该施工过程中的第 i 种资源量（施工机械台数或施工班组人数）；

S_i——投入该施工过程中第 i 种资源的产量定额；

X——投入该施工过程中资源的种类数。

2. 空间参数

空间参数是指流水施工在空间布置上所处状态的参数。它包括工作面、施工段 3.6 空间参数
和施工层。

（1）工作面 A（工作前线 L）　工作面是指施工人员和施工机械从事施工所需的范围。它的大小表明了施工对象可能同时安置多少工人操作或布置多少施工机械同时施工，它反映了施工过程（工人操作、机械施工）在空间上布置的可能性。

组织流水施工时，工作面的形成方式有两种。一种是前导施工过程的完成就为后续施工过程的施工提供了工作面；另一种是前后施工工程工作面的形成存在着相互制约和相互依赖的关系，彼此须相互并拓工作面。例如组织多层建筑物的流水施工时就存在这种情况。

工作面的形成方式不同，直接影响到流水施工的组织方式。

工作面的大小可以采用不同的单位来计量，有关数据可参照表 3-2。

表3-2　主要工种工作面参考数据表

工作项目	每个技工的工作面	说　明
砖基础	7.6m/人	以 1 ½ 砖计 2 砖乘以 0.8；3 砖乘以 0.55
砌砖墙	8.5m/人	以 1 砖计 2 砖乘以 0.71；3 砖乘以 0.57
毛石墙基	3m/人	以 60cm 计
毛石墙	3.3m/人	以 40cm 计
混凝土柱、墙基础	8m/人	机拌、机捣
混凝土设备基础	7m/人	机拌、机捣
现浇钢筋混凝土柱	2.45m/人	机拌、机捣
现浇钢筋混凝土梁	3.2m/人	机拌、机捣
现浇钢筋混凝土墙	5m/人	机拌、机捣
现浇钢筋混凝土楼板	5.3m²/人	机拌、机捣
预制钢筋混凝土柱	3.6m/人	机拌、机捣
预制钢筋混凝土梁	3.6m/人	机拌、机捣
预制钢筋混凝土屋架	2.7m/人	机拌、机捣
预制钢筋混凝土平板、空心板	1.91m²/人	机拌、机捣
预制钢筋混凝土大型屋面板	2.62m²/人	机拌、机捣
混凝土地坪及面层	40m²/人	机拌、机捣
外墙抹灰	16m²/人	
内墙抹灰	18.5m²/人	
卷材屋面	18.5m²/人	
防水水泥砂浆屋面	16m²/人	
门窗安装	11m²/人	

（2）施工段数 m　施工段数是指为了组织流水施工，将施工对象划分为劳动量相等或大致相等的施工区段的数量。划分施工段在于使不同工种的工作队同时在工程对象的不同工作面上进行施工，这样能充分利用空间，为组织流水施工创造条件。一般来说，每一个施工段在某一段时间内只有一个施工过程的工作队使用。

施工段可以是固定的，也可以是不固定的。这里介绍的施工段是固定的。划分施工段时应考虑以下因素。

① 尽量使主要施工过程在各施工段上的劳动量相等或相近；

② 施工段分界要同施工对象的结构界限（温度缝、沉降缝、单元界限等）取得一致，有利于结构的整体性；

③ 施工段数要适中，不宜过少（如一个施工段），更不宜过多，过多会导致工作面缩小，势必要减小施工过程的施工人数，减慢施工速度，延误工期；

④ 对施工过程要有足够的工作面和适当的施工量，以避免施工过程移动过于频繁，降低施工效率；

⑤ 当房屋有层高关系，分段又分层时，应使各施工过程能够连续施工。这就要求施工过程数 n 与施工段数 m 的关系相适应，如果每一施工过程由一个专业工作队（组）来完成时，每层的施工过程数 n 与施工段数 m 之间的关系如下所述。

$$\min\{m\} \geqslant n$$

例如：一幢二层砖混结构房屋，主要施工过程为砌墙、安板（即 $n=2$），分段流水的方案如图3-6所示（条件：工作面足够，各方案的人、机数不变）。

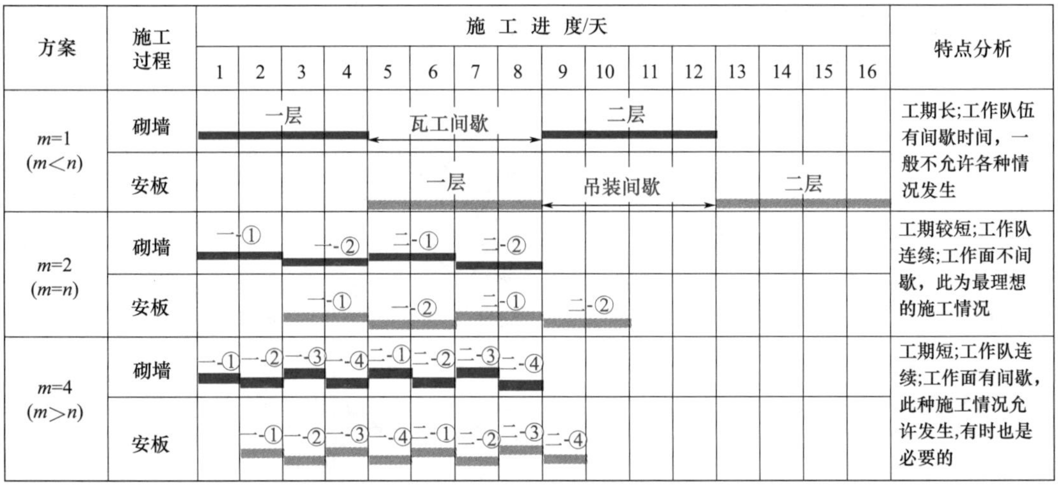

方案	施工过程	施工进度/天																特点分析
		1	2	3	4	5	6	7	8	9	10	11	12	13	14	15	16	
$m=1$ $(m<n)$	砌墙		一层				瓦工间歇				二层							工期长;工作队伍有间歇时间，一般不允许各种情况发生
	安板					一层				吊装间歇				二层				
$m=2$ $(m=n)$	砌墙	一-①		一-②		二-①		二-②										工期较短;工作队连续，工作面不间歇，此为最理想的施工情况
	安板			一-①		一-②		二-①		二-②								
$m=4$ $(m>n)$	砌墙	一-①	一-②	一-③	一-④	二-①	二-②	二-③	二-④									工期短;工作队连续，工作面有间歇，此种施工情况允许发生，有时也是必要的
	安板		一-①	一-②	一-③	一-④	二-①	二-②	二-③	二-④								

图3-6　分段流水的施工方案

结论：专业队组流水作业时，应使 $m \geqslant n$，才能保证不窝工，工期短。

注意：m 不能过大。否则，材料、人员、机具过于集中，影响效率和效益，且易发生事故。

（3）施工层数 J　施工层数是指在施工对象的竖向方向上的划分的操作层数。它是根据设计要求和施工操作的要求而划分的。如混凝土工程可以按一个楼层为一个施工层，砌筑工程可以按一步架高为一个施工层。

3.时间参数

为了准确地表达流水施工的组织，必须用时间参数来描述各施工过程在时间上的特征。时间参数包括流水节拍、流水步距、间歇时间、平行搭接时间、流水施工工期等。

（1）流水节拍　流水节拍是指在组织流水施工时，某个专业工作队在一个施工段上的施工时间。其大小与该施工过程劳动力、机械设备和材料供应的集中程度有关。流水节拍反映了施工速度的快慢和施工的节奏性。

3.7 时间参数-
流水节拍

流水节拍的确定方法主要有定额计算法、工期倒排法和经验估计法。

① 定额计算法。定额计算法是根据该施工段上的工程量、该施工过程的劳动定额以及能够投入的劳动力、机械台数和材料量来确定。在满足工作面或工作前线的要求下，按式（3-2）或式（3-3）计算。

$$t_{j,i} = \frac{Q_{j,i}}{S_j R_j N_j} = \frac{P_{j,i}}{R_j N_j} \tag{3-2}$$

或

$$t_{j,i} = \frac{Q_{j,i} H_j}{R_j N_j} = \frac{P_{j,i}}{R_j N_j} \tag{3-3}$$

式中　$t_{j,i}$——第 j 个专业工作队在第 i 个施工段的流水节拍；

$Q_{j,i}$——第 j 个专业工作队在第 i 个施工段要完成的工程量或工作量；

S_j——第 j 个专业工作队的计划产量定额；

H_j——第 j 个专业工作队的计划时间定额；

$P_{j,i}$——第 j 个专业工作队在第 i 个施工段需要的劳动量或机械台班数量；

R_j——第 j 个专业工作队所投入的人工数或机械台数；

N_j——第 j 个专业工作队的工作班次。

② 工期倒排法。对于有总工期要求的工程，为了满足总工期的要求，可采用工期倒排法来确定流水节拍。该方法的步骤如下。

a. 首先将施工对象划分为几个施工阶段，按总工期的要求估计每一个施工阶段所需要的施工时间。如将一个施工对象划分为基础工程阶段、主体施工阶段和装修工程阶段。

b. 确定每一施工阶段的施工过程和施工段数。

c. 确定每一施工过程在不同的施工段上的施工持续时间，即流水节拍。

d. 检查确定的流水节拍是否符合劳动力和机械设备供应的要求，工作面是否足够等，不符合则调整，直到定出合理的流水节拍。

③ 经验估计法。经验估计法是根据以往的施工经验，对某一施工过程在某一施工段上的作业时间估计出三个时间数据，即最短时间（最乐观时间）、最长时间（最悲观时间）和正常时间，然后求加权平均值，该加权平均值即为流水节拍。其计算公式为：

$$K = \frac{a + 4b + c}{6} \tag{3-4}$$

式中　K——某施工过程在某施工段上的流水节拍；

a——某施工过程在某施工段上的最短估计时间；

b——某施工过程在某施工段上的正常估计时间；

c——某施工过程在某施工段上的最长估计时间。

3.8 时间参数-
流水步距、间歇
时间、工期

在确定流水节拍时，必须以满足总工期要求为原则，同时，要考虑到资源的供应、工作面的限制等，按上述方法求出的流水节拍至少要取半天的整数倍。

（2）流水步距　流水步距是指组织流水施工时，相邻两个施工过程（或专业工作队）相继开始施工的最小间隔时间。流水步距一般用 $K_{j,j+1}$ 来表示，其中 j（$j=1, 2, \cdots, n-1$）为专业工作队或施工过程的编号。它是流水施工的主要参数之一。

流水步距的数目取决于参加流水的施工过程数。如果施工过程数为 n 个，则流水步距

总数为 $n-1$ 个。

流水步距的大小取决于相邻两个施工过程（或专业队）在各个施工段上的流水节拍及流水施工的组织方式。确定流水步距时，一般应满足以下基本要求。

① 各施工过程按各自流水速度施工，始终保持工艺先后顺序；

② 各施工过程的专业工作队投入施工后尽可能保持连续作业；

③ 相邻两个施工过程（或专业工作队）在满足连续施工的条件下，能最大限度地实现合理搭接。

确定的流水步距必须保证施工过程的工艺先后顺序，满足各施工过程的连续施工，保证两相邻施工过程在时间上最大限度地、合理地搭接。

（3）间隙时间 Z

① 工艺间歇时间 Z_1。工艺间歇时间是指由于施工工艺或质量安全的要求，在相邻两个施工过程之间必须留有的时间间歇。工艺间歇时间是除了考虑两相邻施工过程流水步距之外的间隔时间。如浇筑混凝土之后必须养护一段时间，才能继续后道工序；门窗底漆涂刷后，必须干燥一定的时间，才能涂刷面漆等，这些由于工艺的原因引起的时间间歇为工艺间歇时间。

② 组织间歇时间 Z_2。组织间歇时间是指由于组织方面的因素考虑的时间间隔。如浇筑混凝土之前必须检查钢筋及预埋件等所需的时间；基础工程施工完毕后必须进行弹线和其他准备工作所需的时间。

③ 层间间歇时间 Z_3。在相邻两个施工层之间，前一施工层的最后一个施工过程，与后一个施工层相应施工段上的第一个施工过程之间的技术间歇或组织间歇。

（4）平行搭接时间 C　在组织流水施工时，有时为了缩短工期，在工作面允许的条件下，如果前一个施工队组完成部分施工任务后，能够提前为后一个施工队组提供工作面，使后者提前进入前一个施工段，两者在同一施工段上平行搭接施工，这个搭接时间称为平行搭接时间，所以，在组织流水施工时，能搭接的施工过程尽量搭接。

在组织具体的流水施工时，工艺间歇、组织间歇和平行搭接可以一起考虑，也可以分别考虑，但它们的内涵不一样，必须灵活运用，这对于顺利地组织流水施工具有特殊的作用。

（5）流水施工工期 T　流水施工工期是指从第一个专业工作队投入流水施工开始，到最后一个专业工作队完成流水施工为止的整个持续时间。由于一项建设工程往往包含有许多流水组，故流水施工工期一般均不是整个工程的总工期。

（四）流水施工的基本组织方式

在中国古代，虽然没有现在使用的横道图，但是同样有关于施工进度的记载。在宋代苏轼的《思治论》中就记录道：富人家里建造房屋，一定会先询问负责盖房的人"度用材几何，役夫几人？几日而成？土石材苇，吾于何取之？"人、材、时间、方法——几个要素都有了，这可以说是施工计划的雏形了。

流水施工按流水组织方法分为流水线法和流水段法。流水线法是对线形工程组织流水施工的一种方法，线形工程是延伸很长的工程，如管道、道路工程等。流水段法是指将施工对象划分为若干个施工过程并有节奏地进入施工段施工的组织方法。这里主要介绍流水段法。

根据流水节拍的特征，流水施工可以分为有节奏流水施工和非节奏流水施工（其分类情况如图 3-7 所示）。有节奏流水施工是指由在各施工段上施工时间相等的施工过程组织的流水施工。非节奏流水施工是指由在各施工段上持续时间不等的施工过程组成的流水施工。有节奏流水施工计划中施工过程的进度线是一条斜率不变的直线；而非节奏流水施工进度中施工过程的进度线是一条由斜率不同的几个线段组成的折线。

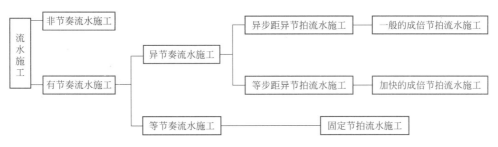

图3-7 流水施工分类图

1. 固定节拍流水施工

固定节拍流水施工是指在组织流水施工时，参与流水施工的各施工过程在各施工段上的流水节拍全部相等。即各施工过程的流水节拍均为常数，故也称为全等节拍流水。图 3-8 是固定节拍专业流水的进度图表。从图中可以看出，固定节拍专业流水具有以下基本特点。

施工过程	施工进度/天					
	1	2	3	4	5	6
甲	1	2	3	4		
乙	B	1	2	3	4	
丙		B	1	2	3	4

图3-8 无间歇、无搭接情况下的固定节拍专业流水

① 施工过程本身在各施工段上的流水节拍相等，即：

$$K_i^1 = K_i^2 = K_i^3 = \cdots = K_i^m = K_i$$

② 各施工过程的流水节拍彼此相等，即：

$$K_1 = K_2 = K_3 = \cdots = K_n = K$$

③ 当没有（或不考虑）搭接和间歇时，各施工过程的流水步距等于流水节拍，即：

$$K = B$$

④ 施工队组数等于施工过程数。

各专业工作队在各施工段上能够连续作业，施工段之间没有空闲时间，所以固定节拍专业流水是最理想的一种流水方式。

（1）无搭接和间歇时间情况下的固定节拍流水　这种情况下的组织形式如图 3-8 所示。这时，

$$K_1 = K_2 = K_3 = \cdots = K_n = K = B$$

其流水工期 T：

$$T = \sum_{i=1}^{n-1} B_{i,\,i+1} + t_n$$

3.9 全等节拍
流水施工（一）

其中 $\qquad B_{i,i+1}=B=K,\ t_n=mK_n=mK$

则

$$T = \sum_{i=1}^{n-1} K + mK = (n-1)K + mK = (m+n-1)K \tag{3-5}$$

式中　T——流水工期；

　　　n——施工过程数；

　　　m——施工段数；

　　　K——流水节拍。

对于线型工程（道路、管道施工等），施工段只是一虚拟的概念。通常被理解为负责完成施工过程的工作队的进展速度（km/班、m/班）。其流水工期为：

$$T = (n-1)K + \frac{L}{V}K \tag{3-6}$$

由于K通常取一个工作班，即$K=1$，

$$T = (n-1) + \frac{L}{V} = \sum B + \frac{L}{V} \tag{3-7}$$

式中　$\sum B$——各施工过程之间的流水步距之和；

　　　L——线型工程总长度，km 或 m；

　　　V——工作队施工速度，km/班或 m/班。

（2）有搭接和间歇情况下的固定节拍流水　这种情况下的组织形式如图3-9所示，图中第Ⅱ施工过程与第Ⅲ施工过程之间间歇2天，即 $Z_{Ⅱ,Ⅲ}=2$ 天，在第Ⅰ施工过程与第Ⅱ施工过程之间搭接1天，即 $C_{Ⅰ,Ⅱ}=1$ 天。

施工过程编号	施工进度/天														
	1	2	3	4	5	6	7	8	9	10	11	12	13	14	15
Ⅰ	①		②		③		④								
Ⅱ	C	①		②		③		④							
Ⅲ	B		B		Z		①		②		③		④		
Ⅳ				B				①		②		③		④	

$(n-1)K+\sum Z-\sum C$　　　　　mK

$T=15$天

图3-9　有间歇和搭接情况下的固定节拍专业流水

3.10 全等节拍
流水施工（二）

流水施工工期计算公式为：

$$T=(m+n-1)K+\sum Z-\sum C \tag{3-8}$$

如上所述，已知$m=4$，$n=4$，$K=2$天，$Z_{Ⅱ,Ⅲ}=2$天，$C_{Ⅰ,Ⅱ}=1$天，则

$$\sum Z=Z_{Ⅱ,Ⅲ}=2 \text{ 天}，\sum C=C_{Ⅰ,Ⅱ}=1 \text{ 天}$$

$$T=(m+n-1)K+\sum Z-\sum C=(4+4-1)×2+2-1=15 \text{（天）}$$

2. 异节奏流水施工

在组织流水施工时，常常会遇到这样的情况：某施工过程需求尽快完成，或者某施工

过程工程量小，这一施工过程的流水节拍就小；如果某施工过程受资源投入的限制或工作面的限制，这一施工过程的流水节拍就大。这样，各施工过程的流水节拍不一定相等，这时根据各施工过程流水节拍互成倍数的关系来组织流水施工。

3.11 异节奏流水
概念及特征

异节奏专业流水又可分为异步距异节拍专业流水和等步距异节拍专业流水两种。

（1）异步距异节拍（一般成倍节拍）专业流水　异步距异节拍专业流水具有如下特点。

① 同一施工过程在各施工段上的流水节拍相等；

② 不同施工过程的流水节拍互成倍数；

③ 各施工过程保证连续施工；

④ 施工队组数等于施工过程数。

对于异步距异节拍专业流水施工工期的计算可按下式计算：

$$T = \sum_{i=1}^{n-1} B_{i,\,i+1} + t_n + \sum Z - \sum C \qquad (3-9)$$

式中　　$\sum Z$——间歇时间总和；

　　　　$\sum C$——平行搭接时间总和；

　　　　t_n——第 n 个施工过程施工持续总时间，即 $t_n = mK_n$；

　　　　$\sum B_{i,i+1}$——各施工过程之间流水步距总和。

$$B_{i,i+1} = \begin{cases} K_i & ，当 K_i \leqslant K_{i+1} \\ mK_i-(m-1)K_{i+1} & ，当 K_i > K_{i+1}\ (i=1,2,\cdots,n-1) \end{cases} \qquad (3-10)$$

3.12 异节奏流水
施工-参数计算

式中　K_i——第 i 个施工过程的流水节拍；

　　　K_{i+1}——第 $i+1$ 个施工过程的流水节拍。

【例 3-1】　某住宅小区准备兴建四幢大板结构职工宿舍，某施工过程分为：基础工程、结构安装、室内装修和室外工程。当一幢房屋为一个施工段，并且所有施工过程都安排一个工作队或一台安装机械时，各施工过程的流水节拍如表 3-3 所示。计算流水参数，并绘制出流水进度表。

表3-3　某施工过程流水节拍

施工过程	基础工程	结构安装	室内装修	室外工程
流水节拍／周	5	10	10	5

【解】　根据以上特点分析，这是一个异步距异节拍专业流水，按照异步距异节拍组织流水施工，其进度计划如图 3-10 所示。

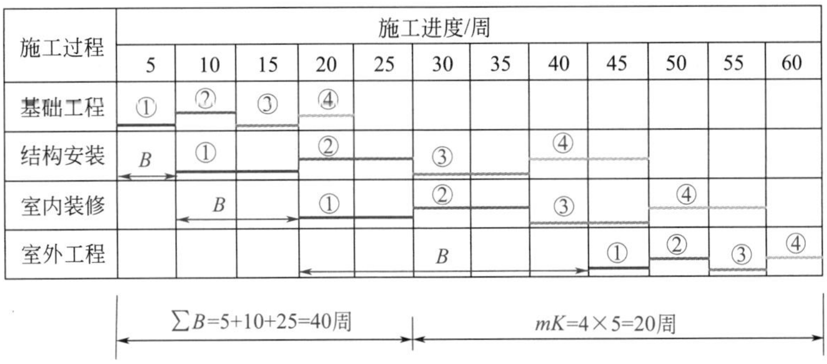

施工过程	施工进度/周											
	5	10	15	20	25	30	35	40	45	50	55	60
基础工程	①	②	③	④								
结构安装	B	①		②		③		④				
室内装修		B		①		②		③		④		
室外工程						B			①	②	③	④

$\sum B = 5+10+25 = 40$周　　　　$mK = 4 \times 5 = 20$周

图3-10　异步距异节拍专业流水图

从图 3-10 中可见，在异步距异节拍专业流水中，由于各施工过程的流水节拍不同，流水节拍小，施工速度快；流水节拍大，施工速度慢。为了保证各施工过程连续施工，流水步距应不一样。在应用式（3-9）计算流水工期前，关键是求出各施工过程的流水步距 $B_{i, i+1}$（$i=1, 2, \cdots, n-1$）。

现利用式（3-10）来计算流水步距。

已知，$K_1=5$，$K_2=10$，$K_3=10$，$K_4=5$

$K_1<K_2$，$B_{1,2}=K_1=5$（周）

$K_2=K_3$，$B_{2,3}=K_2=10$（周）

$K_3>K_4$，$B_{3,4}=mK_3-(m-1)K_4=4\times10-3\times5=25$（周）

再由式（3-9）求流水工期为：

$$T = \sum_{i=1}^{n-1} B_{i, i+1} + t_n + \sum Z - \sum C = \sum_{1}^{3} B_{i, i+1} + t_4 + \sum Z - \sum C = (5+10+25) + 4\times5 + 0 - 0 = 60 \text{（周）}$$

在计算出流水施工的流水参数之后，正确地绘制出异步距异节拍专业流水的施工进度表（见图 3-10）。

（2）等步距异节拍（加快成倍节拍）专业流水　通过分析图 3-10 的进度计划，要想加快工期，加快施工进度，如果结构安装增加一台吊装机械，室内装修增加一个装修工作队，则它们的施工能力将增加一倍；如果将在一个施工段上安排两台安装机械或两个装修工作队，流水节拍将由 10 周缩短为 5 周。这样，四个施工过程就可以组成一个流水节拍为 5 周的固定节拍专业流水施工，这种流水施工组织必须根据具体工程的客观情况和施工条件来决定。一般来说，如果一幢房屋占地面积不大或工作面较小，一个施工段上安排两台机械可能出现相互干扰、降低施工效率等不利情形，这时候按固定节拍组织流水施工不可行，因此，在组织流水施工时，既要缩短施工工期，又要保证施工的顺利进行，如上述情况就可将施工机械和施工工作队交叉安排在不同的施工段上。假如将两台结构安装机械和两个装修工作队作以下这样的组织。

3.13 加快成倍节拍流水-概念及特征

3.14 加快成倍节拍流水-参数计算

安装机械甲：一、三施工段

安装机械乙：二、四施工段

装修工作队甲：一、三施工段

装修工作队乙：二、四施工段

经过这样组织后的施工进度计划如图 3-11 所示。通过分析图 3-11 进度表，可以发现等步距异节拍专业流水具有以下特点。

① 同一施工过程在各施工段上的流水节拍相等；

② 各施工过程之间的流水节拍互成倍数；

③ 一个施工过程由一个或多个工作队（组）来完成，施工队组数大于施工过程数；

④ 各工作队（组）相继进入流水施工的时间间隔（流水步距）相等，且等于各施工过程流水节拍的最大公约数；

⑤ 各工作队（组）都能连续施工，施工段没有空闲；

⑥ 等步距异节拍专业流水可看成是由 N（完成所有施工过程所需工作队之和）个工作队组成的，类似于流水节拍为 K_0（所有施工过程流水节拍的最大公约数）的固定节拍专业流水。

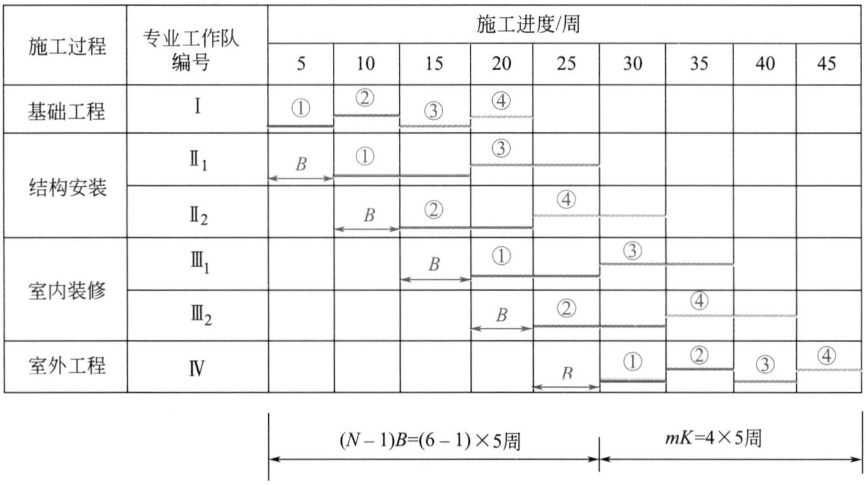

施工过程	专业工作队编号	施工进度/周								
		5	10	15	20	25	30	35	40	45
基础工程	Ⅰ	①	②	③	④					
结构安装	Ⅱ₁	B	①		③					
	Ⅱ₂		B	②		④				
室内装修	Ⅲ₁			B	①		③			
	Ⅲ₂				B	②		④		
室外工程	Ⅳ					R	①	②	③	④

$$(N-1)B=(6-1)\times5周 \qquad mK=4\times5周$$

图3-11 等步距异节拍专业流水进度表

因此，等步距异节拍专业流水的工期可按下式计算：

$$T=\sum_{i=1}^{n-1}B_{i,\,i+1}+t_n+\sum Z-\sum C=(m+N-1)K_0+\sum Z-\sum C \qquad （3-11）$$

式中　N——各施工过程所需施工工作队总和。

$$N-\sum_{i=1}^{n}N_i \qquad （3-12）$$

其中，$N_i=\dfrac{K_i}{K_0}$（$i=1,\ 2,\ \cdots,\ n$）。

需要指出，当施工段存在层间关系时，为了保证工作队施工过程连续，按等步距异节拍专业流水组织施工，施工段必须满足下列条件。

当没有层间间歇时，应使每层的施工段数大于等于施工队（组）的总数，即：

$$m'\geqslant N=\sum_{i=1}^{n}N_i \qquad （3-13）$$

当有层间间歇时，

$$m'\geqslant\sum_{i=1}^{n}N_i+\frac{\sum Z_3}{K_0} \qquad （3-14）$$

式中　$\sum Z_3$——每层间间歇时间之和。

【例3-2】 某两层现浇钢筋混凝土主体工程，划分为三个施工过程即：支模板、绑扎钢筋和浇混凝土。已知各施工过程的流水节拍为：支模板 $K_1=3$ 天，绑扎钢筋 $K_2=3$ 天，浇混凝土 $K_3=6$ 天。要求层间技术间歇不少于2天；且支模后需经3天检查验收，方可浇混凝土。按加快成倍节拍组织流水施工，求流水参数，并绘制流水进度表。

【解】 根据题意，本工程采用加快成倍节拍组织流水施工。

① 确定流水步距

$K_0=$ 最大公约数 {3，3，6}=3天

② 确定各施工过程所需工作队数

由式（3-12）可知：

$$N_1 = \frac{K_1}{K_0} = \frac{3}{3} = 1, \quad N_2 = \frac{K_2}{K_0} = \frac{3}{3} = 1, \quad N_3 = \frac{K_3}{K_0} = \frac{6}{3} = 2$$

总工作队数N：

$$N = \sum_{i=1}^{n} N_i = N_1 + N_2 + N_3 = 4$$

③ 确定每层的施工段数

由题意，已知层间间歇$\sum Z = 2 + 3 = 5$（天）

$$m' \geq \sum_{i=1}^{n} N_i + \frac{\sum Z}{K_0} = 6$$

由式（3-11）得：为满足各工作队连续施工的要求，又使施工段数不至于过多，所以取$m' = 6$，每层的施工段数为6，本工程共有施工段数$m = 2 \times 6 = 12$。

④ 计算工程流水工期

由式（3-11）得：$T = (m+N-1)K_0 + \sum Z - \sum C = (12+4-1) \times 3 + 3 - 0 = 48$（天）

绘制流水施工进度表，如图3-12所示。

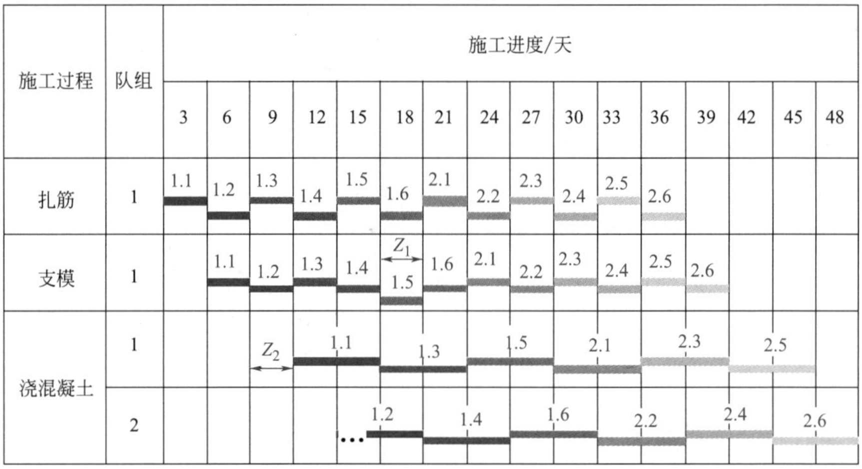

施工过程	队组	施工进度/天															
		3	6	9	12	15	18	21	24	27	30	33	36	39	42	45	48
扎筋	1	1.1	1.2	1.3	1.4	1.5	1.6	2.1	2.2	2.3	2.4	2.5	2.6				
支模	1		1.1	1.2	1.3	1.4	Z_1 1.5	1.6	2.1	2.2	2.3	2.4	2.5	2.6			
浇混凝土	1			Z_2		1.1		1.3		1.5		2.1		2.3		2.5	
	2					...	1.2		1.4		1.6		2.2		2.4		2.6

3.15 无节奏流水施工

图3-12 某两层钢筋混凝土主体工程施工进度表

3. 非节奏流水施工

非节奏流水施工是指各施工过程的各施工段上流水节拍不完全相同的一种流水施工方式。它是组织流水施工的一种较普遍的形式，与其他流水施工组织形式相比较，非节奏流水施工具有以下一些特点。

① 同一施工过程在不同的施工段上的流水节拍不尽相同；

② 不同施工过程在同一施工段上的流水节拍亦不尽相同，各个施工过程之间的流水步距不完全相等且差异较大；

③ 各工作队（组）连续施工，但有的施工段之间可能有空闲时间；

④ 施工队组数等于施工过程数。

非节奏流水施工作为施工过程（或工作队）连续施工的组织形式，同样可以用式（3-9）来计算流水工期，即：

$$T = \sum_{i=1}^{n-1} B_{i,\,i+1} + t_n + \sum Z - \sum C$$

$$t_n = K_n^1 + K_n^2 + \cdots + K_n^m = \sum_{j=1}^{m} K_n^j$$

（3-15）

对于非节奏流水施工，t_n 可由式（3-15）求解。$\sum Z$ 和 $\sum C$ 也能够简单地求解。关键是求解各施工过程之间的流水步距 $B_{i,\,i+1}$。因求解流水步距方法的不同，常用的计算方法有分析计算法和临界位置法。下面重点介绍分析计算法。

【例3-3】　某工厂需要修建4台设备的基础工程，施工过程包括基础开挖、基础处理和浇筑混凝土。因设备型号与基础条件等不同，使得4台设备（施工段）的各施工过程有着不同的流水节拍（单位：周），见表3-4。试组织流水施工。

【解】　通过图3-13，以施工过程基础开挖、基础处理为例来分析分析计算法的特点。从图3-13中可以看出，施工过程基础开挖、基础处理之间的流水步距 $B_{\mathrm{I},\mathrm{II}}=2$ 周，所确定的流水步距必须满足以下几点。

① 在任何施工段上，施工过程基础开挖完成后施工过程基础处理才能进行，以保持施工过程基础开挖、基础处理之间的工艺顺序；

② 施工过程基础开挖、基础处理的施工时间能最大限度地搭接；

③ 施工过程基础开挖、基础处理都能连续施工。

表3-4　基础工程流水节拍表　　　　　　　　　　单位：周

施工过程	施工段			
	设备A	设备B	设备C	设备D
基础开挖	2	3	2	2
基础处理	4	4	2	3
浇筑混凝土	2	3	2	3

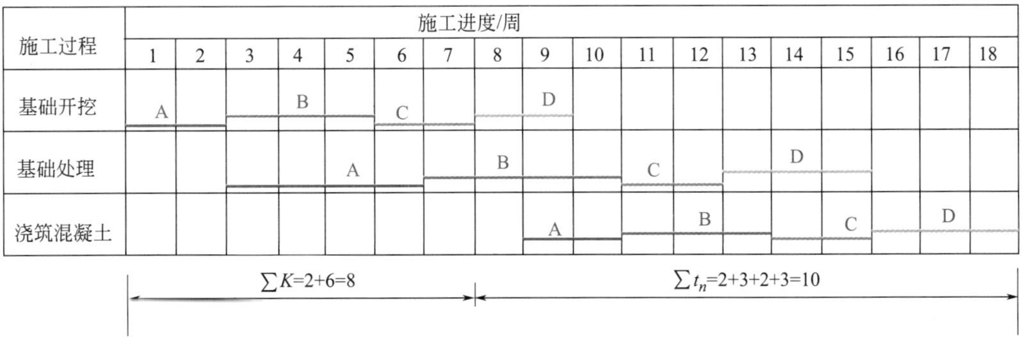

图3-13　设备基础工程流水施工进度计划

通过表3-5来分析施工过程基础开挖、基础处理在各施工段上的时间关系。在第一段基础开挖施工段上，施工过程基础开挖完成的时间为2周，施工过程基础处理可能的开始时间为0，但为了保证施工过程基础开挖、基础处理的工艺顺序，施工过程基础处理必须等施工过程基础开挖完成后才能开始，这样，施工过程基础处理必须等2周才能开始；同理，在第2施工段上，施工过程基础开挖完成的时间为5周，施工过程基础处理必须在完成第1施工段之后才能开始，施工过程基础处理可能的开始时间为4周，但为了保持施工过程基础开挖、基础处理的工艺顺序，施工过程基础处理必须等待1周才能开始第2施工段的施工，依此类推，求出各施工段上施工过程基础处理的等待时间。为了保证各施工过程的连续施工和最大限度搭接施工的要求，取等待时间中的最大值，即为施工过程基础开挖、基础处理之间的流水步距 $B_{I,II}=2$ 周。

表3-5　施工各段时间分析　　　　　　　　　　单位：周

施工段	基础开挖完成时间	基础处理完成时间	基础处理等待时间
1	↗ 2	0	2
2	2+3=5	↗ 4	1
3	5+2=7	4+4=8	−1
4	7+2=9	8+2=10	−1

从上面的分析中，可以归纳和发现分析计算法的计算思路和计算步骤。为了计算方便，通常列表进行，见表3-6。

表3-6　非节奏流水施工流水步距计算表　　　　　　单位：周

施工过程		施工段					第四步
		0	1	2	3	4	
第一步	I	0	2	3	2	2	最大的时间间隔
	II	0	4	4	2	3	
	III	0	2	3	2	2	
第二步	I	0	2	5	7	9	
	II	0	4	8	10	13	
	III	0	2	5	7	10	
第三步	I～II		2	1	−1	−3	2
	II～III		4	6	5	6	6

第一步：将各个工作队在每个施工段上的流水节拍填入表格；

第二步：计算各工作队由加入流水起到完成各施工段止的施工时间总和（即累加），填入表格；

第三步：从前一个工作队由加入流水起到完成某施工段止的施工持续时间总和，减去后一工作队由加入流水起到完成某前一施工段工作止的施工时间和（即相邻斜减），得到一组差数；

第四步：找出上一步斜减差数中的最大值，这个值就是这两个相邻工作队之间的流水步距 B。

该非节奏流水施工工期为：

$$T = \sum_{i=1}^{3} B_{i,i+1} + t_4 + \sum Z - \sum C = 2 + 6 + 10 + 0 - 0 = 18 \text{（周）}$$

二、网络计划技术

网络计划技术是随着现代科学技术的发展和生产的需要而产生的。在20世纪50年代中后期，美国杜邦公司的摩根·沃克与赖明顿兰德公司内部建设小组的詹姆斯·E·凯利合作开发了充分利用计算机管理工程项目施工进度计划的一种方法，即关键线路法（CPM——critical path method）。不久，美国海军军械局在北极星导弹计划中，由于工作有六万之多，为了协调和统一380个主要承包商，在关键线路的基础上，提出了一种新的计划方法，其能使各部门确定要求，由谁承担以及完成的概率，即计划评审法（PERT——program evaluation and review technique），并迅速在全世界推广。其后随着科学技术的不断发展，相继产生了图形评审技术（GERT）、搭接网络、流水网络、随机网络计划技术（QGERT）、风险型随机网络（VERT）等新技术。

我国从20世纪60年代初期，在著名数学家华罗庚教授的倡导和指导下，根据网络计划技术的特点，结合我国的国情，运用系统工程的观点，将各种大同小异的网络计划技术统称为"统筹方法"，并提出了"统筹兼顾、通盘考虑、统一规划"的基本思想。具体地讲，对某工程项目要想编制生产计划或施工进度计划，首先要调查分析研究，明确完成工程项目的工序和工序间的逻辑关系，绘制出工程施工网络图，然后，分析各工序（或施工过程）在网络图中的地位，找出关键线路，再按照一定的目标优化网络计划，选择最优方案，并在计划实施的过程中进行有效的监督和控制，力求以较小的消耗取得最大的经济效果，尽快地完成好工程任务。

在国内，随着网络计划技术的推广应用，特别是CPM和PERT的应用越来越广泛，应用的项目也越来越多。在一些大、中型企业，大型公共设施项目等工程中网络计划技术得到了广泛的应用，甚至成为衡量检验企业管理水平的一条准则，与传统的经验管理相比，应用网络计划技术特别是在大中型项目中带来了可观的经济效益。因而，1992年国家颁布了《工程网络技术规程》（JGJ/T 1001—91），使工程网络计划技术在计划编制和控制管理的实际应用中有了一个可以遵循的、统一的技术标准。网络计划技术不仅在我国得到了广泛的应用和推广，取得了较好的经济成效，同时，在应用网络计划技术的过程中，不仅善于吸收国外先进的网络计划技术，而且不断总结应用经验，使网络计划技术本身在我国得到了较快的发展。建筑业在推广应用网络计划技术中，广泛应用的时间坐标网络计划方式，取网络计划逻辑关系明确和横道图清晰易懂之长，使网络计划技术更适合于广大工程技术人员的使用要求，提出了"时间坐标网络"（简称时标网络）。并针对流水施工的特点及其在应用网络计划技术方面存在的问题，提出了"流水网络计划方法"，并在实际中应用，取得了较好的效果。网络图有很多种分类方法，按表达方式的不同划分为双代号网络图和单代号网络图；按网络计划终点节点个数的不同划分为单目标网络图和多目标网络图；按参数类型的不同划分为肯定型网络图和非肯定型网络图；按工序之间衔接关系的不同划分为一般网络图和搭接网络图等。

下面分别阐述单、双代号网络图、时间坐标网络图的绘制、计算和优化的基本概念和基本方法。

（一）网络图

网络图是由一系列箭线和节点组成，用来表示工作流程的有向、有序及各工作之间逻辑关系的网状图形。一个网络图表示一项任务，这项任务又由若干项工作组成。

3.16 网络计划技术概述

1. 网络图的表达方式

网络图有双代号网络图和单代号网络图两种。双代号网络图又称箭线式网络图，它是以箭线及其两端节点的编号表示工作；同时，节点表示工作的开始或结束以及工作之间的连接状态。单代号网络图又称节点网络图，它是以节点及其编号表示工作，箭线表示工作之间的逻辑关系。网络图中工作的表示方法如图3-14和图3-15所示。

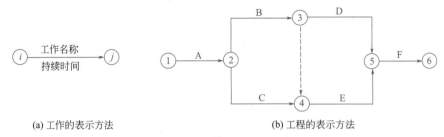

(a) 工作的表示方法　　　　　　　　　(b) 工程的表示方法

图3-14　双代号网络图中工作的表示方法

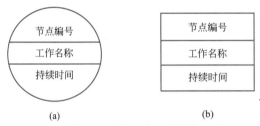

(a)　　　　　　　　　　　(b)

图3-15　单代号网络图中工作的表示方法

2. 网络计划的分类

（1）按网络计划工程对象分类

① 局部网络计划。以一个分部工程或分项工程为对象编制的网络计划称为局部网络计划。如以基础、主体、屋面及装修等不同施工阶段分别编制的网络计划就属于此类。

② 单位工程网络计划。以一个单位工程为对象编制的网络计划称为单位工程网络计划。

③ 综合网络计划。以一个建筑项目或建筑群为对象编制的网络计划称为综合网络计划。

（2）按网络计划时间表达方式分类　根据计划时间的表达不同，网络计划可分为时标网络计划和非时标网络计划。

① 时标网络计划。工作的持续时间以时间坐标为尺度绘制的网络计划称为时标网络计划，如图3-16所示。

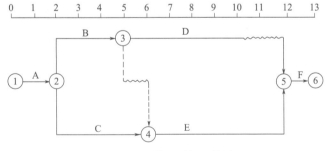

图3-16　双代号时标网络图

② 非时标网络计划。工作的持续时间以数字形式标注在箭线下面绘制的网络计划称为非时标网络计划，如图3-14所示。

3. 网络图的基本知识

（1）双代号网络图的基本符号　双代号网络图的基本符号是箭线、节点及节点编号。

3.17 双代号网络图的基本组成（一）

① 箭线。网络图中一端带箭头的实线即为箭线。在双代号网络图中，它与其两端的节点表示一项工作。箭线表达的内容有以下几个方面。

a. 一根箭线表示一项工作（也称工序、施工过程、项目、活动等）。根据网络计划的性质和作用的不同，工作既可以是一个简单的施工过程，如挖土、垫层等分项工程或者基础工程、主体工程等分部工程；也可以是一项复杂的工程任务，如学校办公楼土建工程等单位工程或者单项工程。如何确定一项工作的范围取决于所绘制的网络计划的作用。

b. 一根箭线表示一项工作所消耗的时间和资源，分别用数字标注在箭线的下方和上方。一般而言，每项工作的完成都要消耗一定的时间和资源，如砌砖墙、扎钢筋等；也存在只消耗时间而不消耗资源的工作，如混凝土养护、抹灰的干燥等技术间歇，若单独考虑时，也应作为一项工作对待。

c. 在无时间坐标的网络图中，箭线的长度不代表时间的长短，画图时原则上是任意的，但必须满足网络图的绘制规则。在有时间坐标的网络图中，其箭线的长度必须根据完成该项工作所需时间长短按比例绘制。

箭线的方向表示工作进行的方向和前进的路线，箭尾表示工作的开始，箭头表示工作的结束。

d. 箭线可以画成直线、折线和斜线。必要时，箭线也可以画成曲线，但应以水平直线为主，一般不宜画成垂直线。

② 节点（也称结点、事件）。在网络图中箭线的出发和交汇处画上圆圈，用以标志该圆圈前面一项或若干项工作的结束和允许后面一项或若干项工作的开始的时间点称为节点。在双代号网络图中，它表示工作之间的逻辑关系，节点表达的内容有以下几个方面。

a. 节点表示前面工作结束和后面工作开始的瞬间，所以节点不需要消耗时间和资源。

b. 箭线的箭尾节点表示该工作的开始，箭线的箭头节点表示该工作的结束。

c. 根据节点在网络图中的位置不同可以分为起点节点、终点节点和中间节点。起点节点是网络图的第一个节点，表示一项任务的开始。终点节点是网络图的最后一个节点，表示一项任务的完成。除起点节点和终点节点的外的节点称为中间节点，中间节点都有双重的含义，既是前面工作的箭头节点，也是后面工作的箭尾节点，如图 3-17 所示。

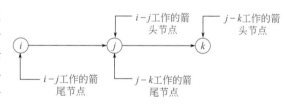

图3-17　节点示意图

③ 节点编号。在一个网络图中，每一个节点都有自己的编号，以便计算网络图的时间参数和检查网络图是否正确。

习惯上从起点节点到终点节点，编号由小到大，并且对于每项工作，箭尾的编号一定要小于箭头的编号。

节点编号的方法可从以下两个方面来考虑。

a. 根据节点编号的方向不同可分为两种：一种是沿着水平方向进行编号；另一种是沿着垂直方向进行编号。如图 3-18 所示。

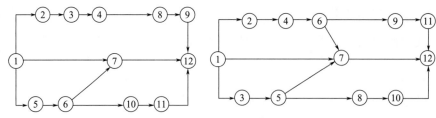

图3-18 水平、垂直编号法

b. 根据编号的数字是否连续又分为两种：一种是连续编号法，即按自然数的顺序进行编号；另一种是间断编号法，一般按奇数（或偶数）的顺序来进行编号。如图3-19所示。

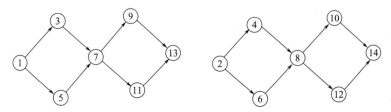

图3-19 单数、双数编号法

采用非连续编号，主要是为了适应计划调整，考虑增添工作的需要，编号留有余地。

（2）单代号网络计划的基本符号 单代号网络图的基本符号是箭线、节点及节点编号。

① 箭线。单代号网络图中，箭线表示紧邻工作之间的逻辑关系。箭线应画成水平直线、折线或斜线。箭线水平投影的方向应自左向右，表达工作的进行方向。

② 节点。单代号网络图中每一个节点表示一项工作。节点所表示的工作名称、持续时间和工作代号等应标注在节点内。

③ 节点编号。单代号网络图的节点编号同双代号网络图。

（3）逻辑关系 逻辑关系是指网络计划中各个工作之间的先后顺序以及相互制约或依赖的关系。包括工艺关系和组织关系。

① 工艺关系。工艺关系是指生产工艺上客观存在的先后顺序关系，或者是非生产性工作之间由工作程序决定的先后顺序关系。例如，建筑工程施工时，先做基础，后做主体；先做结构，后做装修。工艺关系是不能随意改变的。如图3-20所示，支1→扎1→浇1为工艺关系。

② 组织关系。组织关系是指在不违反工艺关系的前提下，人为安排的工作的先后顺序关系。例如，建筑群中各个建筑物的开工顺序的先后；施工对象的分段流水作业等。组织顺序可以根据具体情况，按安全、经济、高效的原则统筹安排。如图3-20所示，支1→支2→支3、浇1→浇2→浇3等为组织关系。

（4）紧前工作、紧后工作、平行工作

① 紧前工作。紧排在本工作之前的工作称为本工作的紧前工作。本工作和紧前工作之间可能有虚工作。如图3-20所示，支1是支2的组织关系上的紧前工作；扎1和扎2之间虽有虚工作，但扎1仍然是扎2的组织关系上的紧前工作。支1则是扎1的工艺关系上紧前工作。

② 紧后工作。紧排在本工作之后的工作称为本工作的紧后工作。本工作和紧后工作之间可能有虚工作。如图3-20所示，支2是支1的组织关系上的紧后工作。扎1是支1的工艺关系上的紧后工作。

③ 平行工作。可与本工作同时进行称为本工作的平行工作。如图3-20所示，支2是扎1的平行工作。

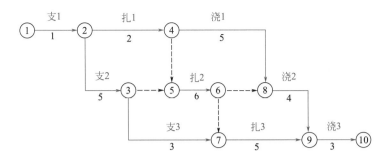

图3-20　逻辑关系

（5）内向箭线和外向箭线

① 内向箭线。指向某个节点的箭线称为该节点的内向箭线，如图 3-21（a）所示。

② 外向箭线。从某节点引出的箭线称为该节点的外向箭线，如图 3-21（b）所示。

（6）虚工作及其应用　双代号网络计划中，只表示前后相邻工作之间的逻辑关系，既不占用时间，也不耗用资源的虚拟的工作称为虚工作。虚工作用虚箭线表示，其表达形式可垂直方向向上或向下，也可水平方向向右。虚工作起着联系、区分、断路三个作用。

① 联系作用。虚工作不仅能表达工作间的逻辑连接关系，而且能表达不同幢号的房间之间的相互联系。例如，工作 A、B、C、D 之间的逻辑关系为：工作 A 完成后可同时进行 B、D 两项工作，工作 C 完成后进行工作 D。不难看出，A 完成后其紧后工作为 B；C 完成后其紧后工作为 D，很容易表达，但 D 又是 A 的紧后工作，为把 A 和 D 联系起来，必须引入虚工作 2—5，逻辑关系才能正确表达，如图 3-22 所示。

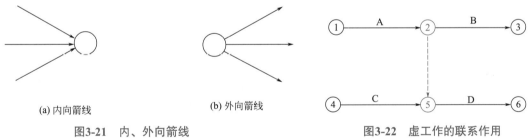

<table>
<tr><td>(a) 内向箭线</td><td>(b) 外向箭线</td></tr>
<tr><td colspan="2">**图3-21　内、外向箭线**</td></tr>
</table>

图3-22　虚工作的联系作用

② 区分作用。双代号网络计划是用两个代号表示一项工作。如果两项工作用同一代号，则不能明确表示出该代号表示哪一项工作。因此，不同的工作必须用不同代号。如图 3-23 所示，图（a）出现"双同代号"是错误的，图（b）、图（c）是两种不同的区分方式，图（d）则多画了一个不必要的虚工作。

③ 断路作用。如图 3-24 所示为某钢筋混凝土工程支模板、扎钢筋、浇混凝土三项工作的流水施工网络图（错误的）。该网络图中出现了支Ⅱ与浇Ⅰ、支Ⅲ与浇Ⅱ等把并无联系的工作联系上了，即出现了多余联系的错误。

为了正确表达工作间的逻辑关系，在出现逻辑错误的圆圈（节点）之间增设新节点（即虚工作），切断毫无关系的工作之间的联系，这种方法称为断路法。然后，去掉多余的虚工作，经调整后的正确网络图，如图 3-25 所示。

由此可见，网络图中虚工作是非常重要的，但在应用时要恰如其分，不能滥用，以必不可少为限。另外，增加虚工作后要进行全面检查，不要顾此失彼。

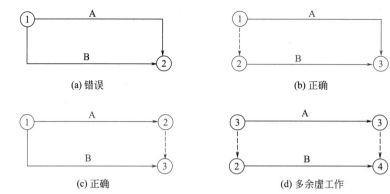

(a) 错误　　　　　　　　　　　　(b) 正确

3.19 双代号网络
图逻辑关系分析

(c) 正确　　　　　　　　　　　　(d) 多余虚工作

图3-23　虚工作的区分作用

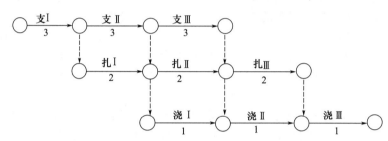

图3-24　逻辑关系错误的流水施工网络图

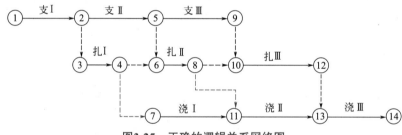

图3-25　正确的逻辑关系网络图

（7）线路、关键线路、关键工作

① 线路。网络图中从起点节点开始，沿箭头方向顺序通过一系列箭线与节点，最后达到终点节点的通路称为线路。一个网络图中，从起点节点到终点节点，一般都存在着许多条线路，如图 3-26 中有四条线路，每条线路都包含若干项工作，这些工作的持续时间之和就是该线路的时间长度，即线路上总的工作持续时间。图 3-26 中四条线路各自的总持续时间见表 3-7。

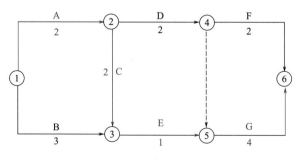

图3-26　双代号网络图

表3-7　各线路的持续时间

线　路	总持续时间/天	关键线路
①—A/2→②—C/2→③—E/1→⑤—G/4→⑥	9	9天
①—A/2→②—D/2→④------⑤—G/4→⑥	8	
①—B/3→③—E/1→⑤—G/4→⑥	8	
①—A/2→②—D/2→④—F/2→⑥	6	

② 关键线路和关键工作。线路上总的工作持续时间最长的线路称为关键线路。如图3-26所示，线路①→②→③→⑤→⑥总的工作持续时间最长，即为关键线路。其余线路称为非关键线路。位于关键线路上的工作称为关键工作。关键工作完成快慢直接影响整个计划工期的实现。

在网络图中，关键线路可能不止一条，可能存在多条，且这多条关键线路的施工持续时间相等。关键线路和非关键线路并不是一直不变的，在一定的条件下，二者是可以相互转化。通常关键线路在网络图中用粗箭线或双箭杆表示。

3.20 双代号网络图绘制的基本规则

（二）网络计划的绘制

1.双代号网络图的绘制

（1）双代号网络图的绘图规则

① 网络图要正确地反映各工作的先后顺序和相互关系，即工作的逻辑关系。如先扎钢筋后浇混凝土，先挖土后砌基础等。这些逻辑关系是由已确定的施工工艺顺序决定的，是不可改变的；组织逻辑关系是指工程人员根据工程对象所处的时间、空间以及资源的客观条件，采取组织措施形成的各工序之间的先后顺序关系。如确定施工顺序为先第一幢房屋后第二幢房屋，这些逻辑关系是由施工组织人员在规划施工方案时人为确定的，通常是可以改变的，如施工顺序为先第二幢房屋后第一幢房屋也是可行的。常用的逻辑关系模型见表3-8。

表3-8　网络图中各工作逻辑关系表示方法

序号	工作之间的逻辑关系	网络图中表示方法	说　明
1	有A、B两项工作按照依次施工方式进行	○—A→○—B→○	B工作依赖着A工作，A工作约束着B工作的开始
2	有A、B、C三项工作同时开始工作	○—A→○ ○—B→○ ○—C→○	A、B、C三项工作称为平行工作
3	有A、B、C三项工作同时结束	○—A→○ ○—B→○ ○—C→○	A、B、C三项工作称为平行工作
4	有A、B、C三项工作，只有在A完成后B、C才能开始	○—A→○—B→○ ○—C→○	A工作制约着B、C工作的开始。B、C为平行工作

序号	工作之间的逻辑关系	网络图中表示方法	说　明
5	有 A、B、C 三项工作，C 工作只有在 A、B 完成后才能开始	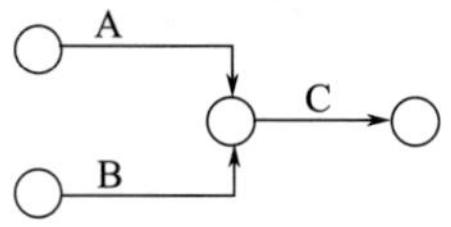	C 工作依赖着 A、B 工作。A、B 为平行工作
6	有 A、B、C、D 四项工作，只有当 A、B 完成后，C、D 才能开始	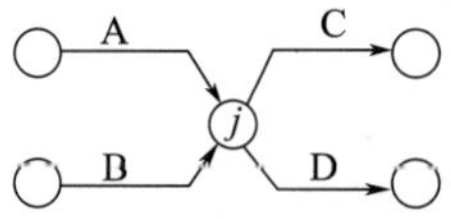	通过中间节点 j 正确地表达了 A、B、C、D 之间的关系
7	有 A、B、C、D 四项工作，A 完成后 C 才能开始；A、B 完成后 D 才开始	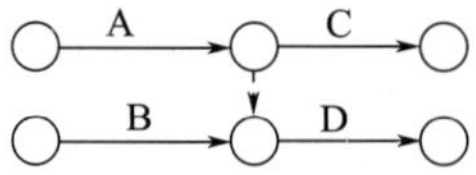	D 与 A 之间引入了逻辑连接（虚工作），只有这样才能正确表达它们之间的约束关系
8	有 A、B、C、D、E 五项工作，A、B 完成后 C 开始；B、D 完成后 E 开始	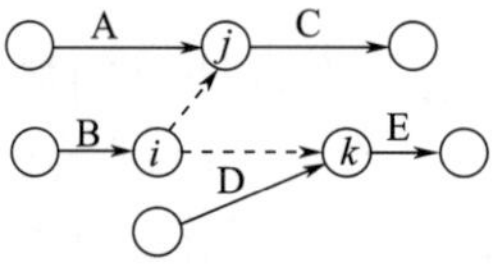	虚工作 $i—j$ 反映出 C 工作受到 B 工作的约束，虚工作 $i—k$ 反映出 E 工作受到 B 工作的约束
9	有 A、B、C、D、E 五项工作，A、B、C 完成后 D 才能开始；B、C 完成后 E 才能开始	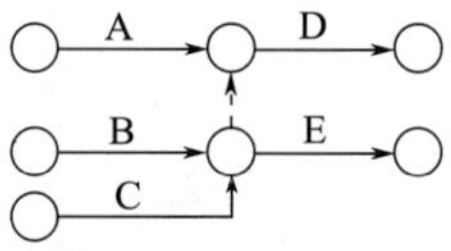	这是前面序号 1、5 情况通过虚工作连接起来，虚工作表示 D 工作受到 B、C 工作制约
10	A、B 两项工作都分三个施工段流水施工	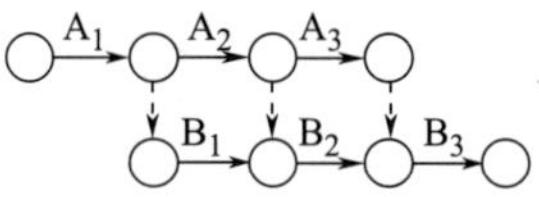	每个工种工程建立专业工作队，在每个施工段上进行流水作业，不同工种之间用逻辑搭接关系表示

② 在一个网络图中，只能有一个起点节点，一个终点节点。否则，不是完整的网络图。除网络图的起点节点和终点节点外，不允许出现没有外向箭线的节点和没有内向箭线的节点。图 3-27 所示网络图中有两个起点节点①和②，两个终点节点⑦和⑧。

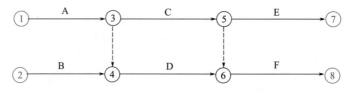

图3-27　存在多个起点节点和终点的错误网络图

图 3-27 的网络图的正确画法如图 3-28 所示，即将节点①和②合并为一个起点节点，将节点⑦和⑧合并为一个终点节点。

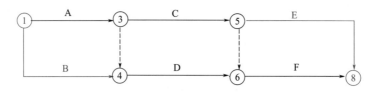

图3-28　改正后的正确网络图

③ 在网络图中箭线只允许从起始事件指向终止事件。不允许出现箭线循环，即闭合回路，如图 3-29 所示，就出现了不允许出现的闭合回路②—③—④—⑤—⑥—⑦—②。

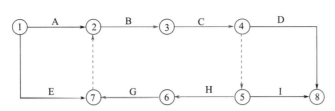

图3-29　箭线循环

④ 网络图中严禁出现双向箭头和无箭头的连线。图 3-30 所示即为错误的工作箭线画法，因为工作进行的方向不明确，因而不能达到网络图有向的要求。

(a) 双向箭头的连线　　　　　　　　　(b) 无箭头的连线

图3-30　错误的箭线画法

⑤ 双代号网络图中，严禁出现没有箭头节点或没有箭尾节点的箭线，如图 3-31 所示。

(a)　　　　　　　　　　　　(b)

图3-31　无箭尾和无箭头节点的错误画法

⑥ 双代号网络图中，一项工作只有唯一的一条箭线和相应的一对节点编号。严禁在箭线上引入或引出箭线，如图 3-32 所示。

(a)　　　　　　　　　　　　(b)

图3-32　在箭线上引入箭线、引出箭线错误的画法

⑦ 当网络图的某些节点有多条外向箭线或有多条内向箭线时，可用母线法绘制，如图 3-33 所示。

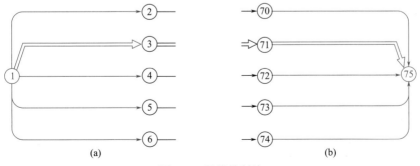

(a)　　　　　　　　　　　　(b)

图3-33　母线绘制法

⑧ 绘制网络图时，尽可能在构图时避免交叉。当交叉不可避免且交叉少时，采用过桥法，当箭线交叉过多则使用指向法，如图 3-34 所示。采用指向法时应注意节点编号指向的

大小关系，保持箭尾节点的编号小于箭头节点编号。为了避免出现箭尾节点的编号大于箭头节点的编号情况，指向法一般只在网络图已编号后才用。

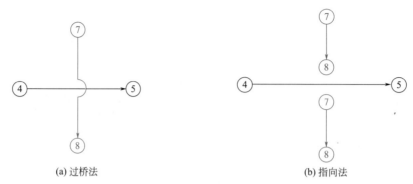

(a) 过桥法　　　　　　　　　　　(b) 指向法

图3-34　箭线交叉的表示方法

3.21 逻辑草稿法
绘制双代号网络图

（2）双代号网络图的绘制方法

① 逻辑草稿法。先根据网络图的逻辑关系，绘制出网络图草图，再结合绘图规则进行调整布局，最后形成正式网络图。当已知每一项工作的紧前工作时，可按下述步骤绘制双代号网络图。

a. 根据已有的紧前工作找出每项工作的紧后工作。

b. 首先绘制没有紧前工作的工作，这些工作与起点节点相连。

c. 根据各项工作的紧后工作依次绘制其他各项工作。

d. 合并没有紧后工作的箭线，即为终点节点。

e. 确认无误，进行节点编号。

【例 3-4】 已知各工作之间的逻辑关系如表 3-9 所示，试绘制其双代号网络图。

表3-9　工作逻辑关系表

工作	A	B	C	D
紧前工作	—	—	A、B	B

【解】 绘制结果如图 3-35 所示。

3.22 双代号网络
图绘制案例

 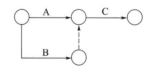 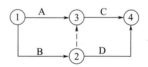

图3-35　例3-4绘图过程

② 绘制双代号网络图注意事项

a. 网络图布局要条理清楚，重点突出。虽然网络图主要用于表达各工作之间的逻辑关系，但为了使用方便，布局应条理清楚，层次分明，行列有序，同时还应突出重点，尽量把关键工作和关键线路布置在中心位置。

b. 正确应用虚箭线进行网络图的断路。应用虚箭线进行网络断路，是正确表达工作之间逻辑关系的关键。双代号网络图出现多余联系可采用以下两种方法进行断路：一种是在横向用虚箭线切断无逻辑关系的工作之间联系，称为横向断路法，这种方法主要用于无时间坐标的网络。另一种是在纵向用虚箭线切断无逻辑关系的工作之间的联系，称为纵向断路法，这种方法主要用于有时间坐标的网络图中。

c.力求减少不必要的箭线和节点。双代号网络图中，应在满足绘图规则和两个节点一根箭线代表一项工作的原则基础上，力求减少不必要的箭线和节点，使网络图图面简洁，减少时间参数的计算量。如图 3-36（a）所示，该图在施工顺序、流水关系及逻辑关系上均是合理的，但它过于烦琐。如果将不必要的节点和箭线去掉，网络图则更加明快、简单，同时并不改变原有的逻辑关系，如图 3-36（b）所示。

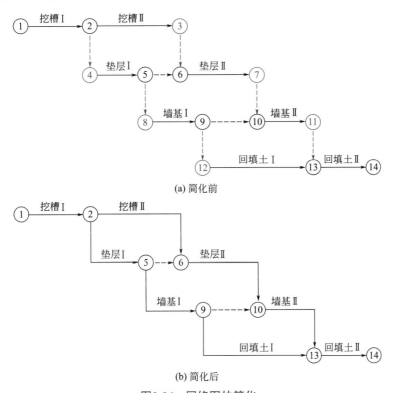

图3-36 网络图的简化

（3）网络图的排列 网络图采用正确的排列方式，逻辑关系准确清晰，形象直观，便于计算与调整。主要排列方式如下。

① 混合排列。对于简单的网络图，可根据施工顺序和逻辑关系将各施工过程对称排列，其特点是构图美观、形象、大方。如图 3-37 所示。

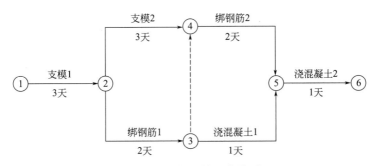

图3-37 网络图的混合排列

② 按施工过程排列。根据施工顺序把各施工过程按垂直方向排列，施工段按水平方向排列，其特点是相同工种在同一水平线上，突出不同工种的工作情况。如图 3-38 所示。

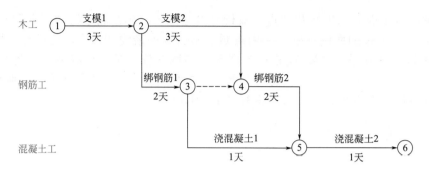

图3-38　网络图按施工过程排列

③ 按施工段排列。同一施工段上的有关施工过程按水平方向排列，施工段按垂直方向排列，其特点同一施工段的工作在同一水平线上，反映出分段施工的特征，突出工作面的利用情况。如图 3-39 所示。

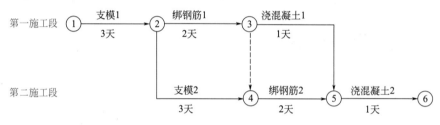

图3-39　网络图按施工段排列

④ 按楼层排列。一般内装修工程的三项工作按楼层由上到下进行的施工网络计划。在分段施工中，当若干项工作沿着建筑物的楼层展开时，其网络计划一般都可以按楼层排列，如图 3-40 所示。

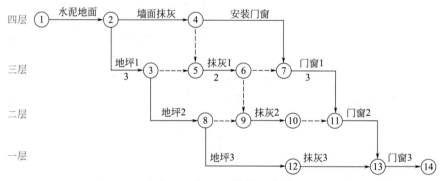

图3-40　网络图按楼层排列

2. 单代号网络图的绘制

绘制单代号网络图需遵循以下规则。

① 单代号网络图必须正确表述已定的逻辑关系；

② 单代号网络图中，严禁出现循环回路；

③ 单代号网络图中，严禁出现双向箭头或无箭头的连线；

④ 单代号网络图中，严禁出现没有箭尾节点的箭线和没有箭头节点的箭线；

⑤ 绘制网络图时，箭线不宜交叉，当交叉不可避免时，可采用过桥法和指向法绘制；

⑥ 单代号网络图只能有一个起点节点和一个终点节点；当网络图中有多项起点节点或多项终点节点时，应在网络图的两端分别设置一项虚工作，作为该网络图的起点节点和终点节点。

（三）网络计划时间参数的计算

1. 双代号网络计划时间参数的计算

根据工程对象各项工作的逻辑关系和绘图规则绘制网络图是一种定性的过程，只有进行时间参数的计算这样一个定量的过程，才使网络计划具有实际应用价值。

计算网络计划时间参数目的主要有三个：第一，确定关键线路和关键工作，便于施工中抓住重点，向关键线路要时间。第二，明确非关键工作及其在施工中时间上有多大的机动性，便于挖掘潜力，统筹全局，部署资源。第三，确定总工期，做到工程进度心中有数。

网络图时间参数的计算方法根据表达方式的不同分为：分析计算法、图上作业法、表上作业法和矩阵计算法。由于图上作业法直观、简便，故本教材以此为例进行讲授。

（1）网络计划时间参数及其符号

① 工作持续时间。工作持续时间是指一项工作从开始到完成的时间，用 D_{i-j} 表示。

② 工期。工期是指完成一项任务所需要的时间，一般有以下三种工期。

3.23 双代号网络时间参数分类

a. 计算工期：是指根据时间参数计算所得到的工期，用 T_c 表示。

b. 要求工期：是指任务委托人提出的指令性工期，用 T_r 表示。

c. 计划工期：是指根据要求工期和计划工期所确定的作为实施目标的工期，用 T_p 表示。

当规定了要求工期时： $T_p \leqslant T_r$

当未规定要求工期时： $T_p = T_c$

③ 网络计划中工作的时间参数及其计算程序。网络计划中的时间参数有六个：最早开始时间、最早完成时间、最迟完成时间、最迟开始时间、总时差、自由时差。

a. 最早开始时间和最早完成时间。最早开始时间是指各紧前工作全部完成后，本工作有可能开始的最早时刻。工作 i-j 的最早开始时间用 ES_{i-j} 表示。

最早完成时间是指各紧前工作全部完成后，本工作有可能完成的最早时刻。工作 i-j 的最早完成时间用 EF_{i-j} 表示。

这类时间参数的实质是提出了紧后工作与紧前工作的关系，即紧后工作若提前开始，也不能提前到其紧前工作未完成之前。就整个网络图而言，受到起点节点的控制。因此，其计算程序为：自起点节点开始，顺着箭线方向，用累加的方法计算到终点节点。

b. 最迟完成时间和最迟开始时间。最迟完成时间是指在不影响整个任务按期完成的前提下，工作必须完成的最迟时刻。工作 i-j 的最迟完成时间用 LF_{i-j} 表示。

最迟开始时间是指在不影响整个任务按期完成的前提下，工作必须开始的最迟时刻。工作 i-j 的最迟开始时间用 LS_{i-j} 表示。

这类时间参数的实质是提出紧前工作与紧后工作的关系，即紧前工作要推迟开始，不能影响其紧后工作的按期完成。就整个网络图而言，受到终点节点（即计算工期）的控制。因此，其计算程序为：自终点节点开始，逆着箭线方向，用累减的方法计算到起点节点。

c. 总时差和自由时差。总时差是指在不影响总工期的前提下，本工作可以利用的机动时间。工作 i-j 的总时差用 TF_{i-j} 表示。

自由时差是指在不影响其紧后工作最早开始时间的前提下，本工作可以利用的机动时间。工作 i-j 的自由时差用 FF_{i-j} 表示。

④ 网络计划中节点的时间参数及其计算程序

a. 节点最早时间。双代号网络计划中，以该节点为开始节点的各项工作的最早开始时间，称为节点最早时间，节点 i 的最早时间用 ET_i 表示。计算程序为：自起点节点开始，顺着箭线方向，用累加的方法计算到终点节点。

b. 节点最迟时间。双代号网络计划中，以该节点为完成节点的各项工作的最迟完成时间，称为节点的最迟时间，节点 i 的最迟时间用 LT_i 表示。其计算程序为：自终点节点开始，逆着箭线方向，用累减的方法计算到起点节点。

⑤ 常用符号。设有线路 $\textcircled{h} \rightarrow \textcircled{i} \rightarrow \textcircled{j} \rightarrow \textcircled{k}$，则：

D_{i-j}——工作 i-j 的持续时间；

D_{h-i}——工作 i-j 的紧前工作 h-i 的持续时间；

D_{j-k}——工作 i-j 紧后工作 j-k 的持续时间；

ES_{i-j}——工作 i-j 的最早开始时间；

EF_{i-j}——工作 i-j 的最早完成时间；

LF_{i-j}——在总工期已经确定的情况下，工作 i-j 的最迟完成时间；

LS_{i-j}——在总工期已经确定的情况下，工作 i-j 的最迟开始时间；

ET_i——节点 i 的最早时间；

LT_i——节点 i 的最迟时间；

TF_{i-j}——工作 i-j 的总时差；

FF_{i-j}——工作 i-j 的自由时差。

（2）双代号网络计划时间参数的计算方法

① 工作计算法。所谓按工作计算法，就是以网络计划中的工作为对象，直接计算各项工作的时间参数。这些时间参数包括：工作的最早开始时间和最早完成时间、工作的最迟开始时间和最迟完成时间、工作的总时差和自由时差。此外，还应计算网络计划的计算工期。

为了简化计算，网络计划时间参数中的开始时间和完成时间都应以时间单位的终了时刻为标准。如第 3 天开始即是指第 3 天结束（下班）时刻开始，实际上是第 4 天上班时刻才开始；第 5 天完成即是指第 5 天终了（下班）时刻完成。按工作计算法计算时间参数应在确定了各项工作的持续时间之后进行。虚工作也必须视同工作进行计算，其持续时间为零。时间参数的计算结果应标注在箭线之上，如图 3-41 所示。

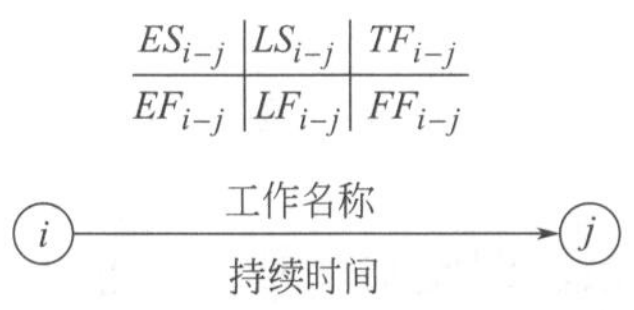

ES_{i-j}	LS_{i-j}	TF_{i-j}
EF_{i-j}	LF_{i-j}	FF_{i-j}

$\textcircled{i}$ ——工作名称 持续时间——→ $\textcircled{j}$

图3-41 按工作计算法标注

下面以图 3-42 双代号网络计划为例，说明其计算步骤。

a. 计算各工作的最早开始时间和最早完成时间。

各项工作的最早完成时间等于其最早开始时间加上工作持续时间，即

$$EF_{i-j}=ES_{i-j}+D_{i-j} \tag{3-16}$$

计算工作最早时间参数时，一般有以下三种情况。

（a）当工作以起点节点为开始节点时，其最早开始时间为零（或规定时间），即：

$$ES_{i-j}=0 \tag{3-17}$$

（b）当工作只有一项紧前工作时，该工作的最早开始时间应为其紧前工作的最早完成时间，即：

$$EF_{i-j}=EF_{h-i}=ES_{h-i}+D_{h-i} \tag{3-18}$$

（c）当工作有多个紧前工作时，该工作的最早开始时间应为其所有紧前工作最早完成时间最大值，即：

$$ES_{i-j}=\max\{EF_{h-i}\}=\max\{ES_{h-i}+D_{h-i}\} \tag{3-19}$$

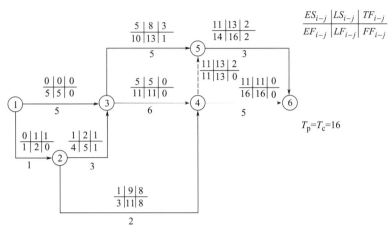

图3-42 双代号网络图图上计算法

如图 3-42 所示的网络计划中，各工作的最早开始时间和最早完成时间计算如下。

工作的最早开始时间：

$$ES_{1-2}=ES_{1-3}=0$$
$$ES_{2-3}=ES_{1-2}+D_{1-2}=0+1=1$$
$$ES_{2-4}=ES_{2-3}=1$$
$$ES_{3-4} = \max \begin{Bmatrix} ES_{1-3} + D_{1-3} \\ ES_{2-3} + D_{2-3} \end{Bmatrix} = \max \begin{Bmatrix} 0+5 \\ 1+3 \end{Bmatrix} = 5$$
$$ES_{3-5}=ES_{3-4}=5$$
$$ES_{4-5} = \max \begin{Bmatrix} ES_{2-4} + D_{2-4} \\ ES_{3-4} + D_{3-4} \end{Bmatrix} = \max \begin{Bmatrix} 1+2 \\ 5+6 \end{Bmatrix} = 11$$
$$ES_{4-6}=ES_{4-5}=11$$
$$ES_{5-6} = \max \begin{Bmatrix} ES_{3-5} + D_{3-5} \\ ES_{4-5} + D_{4-5} \end{Bmatrix} = \max \begin{Bmatrix} 5+5 \\ 11+0 \end{Bmatrix} = 11$$

工作的最早完成时间：

$$EF_{1-2}=ES_{1-2}+D_{1-2}=0+1=1$$
$$EF_{1-3}=ES_{1-3}+D_{1-3}=0+5=5$$
$$EF_{2-3}=ES_{2-3}+D_{2-3}=1+3=4$$
$$EF_{2-4}=ES_{2-4}+D_{2-4}=1+2=3$$
$$EF_{3-4}=ES_{3-4}+D_{3-4}=5+6=11$$
$$EF_{3-5}=ES_{3-5}+D_{3-5}=5+5=10$$
$$EF_{4-5}=ES_{4-5}+D_{4-5}=11+0=11$$
$$EF_{4-6}=ES_{4-6}+D_{4-6}=11+5=16$$
$$EF_{5-6}=ES_{5-6}+D_{5-6}=11+3=14$$

3.24 图上计算法-最早开始时间、最早结束时间

由上述计算可以看出，工作的最早时间计算时应特别注意以下三点：一是计算程序，

即从起点节点开始顺着箭线方向，按节点次序逐项工作计算；二是要弄清该工作的紧前工作是哪几项，以便准确计算；三是同一节点的所有外向工作最早开始时间相同。

b. 确定网络计划工期。当网络计划规定了要求工期时，网络计划的计划工期应小于或等于要求工期，即

$$T_p \leqslant T_r \qquad (3\text{-}20)$$

当网络计划未规定要求工期时，网络计划的计划工期应等于计算工期，即以网络计划的终点节点为完成节点的各个工作的最早完成时间的最大值，如网络计划的终点节点的编号为 n，则计算工期 T_c 为：

$$T_p = T_c = \max\{EF_{i\text{-}n}\} \qquad (3\text{-}21)$$

如图 3-42 所示，网络计划的计算工期为：

$$T_c = \max\begin{Bmatrix} EF_{4\text{-}6} \\ EF_{5\text{-}6} \end{Bmatrix} = \max\begin{Bmatrix} 16 \\ 14 \end{Bmatrix} = 16$$

c. 计算各工作的最迟完成和最迟开始时间。

各工作的最迟开始时间等于其最迟完成时间减去工作持续时间，即

$$LS_{i\text{-}j} = LF_{i\text{-}j} - D_{i\text{-}j} \qquad (3\text{-}22)$$

计算工作最迟完成时间参数时，一般有以下三种情况。

（a）当工作的终点节点为完成节点时，其最迟完成时间为网络计划的计划工期，即

$$LF_{i\text{-}n} = T_p \qquad (3\text{-}23)$$

（b）当工作只有一项紧后工作时，该工作的最迟完成时间应为其紧后工作的最迟开始时间，即

$$LF_{i\text{-}j} = LS_{j\text{-}k} = LF_{j\text{-}k} - D_{j\text{-}k} \qquad (3\text{-}24)$$

（c）当工作有多项紧后工作时，该工作的最迟完成时间应为其多项紧后工作最迟开始时间的最小值，即

$$LF_{i\text{-}j} = \min\{LS_{j\text{-}k}\} = \min\{LF_{j\text{-}k} - D_{j\text{-}k}\} \qquad (3\text{-}25)$$

如图 3-42 所示的网络计划中，各工作的最迟完成时间和最迟开始时间计算如下。

工作的最迟完成时间：

$$LF_{4\text{-}6} = T_c = 16$$
$$LF_{5\text{-}6} = LF_{4\text{-}6} = 16$$
$$LF_{3\text{-}5} = LF_{5\text{-}6} - D_{5\text{-}6} = 16 - 3 = 13$$
$$LF_{4\text{-}5} = LF_{3\text{-}5} = 13$$
$$LF_{2\text{-}4} = \min\begin{Bmatrix} LF_{4\text{-}5} - D_{4\text{-}5} \\ LF_{4\text{-}6} - D_{4\text{-}6} \end{Bmatrix} = \min\begin{Bmatrix} 13 - 0 \\ 16 - 5 \end{Bmatrix} = 11$$

3.25 图上计算法-
最迟开始时间、
最迟结束时间

$$LF_{3\text{-}4} = LF_{2\text{-}4} = 11$$
$$LF_{1\text{-}3} = \min\begin{Bmatrix} LF_{3\text{-}4} - D_{3\text{-}4} \\ LF_{3\text{-}5} - D_{3\text{-}5} \end{Bmatrix} = \min\begin{Bmatrix} 11 - 6 \\ 13 - 5 \end{Bmatrix} = 5$$

$$LF_{2\text{-}3} = LF_{1\text{-}3} = 5$$
$$LF_{1\text{-}2} = \min\begin{Bmatrix} LF_{2\text{-}3} - D_{2\text{-}3} \\ LF_{2\text{-}4} - D_{2\text{-}4} \end{Bmatrix} = \min\begin{Bmatrix} 5 - 3 \\ 11 - 2 \end{Bmatrix} = 2$$

工作的最迟开始时间：

$$LS_{4\text{-}6} = LF_{4\text{-}6} - D_{4\text{-}6} = 16 - 5 = 11$$

$$LS_{5-6}=LF_{5-6}-D_{5-6}=16-3=13$$
$$LS_{3-5}=LF_{3-5}-D_{3-5}=13-5=8$$
$$LS_{4-5}=LF_{4-5}-D_{4-5}=13-0=13$$
$$LS_{2-4}=LF_{2-4}-D_{2-4}=11-2=9$$
$$LS_{3-4}=LF_{3-4}-D_{3-4}=11-6=5$$
$$LS_{1-3}=LF_{1-3}-D_{1-3}=5-5=0$$
$$LS_{2-3}=LF_{2-3}-D_{2-3}=5-3=2$$
$$LS_{1-2}=LF_{1-2}-D_{1-2}=2-1=1$$

由上述计算可以看出，工作的最迟时间计算时应特别注意以下三点：一是计算程序，即从终点卅始逆着箭线方向，按节点次序逐项工作计算；二是要弄清该工作紧后工作有哪几项，以便正确计算；三是同一节点的所有内向工作最迟完成时间相同。

d. 计算各工作的总时差。如图 3-43 所示，在不影响总工期的前提下，一项工作可以利用的时间范围是从该工作最早开始时间到最迟完成时间，即工作从最早开始时间或最迟开始时间开始，均不会影响总工期。而工作实际需要的持续时间是 D_{i-j}，扣去 D_{i-j} 后，余下的一段时间就是工作可以利用的机

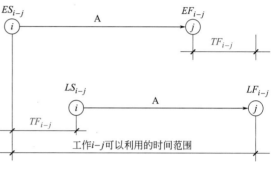

图3-43　总时差计算法

动时间，即为总时差。所以总时差等于最迟开始时间减去最早开始时间，或最迟完成时间减去最早完成时间，即：

$$TF_{i-j}=LS_{i-j}-ES_{i-j} \tag{3-26}$$

或

$$TF_{i-j}=LF_{i-j}-EF_{i-j} \tag{3-27}$$

如图 3-42 所示的网络图中，各工作的总时差计算如下：

$$TF_{1-2}=LS_{1-2}-ES_{1-2}=1-0=1$$
$$TF_{1-3}=LS_{1-3}-ES_{1-3}=0-0=0$$
$$TF_{2-3}=LS_{2-3}-ES_{2-3}=2-1=1$$
$$TF_{2-4}=LS_{2-4}-ES_{2-4}=9-1=8$$
$$TF_{3-4}=LS_{3-4}-ES_{3-4}=5-5=0$$
$$TF_{3-5}=LS_{3-5}-ES_{3-5}=8-5=3$$
$$TF_{4-5}=LS_{4-5}-ES_{4-5}=13-11=2$$
$$TF_{4-6}=LS_{4-6}-ES_{4-6}=11-11=0$$
$$TF_{5-6}=LS_{5-6}-ES_{5-6}=13-11=2$$

3.26 图上计算法-总时差、自由时差

通过计算不难看出总时差有如下特性。

（a）凡是总时差为最小的工作就是关键工作；由关键工作连接构成的线路为关键线路；关键线路上各工作时间之和即为总工期。

（b）当网络计划的计划工期等于计算工期时，凡总时差大于零的工作为非关键工作，凡是具有非关键工作的线路即为非关键线路。非关键线路与关键线路相交时的相关节点把非关键线路划分成若干个非关键线路段，各段有各段的总时差，相互没有关系。

（c）总时差的使用具有双重性，它既可以被该工作使用，但又属于某非关键线路所共

有。当某项工作使用了全部或部分总时差时，则将引起通过该工作的线路上所有工作总时差重新分配。

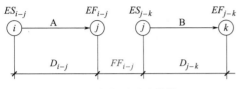

图3-44 自由时差计算简图

e. 计算各工作的自由时差。如图3-44所示，在不影响其紧后工作最早开始时间的前提下，一项工作可以利用的时间范围是从该工作最早开始时间至其紧后工作最早开始时间。而工作实际需要的持续时间是 D_{i-j}，那么扣去 D_{i-j} 后，尚有的一段时间就是自由时差。其计算如下。

当工作有紧后工作时，该工作的自由时差等于紧后工作的最早开始时间减本工作最早完成时间，即：

$$FF_{i-j}=ES_{j-k}-EF_{i-j} \tag{3-28}$$

或

$$FF_{i-j}=ES_{j-k}-ES_{i-j}-D_{i-j} \tag{3-29}$$

当以终点节点（$j=n$）为箭头节点的工作，其自由时差应按网络计划的计划工期 T_p 确定，即：

$$FF_{i-n}=T_p-EF_{i-n} \tag{3-30}$$

或

$$FF_{i-n}=T_p-ES_{i-n}-D_{i-n} \tag{3-31}$$

如图3-42所示的网络图中，各工作的自由时差计算如下：

$$FF_{1-2}=ES_{2-3}-ES_{1-2}-D_{1-2}=1-0-1=0$$
$$FF_{1-3}=ES_{3-4}-ES_{1-3}-D_{1-3}=5-0-5=0$$
$$FF_{2-3}=ES_{3-4}-ES_{2-3}-D_{2-3}=5-1-3=1$$
$$FF_{2-4}=ES_{4-5}-ES_{2-4}-D_{2-4}=11-1-2=8$$
$$FF_{3-4}=ES_{4-5}-ES_{3-4}-D_{3-4}=11-5-6=0$$
$$FF_{3-5}=ES_{5-6}-ES_{3-5}-D_{3-5}=11-5-5=1$$
$$FF_{4-5}=ES_{5-6}-ES_{4-5}-D_{4-5}=11-11-0=0$$
$$FF_{4-6}=T_p-ES_{4-6}-D_{4-6}=16-11-5=0$$
$$FF_{5-6}=T_p-ES_{5-6}-D_{5-6}=16-11-3=2$$

通过计算不难看出自由时差有如下特性。

（a）自由时差为某非关键工作独立使用的机动时间，利用自由时差，不会影响其紧后工作的最早开始时间。

（b）非关键工作的自由时差必小于或等于其总时差。

② 节点计算法。按节点计算法计算时间参数，其计算结果应标注在节点之上，如图3-45所示。

图3-45 按节点计算法的标注

下面以图3-46网络图为例，说明其计算步骤。

3.27 节点计算法

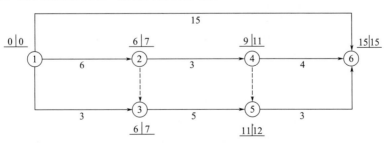

图3-46 网络图节点时间计算

a. 计算各节点最早时间。节点的最早时间是以该节点为开始节点的工作的最早开始时间，其计算有三种情况：

（a）起点节点 i 如未规定最早时间，其值应等于零，即：

$$ET_i=0(i=1) \tag{3-32}$$

（b）当节点 j 只有一条内向箭线时，最早时间应为：

$$ET_j=ET_i+D_{i-j} \tag{3-33}$$

（c）当节点 j 有多条内向箭线时，其最早时间应为：

$$ET_j=\max\{ET_i+D_{i-j}\} \tag{3-34}$$

终点节点 n 的最早时间即为网络计划的计算工期，即：

$$T_c=ET_n \tag{3-35}$$

如图 3-46 所示的网络计划中，各节点最早时间计算如下。

$$ET_1=0$$

$$ET_2=ET_1+D_{1-2}=0+6$$

$$ET_3 = \max \begin{Bmatrix} ET_2 + D_{2-3} \\ ET_1 + D_{1-3} \end{Bmatrix} = \max \begin{Bmatrix} 6+0 \\ 0+3 \end{Bmatrix} = 6$$

$$ET_4=ET_2+D_{2-4}=6+3=9$$

$$ET_5 = \max \begin{Bmatrix} ET_4 + D_{4-5} \\ ET_3 + D_{3-5} \end{Bmatrix} = \max \begin{Bmatrix} 9+0 \\ 6+5 \end{Bmatrix} = 11$$

$$ET_6 = \max \begin{Bmatrix} ET_1 + D_{1-6} \\ ET_4 + D_{4-6} \\ ET_5 + D_{5-6} \end{Bmatrix} = \max \begin{Bmatrix} 0+15 \\ 9+4 \\ 11+3 \end{Bmatrix} = 15$$

b. 计算各节点最迟时间。节点最迟时间是以该节点为完成节点的工作的最迟完成时间，其计算有三种情况。

（a）终点节点的最迟时间应等于网络计划的计划工期，即：

$$LT_n=T_p \tag{3-36}$$

若分期完成的节点，则最迟时间等于该节点规定的分期完成的时间。

（b）当节点 i 只有一个外向箭线时，最迟时间为：

$$LT_i=LT_j-D_{i-j} \tag{3-37}$$

（c）当节点 i 有多条外向箭线时，其最迟时间为：

$$LT_i=\min\{LT_j-D_{i-j}\} \tag{3-38}$$

如图 3-46 所示的网络计划中，各节点的最迟时间计算如下：

$$LT_6=T_p=T_c=ET_6=15$$

$$LT_5=LT_6-D_{5-6}=15-3=12$$

$$LT_4 = \min \begin{Bmatrix} LT_6 - D_{4-6} \\ LT_5 - D_{4-5} \end{Bmatrix} = \min \begin{Bmatrix} 15-4 \\ 12-0 \end{Bmatrix} = 11$$

$$LT_3=LT_5-D_{3-5}=12-5=7$$

$$LT_2 = \min \begin{Bmatrix} LT_4 - D_{2-4} \\ LT_3 - D_{2-3} \end{Bmatrix} = \min \begin{Bmatrix} 11-3 \\ 7-0 \end{Bmatrix} = 7$$

$$LT_1 = \min\begin{cases} LT_6 - D_{1-6} \\ LT_2 - D_{1-2} \\ LT_3 - D_{1-3} \end{cases} = \min\begin{cases} 15-15 \\ 7-6 \\ 7-3 \end{cases} = 0$$

③ 根据节点时间参数计算工作时间参数

a. 工作最早开始时间等于该工作的开始节点的最早时间：

$$ES_{i-j}=ET_i \tag{3-39}$$

b. 工作的最早完成时间等于该工作的开始节点的最早时间加持续时间：

$$EF_{i-j}=ET_i+D_{i-j} \tag{3-40}$$

c. 工作最迟完成时间等于该工作的完成节点的最迟时间：

$$LF_{i-j}=LT_j \tag{3-41}$$

d. 工作最迟开始时间等于该工作的完成节点的最迟时间减持续时间：

$$LS_{i-j}=LT_j-D_{i-j} \tag{3-42}$$

e. 工作总时差等于该工作的完成节点最迟时间减该工作开始节点的最早时间再减持续时间：

$$TF_{i-j}=LT_j-ET_i-D_{i-j} \tag{3-43}$$

f. 工作自由时差等于该工作的完成节点最早时间减该工作开始节点的最早时间再减持续时间：

$$FF_{i-j}=ET_j-ET_i-D_{i-j} \tag{3-44}$$

如图 3-46 所示网络计划中，根据节点时间参数计算工作的六个时间参数如下。

（a）工作最早开始时间：

$$ES_{1-6}=ES_{1-2}=ES_{1-3}=ET_1=0$$
$$ES_{2-4}=ET_2=6$$
$$ES_{3-5}=ET_3=6$$
$$ES_{4-6}=ET_4=9$$
$$ES_{5-6}=ET_5=11$$

（b）工作最早完成时间：

$$EF_{1-6}=ET_1+D_{1-6}=0+15=15$$
$$EF_{1-2}=ET_1+D_{1-2}=0+6=6$$
$$EF_{1-3}=ET_1+D_{1-3}=0+3=3$$
$$EF_{2-4}=ET_2+D_{2-4}=6+3=9$$
$$EF_{3-5}=ET_3+D_{3-5}=6+5=11$$
$$EF_{4-6}=ET_4+D_{4-6}=9+4=13$$
$$EF_{5-6}=ET_5+D_{5-6}=11+3=14$$

（c）工作最迟完成时间：

$$LF_{1-6}=LT_6=15$$
$$LF_{1-2}=LT_2=7$$
$$LF_{1-3}=LT_3=7$$
$$LF_{2-4}=LT_4=11$$
$$LF_{3-5}=LT_5=12$$
$$LF_{4-6}=LT_6=15$$

$$LF_{5-6}=LT_6=15$$

（d）工作最迟开始时间：

$$LS_{1-6}=LT_6-D_{1-6}=15-15=0$$
$$LS_{1-2}=LT_2-D_{1-2}=7-6=1$$
$$LS_{1-3}=LT_3-D_{1-3}=7-3=4$$
$$LS_{2-4}=LT_4-D_{2-4}=11-3=8$$
$$LS_{3-5}=LT_5-D_{3-5}=12-5=7$$
$$LS_{4-6}=LT_6-D_{4-6}=15-4=11$$
$$LS_{5-6}=LT_6-D_{5-6}=15-3=12$$

（e）总时差：

$$TF_{1-6}=LT_6-ET_1-D_{1-6}=15-0-15=0$$
$$TF_{1-2}=LT_2-ET_1-D_{1-2}=7-0-6=1$$
$$TF_{1-3}=LT_3-ET_1-D_{1-3}=7-0-3=4$$
$$TF_{2-4}=LT_4-ET_2-D_{2-4}=11-6-3=2$$
$$TF_{3-5}=LT_5-ET_3-D_{3-5}=12-6-5=1$$
$$TF_{4-6}=LT_6-ET_4-D_{4-6}=15-9-4=2$$
$$TF_{5-6}=LT_6-ET_5-D_{5-6}=15-11-3=1$$

（f）自由时差：

$$FF_{1-6}=ET_6-ET_1-D_{1-6}=15-0-15=0$$
$$FF_{1-2}=ET_2-ET_1-D_{1-2}=6-0-6=0$$
$$FF_{1-3}=ET_3-ET_1-D_{1-3}=6-0-3=3$$
$$FF_{2-4}=ET_4-ET_2-D_{2-4}=9-6-3=0$$
$$FF_{3-5}=ET_5-ET_3-D_{3-5}=11-6-5=0$$
$$FF_{4-6}=ET_6-ET_4-D_{4-6}=15-9-4=2$$
$$FF_{5-6}=ET_6-ET_5-D_{5-6}=15-11-3=1$$

（3）关键工作和关键线路的确定

① 关键工作的确定。网络计划中机动时间最少的工作称为关键工作，因此，网络计划中工作总时差最小的工作也就是关键工作。在计划工期等于计算工期时，总时差为零的工作就是关键工作。当计划工期小于计算工期时，关键工作的总时差为负值，说明应研究更多措施以缩短计算工期。当计划工期大于计算工期时，关键工作的总时差为正值，说明计划已留有余地，进度控制就比较主动。

② 关键线路的确定方法

a. 利用关键工作判断。网络计划中，自始至终全部由关键工作（必要时经过一些虚工作）组成或线路上总的工作持续时间最长的线路应为关键线路。

b. 利用标号法判断。标号法是一种快速寻求网络计划计算工期和关键线路的方法。它利用节点计算法的基本原理，对网络计划中的每个节点进行标号，然后利用标号值确定网络计划的计算工期和关键线路。

③ 实例说明。下面以图3-47所示网络计划为例，说明用标号法确定计算工期和关键线路的步骤。

a. 确定节点标号值（a，b_j）

（a）网络计划起点节点的标号值为零。本例中，节点①的标号值为零，即：$b_1=0$。

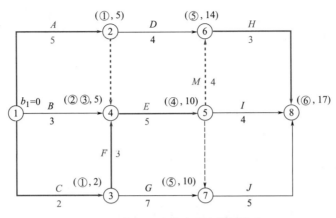

图3-47　按标号法快速确定关键线路

（b）其他节点的标号值等于以该节点为完成节点的各项工作的开始节点标号值加其持续时间所得之和的最大值，即：

$$b_j=\max\{b_i+D_{i-j}\}\qquad\qquad(3\text{-}45)$$

式中　b_j——工作 $i\text{-}j$ 的完成节点 j 的标号值；

　　　b_i——工作 $i\text{-}j$ 的开始节点 i 的标号值；

　　　$D_{i\text{-}j}$——工作 $i\text{-}j$ 的持续时间。

节点的标号宜用双标号法，即用源节点（得出标号值的节点）a 作为第一标号，用标号值 b_j 作为第二标号。

本例中各节点标号值如图3-47所示。

b. 确定计算工期。网络计划的计算工期就是终点节点的标号值。本例中，其计算工期为终点节点⑧的标号值17。

c. 确定关键线路。自终点节点开始，逆着箭线跟踪源节点即可确定。本例中，从终点节点⑥开始跟踪源节点分别为⑧、⑥、⑤、④、②、①和⑧、⑥、⑤、④、③、①，即得关键线路①—②—④—⑤—⑥—⑧和①—③—④—⑤—⑥—⑧。

3.29 单代号网络
时间参数计算

2. 单代号网络计划时间参数的计算

（1）工作最早开始时间的计算应符合下列规定：

① 工作 i 的最早开始时间 ES_i 应从网络图的起点节点开始，顺着箭线方向依次逐个计算。

② 起点节点的最早开始时间 ES_1 如无规定时，其值等于零，即

$$ES_1=0\qquad\qquad(3\text{-}46)$$

③ 其他工作的最早开始时间 ES_i 应为：

$$ES_i=\max\{ES_h+D_h\}\qquad\qquad(3\text{-}47)$$

式中　ES_h——工作 i 的紧前工作 h 的最早开始时间；

　　　D_h——工作 i 的紧前工作 h 的持续时间。

（2）工作 i 的最早完成时间 EF_i 的计算应符合下式规定：

$$EF_i=ES_i+D_i\qquad\qquad(3\text{-}48)$$

（3）网络计划计算工期 T_c 的计算应符合下式规定：

$$T_c=EF_n\qquad\qquad(3\text{-}49)$$

式中　EF_n——终点节点n的最早完成时间。

（4）网络计划的计划工期T_p应按下列情况分别确定：

① 当已规定了要求工期T_r时

$$T_p \leqslant T_r \tag{3-50}$$

② 当未规定要求工期时

$$T_p = T_c \tag{3-51}$$

（5）相邻两项工作i和j之间的时间间隔$LAG_{i,j}$的计算应符合下式规定：

$$LAG_{i,j} = ES_j - EF_i \tag{3-52}$$

式中　ES_j——工作j的最早开始时间。

（6）工作总时差的计算应符合下列规定：

① 工作i的总时差TF_i应从网络图的终点节点开始，逆着箭线方向依次逐项计算。当部分工作分期完成时，有关工作的总时差必须从分期完成的节点开始逆向逐项计算。

② 终点节点所代表的工作n的总时差TF_n值为零，即：

$$TF_n = 0 \tag{3-53}$$

分期完成的工作的总时差值为零。

③ 其他工作的总时差TF_i的计算应符合下式规定：

$$TF_i = \min\{LAG_{i,j} + TF_j\} \tag{3-54}$$

式中　TF_j——工作i的紧后工作j的总时差。

当已知各项工作的最迟完成时间LF_i或最迟开始时间LS_i时，工作的总时差TF_i计算也应符合下列规定。

$$TF_i = LS_i - ES_i \tag{3-55}$$

或

$$TF_i = LF_i - EF_i \tag{3-56}$$

（7）工作i的自由时差FF_i的计算应符合下列规定：

$$FF_i = \min\{LAG_{i,j}\} \tag{3-57}$$

$$FF_i = \min\{ES_j - EF_i\} \tag{3-58}$$

或符合下式规定：

$$FF_i = \min\{ES_j - ES_i - D_i\} \tag{3-59}$$

（8）工作最迟完成时间的计算应符合下列规定：

① 工作i的最迟完成时间LF_i应从网络图的终点节点开始，逆着箭线方向依次逐项计算。当部分工作分期完成时，有关工作的最迟完成时间应从分期完成的节点开始逆向逐项计算。

② 终点节点所代表的工作n的最迟完成时间LF_n应按网络计划的计划工期T_p确定，即

$$LF_n = T_p \tag{3-60}$$

分期完成那项工作的最迟完成时间应等于分期完成的时刻。

③ 其他工作i的最迟完成时间LF_i应为

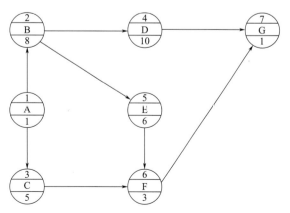

图3-48　单代号网络计划

$$LF_i=\min\{LF_j-D_j\}\qquad(3\text{-}61)$$

式中　LF_j——工作 i 的紧后工作 j 的最迟完成时间；

　　　D_j——工作 i 的紧后工作 j 的持续时间。

（9）工作 i 的最迟开始时间 LS_i 的计算应符合下列规定：

$$LS_i=LF_i-D_i\qquad(3\text{-}62)$$

【例 3-5】　试计算如图 3-48 所示单代号网络计划的时间参数。

【解】　计算结果如图 3-49 所示。现对其计算方法说明如下。

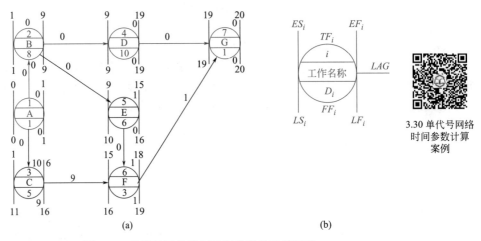

图3-49　单代号网络计划时间参数的计算结果

① 工作最早开始时间的计算

工作的最早开始时间从网络图的起点节点开始，顺着箭线方向自左至右，依次逐个计算。因起点节点的最早开始时间未作规定，故

$$ES_1=0$$

其后续工作的最早开始时间是其各紧前工作的最早开始时间与其持续时间之和，并取其最大值，其计算公式为：

$$ES_i=\max\{ES_h+D_h\}$$

由此得到：$ES_2=ES_1+D_1=0+1=1$

　　　　　$ES_3=ES_1+D_1=0+1=1$

　　　　　$ES_4=ES_2+D_2=1+8=9$

　　　　　$ES_5=ES_2+D_2=1+8=9$

　　　　　$ES_6=\max\{ES_3+D_3,\ ES_5+D_5\}=\max\{1+5,\ 9+6\}=15$

　　　　　$ES_7=\max\{ES_4+D_4,\ ES_6+D_6\}=\max\{9+10,\ 15+3\}=19$

② 工作最早完成时间的计算

每项工作的最早完成时间是该工作的最早开始时间与其持续时间之和，其计算公式为：

$$EF_i=ES_i+D_i$$

因此可得：　　　$EF_1=ES_1+D_1=0+1=1$

　　　　　　　　$EF_2=ES_2+D_2=1+8=9$

　　　　　　　　$EF_3=ES_3+D_3=1+5=6$

　　　　　　　　$EF_4=ES_4+D_4=9+10=19$

　　　　　　　　$EF_5=ES_5+D_5=9+6=15$

　　　　　　　　$EF_6=ES_6+D_6=15+3=18$

$$EF_7=ES_7+D_7=19+1=20$$

③ 网络计划的计算工期

网络计划的计算工期 T_c 按公式 $T_c=EF_n$ 计算。由此得到：$T_c=EF_7=20$。

④ 网络计划计划工期的确定

由于本计划没有要求工期，故 $T_p=T_c=20$。

⑤ 相邻两项工作之间时间间隔的计算

相邻两项工作的时间间隔，是后项工作的最早开始时间与前项工作的最早完成时间的差值，它表示相邻两项工作之间有一段时间间歇，相邻两项工作 i 与 j 之间的时间间隔 $LAG_{i,j}$ 按公式 $LAG_{i,j}=ES_j-EF_i$ 计算。

因此可得到：
$$LAG_{1,2}=ES_2-EF_1=1-1=0$$
$$LAG_{1,3}=ES_3-EF_1=1-1=0$$
$$LAG_{2,4}=ES_4-EF_2=9-9=0$$
$$LAG_{2,5}=ES_5-EF_2=9-9=0$$
$$LAG_{3,6}=ES_6-EF_3=15-6=9$$
$$LAG_{5,6}=ES_6-EF_5=15-15=0$$
$$LAG_{4,7}=ES_7-EF_4=19-19=0$$
$$LAG_{6,7}=ES_7-EF_6=19-18=1$$

⑥ 工作总时差的计算

每项工作的总时差，是该项工作在不影响计划工期前提下所具有的机动时间。它的计算应从网络图的终点节点开始，逆着箭线方向依次计算。终点节点所代表的工作的总时差 TF_n 值，由于本例没有给出规定工期，故应为零，即：$TF_n=0$，故 $TF_7=0$。

其他工作的总时差 TF_i 可按公式计算。

当已知各项工作的最迟完成时间 LF_i 或最迟开始时间 LS_i 时，工作的总时差 TF_i 也可按公式 $TF_i=LS_i-ES_i$ 或公式 $TF_i=LF_i-EF_i$ 计算。

按公式：
$$TF_i=\min\{LAG_{i,j}+TF_j\}$$

计算的结果是：
$$TF_6=LAG_{6,7}+TF_7=1+0=1$$
$$TF_5=LAG_{5,6}+TF_6=0+1=1$$
$$TF_4=LAG_{4,7}+TF_7=0+0=0$$
$$TF_3=LAG_{3,6}+TF_6=9+1=10$$
$$TF_2=\min\{LAG_{2,4}+TF_4, LAG_{2,5}+TF_5\}=\min\{0+0, 0+1\}=0$$
$$TF_1=\min\{LAG_{1,2}+TF_2, LAG_{1,3}+TF_3\}=\min\{0+0, 0+10\}=0$$

⑦ 工作自由时差的计算

工作 i 的自由时差 FF_i 由公式 $FF_i=\min\{LAG_{i,j}\}$

可算得：
$$FF_7=0$$
$$FF_6=LAG_{6,7}=1$$
$$FF_5=LAG_{5,6}=0$$
$$FF_4=LAG_{4,7}=0$$
$$FF_3=LAG_{3,6}=9$$
$$FF_2=\min\{LAG_{2,4}, LAG_{2,5}\}=\min\{0, 0\}=0$$
$$FF_1=\min\{LAG_{1,2}, LAG_{1,3}\}=\min\{0, 0\}=0$$

⑧ 工作最迟完成时间的计算

工作 i 的最迟完成时间 LF_i 应从网络图的终点节点开始，逆着箭线方向依次逐项计算。终点节点 n 所代表的工作的最迟完成时间 LF_n，应按公式 $LF_n=T_p$ 计算：$LF_7=T_p=20$。

其他工作 i 的最迟完成时间 LF_i 按公式：$LF_i=\min\{LF_j-D_j\}$

计算得到
$$LF_6=LF_7-D_7=20-1=19$$
$$LF_5=LF_6-D_6=19-3=16$$
$$LF_4=LF_7-D_7=20-1=19$$
$$LF_3=LF_6-D_6=19-3=16$$
$$LF_2=\min\{LF_4-D_4,\ LF_5-D_5\}=\min\{19-10,\ 16-6\}=9$$
$$LF_1=\min\{LF_2-D_2,\ LF_3-D_3\}=\min\{9-8,\ 16-5\}=1$$

⑨ 工作最迟开始时间的计算

工作 i 的最迟开始时间 LS_i 按公式 $LS_i=LF_i-D_i$ 进行计算。

因此可得：
$$LS_7=LF_7-D_7=20-1=19$$
$$LS_6=LF_6-D_6=19-3=16$$
$$LS_5=LF_5-D_5=16-6=10$$
$$LS_4=LF_4-D_4=19-10=9$$
$$LS_3=LF_3-D_3=16-5=11$$
$$LS_2=LF_2-D_2=9-8=1$$
$$LS_1=LF_1-D_1=1-1=0$$

（10）关键工作和关键线路的确定

① 关键工作的确定。网络计划中机动时间最少的工作称为关键工作，因此，网络计划中工作总时差最小的工作也就是关键工作。在计划工期等于计算工期时，总时差为零的工作就是关键工作。当计划工期小于计算工期时，关键工作的总时差为负值，说明应研究更多措施以缩短计算工期。当计划工期大于计算工期时，关键工作的总时差为正值，说明计划已留有余地，进度控制就比较主动。

② 关键线路的确定。网络计划中自始至终全由关键工作组成的线路称为关键线路。在肯定型网络计划中是指线路上工作总持续时间最长的线路。关键线路在网络图中宜用粗线、双线或彩色线标注。

单代号网络计划中将相邻两项关键工作之间的间隔时间为 0 的关键工作连接起来而形成的自起点节点到终点节点的通路就是关键线路。因此，例 3-5 中的关键线路是①—②—④—⑦。

（四）双代号时标网络计划

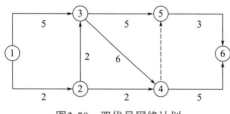

图3-50　双代号网络计划

双代号时标网络计划是综合应用横道图的时间坐标和网络计划的原理，是在横道图基础上引入网络计划中各工作之间逻辑关系的表达方法。如图 3-50 所示的双代号网络计划，若改画为时标网络计划，如图 3-51 所示。采用时标网络计划，既解决了横道计划中各项工作不明确，时间指标无法计算的缺点，又解决了双代号网络计划时间不直观，不能明确看出各工作开始和完成的时间等问题。它的特点如下。

① 时标网络计划中，箭线的长短与时间有关。

② 可直接显示各工作的时间参数和关键线路，而不必计算。

③ 由于受到时间坐标的限制，所以时标网络计划不会产生闭合回路。

④ 可以直接在时标网络图的下方绘出资源动态曲线，便于分析，平衡调度。

⑤ 由于箭线的长度和位置受时间坐标的限制，因而调整和修改不太方便。

3.31 双代号时标网络图概念及特征

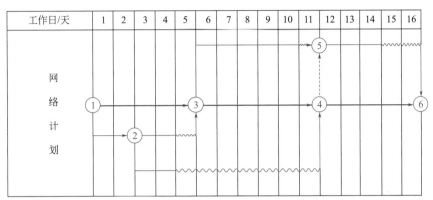

图3-51　双代号时标网络计划

1. 时标网络计划的一般规定

① 双代号时标网络计划必须以水平时间坐标为尺度表示工作时间。时标的时间单位应根据需要在编制网络计划之前确定，可为时、天、周、月或季。

② 时标网络计划应以实箭线表示工作，以虚箭线表示虚工作，以波形线表示工作的自由时差。

③ 时标网络计划中所有符号在时间坐标上的水平投影位置，都必须与其时间参数相对应。节点中心必须对准相应的时标位置。虚工作必须以垂直方向的虚箭线表示，自由时差用波形线表示。

2. 时标网络计划的绘制方法

时标网络计划一般按工作的最早开始时间绘制。其绘制方法有间接绘制法和直接绘制法。

（1）间接绘制法　间接绘制法是先计算网络计划的时间参数，再根据时间参数在时间坐标上进行绘制的方法。其绘制步骤和方法如下。

① 先绘制双代号网络图，计算节点的最早时间参数，确定关键工作及关键线路。

② 根据需要确定时间单位并绘制时标横轴。

③ 根据节点的最早时间确定各节点的位置。

④ 依次在各节点间绘出箭线及时差。绘制时宜先画关键工作、关键线路，再画非关键工作。如箭线长度不足以到达工作的完成节点时，用波形线补足，箭头画在波形线与节点连接处。

⑤ 用虚箭线连接各有关节点，将有关的工作连接起来。

（2）直接绘制法　直接绘制法是不计算网络计划时间参数，直接在时间坐标上进行绘制的方法。其绘制步骤和方法可归纳为如下绘图口诀："时间长短坐标限，曲直斜平利相连；箭线到齐画节点，画完节点补波线；零线尽量拉垂直，否则安排有缺陷。"具体含义如下。

① 时间长短坐标限。箭线的长度代表着具体的施工时间，受到时间坐标的制约。

② 曲直斜平利相连。箭线的表达方式可以是直线、折线、斜线等，但布图应合理，直观清晰。

③ 箭线到齐画节点。工作的开始节点必须在该工作的全部紧前工作都画出后，定位在这些紧前工作最晚完成的时间刻度上。

④ 画完节点补波线。某些工作的箭线长度不足以达到其完成节点时，用波形线补足。

⑤ 零线尽量拉垂直。虚工作持续时间为零，应尽可能让其为垂直线。

⑥ 否则安排有缺陷。若出现虚工作占据时间的情况，其原因是工作面停歇或施工作业队组工作不连续。

【例 3-6】 某双代号网络计划如图 3-52 所示，试绘制时标网络图。

【解】 按直接绘制的方法，绘制出时标网络计划如图 3-53 所示。

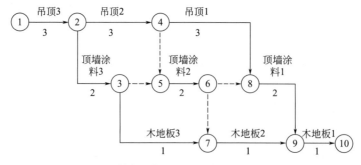

3.32 双代号时标
网络图绘制方法

图3-52 双代号网络计划

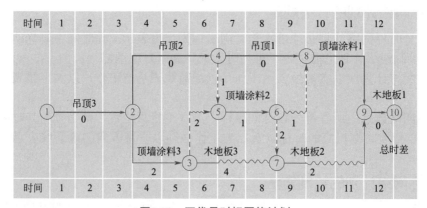

图3-53 双代号时标网络计划

3. 关键线路和时间参数的确定

（1）关键线路的确定　自终点节点逆箭线方向朝起点节点观察，自始至终不出现波形线的线路为关键线路。

（2）工期的确定　时标网络计划的计算工期，应是其终点节点与起点节点所在位置的时标值之差。

（3）时间参数的判定

① 工作最早开始时间和最早完成时间的判定。工作箭线左端节点中心所对应的时标值为该工作的最早开始时间。当工作箭线中不存在波形线时，其右端节点中心所对应的时标值为该工作的最早完成时间；当工作箭线中存在波形线时，工作箭线实线部分右端点所对应的时标值为该工作的最早完成时间。

② 工作总时差的判定。工作总时差的判定应从网络计划的终点节点开始，逆着箭线方向依次进行。

a. 以终点节点为完成节点的工作，其总时差应等于计划工期与本工作最早完成时间之差，即：

$$TF_{i-n} = T_p - EF_{i-n}$$

（3-63）

式中　　TF_{i-n}——以网络计划终点节点 n 为完成节点的工作的总时差；

　　　　T_p——网络计划的计划工期；

　　　　EF_{i-n}——以网络计划终点节点 n 为完成节点的工作的最早完成时间。

b. 其他工作的总时差等于其紧后工作的总时差加本工作与该紧后工作之间的时间间隔所得之和的最小值，即：

$$TF_{i-j}=\min\{TF_{j-k}+LAG_{i-j,\ j-k}\}\qquad（3-64）$$

式中　　TF_{i-j}——工作 i–j 的总时差；

　　　　TF_{j-k}——工作 i–j 的紧后工作 j–k（非虚工作）的总时差；

　　$LAG_{i-j,\ j-k}$——工作 i–j 和工作 j–k 之间的时间间隔。

③ 工作自由时差的判定

a. 以终点节点为完成节点的工作，其自由时差等于计划工期与本工作最早完成时间之差，即：

$$FF_{i-n}=T_p-EF_{i-n}\qquad（3-65）$$

式中　　FF_{i-n}——以网络计划终点节点 n 为完成节点的工作的总时差；

　　　　T_p——网络计划的计划工期；

　　　　EF_{i-n}——以网络计划终点节点 n 为完成节点的工作的最早完成时间。

事实上，以终点节点为完成节点的工作，其自由时差与总时差必然相等。

b. 其他工作的自由时差就是该工作箭线中波形线的水平投影长度。但当工作之后只紧接虚工作时，则该工作箭线上一定不存在波形线，而其紧接的虚箭线中波形线水平投影长度的最短者为该工作的自由时差。

④ 工作最迟开始时间和最迟完成时间的判定

a. 工作的最迟开始时间等于本工作的最早开始时间与其总时差之和，即：

$$LS_{i-j}=ES_{i-j}+TF_{i-j}\qquad（3-66）$$

3.33 工期优化
概念

式中　　LS_{i-j}——工作 i–j 的最迟开始时间；

　　　　ES_{i-j}——工作 i–j 的最早开始时间；

　　　　TF_{i-j}——工作 i–j 的总时差。

b. 工作的最迟完成时间等于本工作的最早完成时间与其总时差之和，即：

$$LF_{i-j}=EF_{i-j}+TF_{i-j}\qquad（3-67）$$

式中　　LF_{i-j}——工作 i–j 的最迟完成时间；

　　　　EF_{i-j}——工作 i–j 的最早完成时间；

　　　　TF_{i-j}——工作 i–j 的总时差。

如图 3-53 所示的关键线路及各时间参数的判定结果见图中标注。

（五）网络计划的优化

相同的工程质量，在最短的时间内完工，是自古以来工程的建造者们追求的终极目标。工期优化既是数学，也是一种方法论。元代的水利学家郭守敬修造京城附近的通惠河时，为了加快工程进度，他反复勘察地势和水源，精心设计河道走向和施工程序；优化后的工程充分利用了地形环境，整个运河仅 1 年多时间便告完工，京城从此以后可以"舳舻蔽水"，可见这个优化做得十分成功。

网络计划的优化是指在一定约束条件下，按既定目标对网络计划进行不断改进，以寻求满意方案的过程。

　　网络计划的优化目标应按计划任务的需要和条件选定，包括工期目标、费用目标和资源目标。根据优化目标的不同，网络计划的优化可分为工期优化、费用优化和资源优化三种。

1. 工期优化

　　所谓工期优化，是指网络计划的计算工期不满足要求工期时，通过压缩关键工作的持续时间以满足要求工期目标的过程。

　　（1）工期优化方法　　网络计划工期优化的基本方法是在不改变网络计划中各项工作之间逻辑关系的前提下，通过压缩关键工作的持续时间来达到优化目标。在工期优化过程中，按照经济合理的原则，不能将关键工作压缩成非关键工作。此外，当工期优化过程中出现多条关键线路时，必须将各条关键线路的总持续时间压缩为相同数值；否则，不能有效地缩短工期。

　　网络计划的工期优化可按下列步骤进行。

　　① 确定初始网络计划的计算工期和关键线路。

　　② 按要求工期计算应缩短的时间 ΔT：

$$\Delta T = T_c - T_r \tag{3-68}$$

式中　T_c——网络计划的计算工期；

　　　　T_r——要求工期。

　　③ 选择应缩短持续时间的关键工作。选择压缩对象时宜在关键工作中考虑下列因素：

　　a. 缩短持续时间对质量和安全影响不大的工作；

　　b. 有充足备用资源的工作；

　　c. 缩短持续时间所需增加的费用最少的工作。

　　④ 将所选定的关键工作的持续时间压缩至最短，并重新确定计算工期和关键线路。若被压缩的工作变成非关键工作，则应延长其持续时间，使之仍为关键工作。

　　⑤ 当计算工期仍超过要求时，则重复上述②～④，直至计算工期满足要求工期或计算工期已不能再缩短为止。

　　⑥ 当所有关键工作的持续时间都已达到其能缩短的极限而寻求不到继续缩短工期的方案，但网络计划的计算工期仍不能满足要求工期时，应对网络计划的原技术方案、组织方案进行调整，或对要求工期重新审定。

　　（2）工期优化示例

　　【例3-7】已知某工程双代号初始网络计划如图3-54所示，图中箭线下方括号外数字为工作的正常持续时间，括号内数字为最短持续时间；箭线上方括号内数字为优选系数，该系数综合考虑质量、安全和费用增加情况而确定。选择对关键工作压缩其持续时间时，应选择优选系数最小的关键工作。若需要同时压缩多个关键工作的持续时间时，则它们的优选系数之和（组合优选系数）最小者应优先作为压缩对象。现假设要求工期为15，试对其进行工期优化。

3.34 工期优化
案例

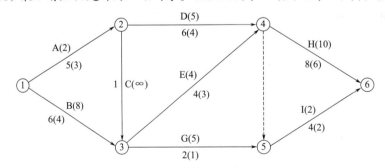

图3-54　初始网络计划

【解】该网络计划的工期优化可按以下步骤进行：

① 根据各项工作的正常持续时间，用标号法确定网络计划的计算工期和关键线路，如图3-55所示。此时关键线路为①—②—④—⑥。

② 计算应缩短的时间：

$$\Delta T = T_c - T_r = 19 - 15 = 4$$

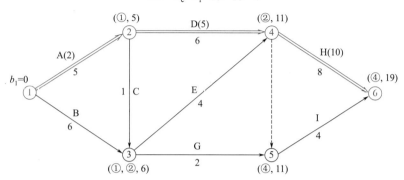

图3-55　初始网络计划中的关键线路

③ 由于此时关键工作为工作A、工作D和工作H，而其中工作A的优选系数最小，故应将工作A作为优先压缩对象。

④ 将关键工作A的持续时间压缩至最短持续时间3，利用标号法确定新的计算工期和关键线路，如图3-56所示。此时，关键工作A被压缩成非关键工作，故将其持续时间3延长为4，使之成为关键工作。工作A恢复为关键工作之后，网络计划中出现两条关键线路，即：①—②—④—⑥和①—③—④—⑥，如图3-57所示。

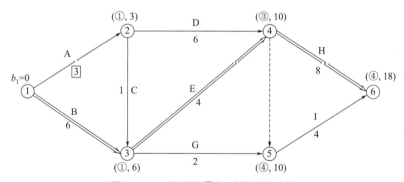

图3-56　工作压缩最短时的关键路线

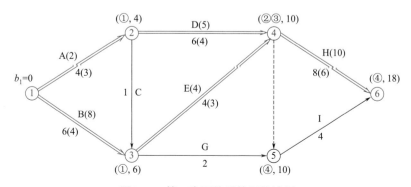

图3-57　第一次压缩后的网络计划

⑤ 由于此时计算工期为 18，仍大于要求工期，故需继续压缩。需要缩短的时间：$\Delta T_1 = 18 - 15 = 3$。在图 3-57 所示网络计划中，有以下四个压缩方案：

　　a. 同时压缩工作 A 和工作 B，组合优选系数为：2+8=10；

　　b. 同时压缩工作 A 和工作 E，组合优选系数为：2+4=6；

　　c. 同时压缩工作 B 和工作 D，组合优选系数为：8+5=13；

　　d. 同时压缩工作 D 和工作 E，组合优选系数为：5+4=9。

在上述方案中，由于工作 A 和工作 E 的组合优选系数最小，故应选择同时压缩工作 A 和工作 E 的方案。将这两项工作的持续时间各压缩 1（压缩至最短），再用标号法确定计算工期和关键线路，如图 3-58 所示。压缩后，关键线路仍为两条，即：①—②—④—⑥和①—③—④—⑥。

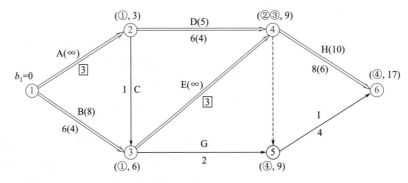

图3-58　第二次压缩后的网络计划

在图 3-58 中，关键工作 A 和 E 的持续时间已达最短，不能再压缩，它们的优选系数变为无穷大。

⑥ 由于此时计算工期为 17，仍大于要求工期，故需继续压缩。需要缩短的时间：$\Delta T_2 = 17 - 15 = 2$。在图 3-58 所示网络计划中，由于关键工作 A 和 E 已不能再压缩，故此时只有两个压缩方案：

　　a. 同时压缩工作 B 和工作 D，组合优选系数为：8+5=13；

　　b. 压缩工作 H，优选系数为 10。

在上述压缩方案中，由于工作 H 的优选系数最小，故应选择压缩工作 H 的方案。将工作 H 的持续时间缩短 2，再用标号法确定计算工期和关键线路，如图 3-59 所示。此时，计算工期为 15，已等于要求工期，故图 3-59 所示网络计划即为优化方案。

3.35 费用优化概念

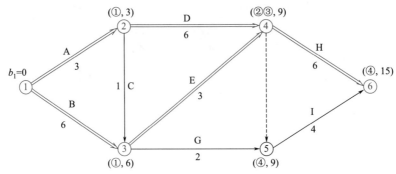

图3-59　工期优化后的网络计划

2. 费用优化

费用优化又称工期成本优化，是指寻求工程总成本最低时的工期安排，或按要求工期寻求最低成本的计划安排的过程。

（1）费用和时间的关系 在建设工程施工过程中，完成一项工作通常可以采用多种施工方法和组织方法，而不同的施工方法和组织方法，又会有不同的持续时间和费用。由于一项建设工程往往包含许多工作，所以在安排建设工程进度计划时，就会出现许多方案。进度方案不同，所对应的总工期和总费用也就不同。为了能从多种方案中找出总成本最低的方案，必须首先分析费用和时间之间的关系。

① 工程费用与工期的关系 工程总费用由直接费和间接费组成。直接费由人工费、材料费、机械使用费、其他直接费及现场经费等组成。施工方案不同，直接费也就不同；如果施工方案一定，工期不同，直接费也不同。直接费会随着工期的缩短而增加。间接费包括企业经营管理的全部费用，它一般会随着工期的缩短而减少。在考虑工程总费用时，还应考虑工期变化带来的其他损益，包括效益增量和资金的时间价值等。工程费用与工期的关系如图3-60所示。

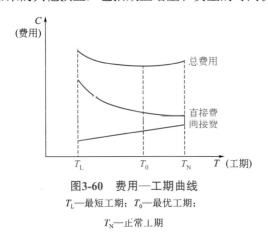

图3-60 费用—工期曲线

T_L—最短工期；T_0—最优工期；

T_N—正常工期

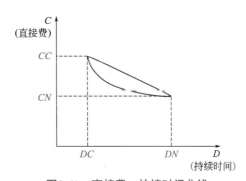

图3-61 直接费—持续时间曲线

DN—工作的正常持续时间；CN—按正常持续时间完成工作时所需要的直接费；DC—工作的最短持续时间；CC—按最短持续时间完成工作时所需要的直接费

② 工作直接费与持续时间的关系 由于网络计划的工期取决于关键工作的持续时间，为了进行工期成本优化，必须分析网络计划中各项工作的直接费与持续时间之间的关系，它是网络计划工期成本优化的基础。工作的直接费与持续时间之间的关系类似于工程直接费与工期之间的关系，工作的直接费随着持续时间的缩短而增加，如图3-61所示。为简化计算，工作的直接费与持续时间之间的关系被近似地认为是一条直线关系。当工作划分不是很粗时，其计算结果还是比较精确的。工作的持续时间每缩短单位时间而增加的直接费称为直接费用率。直接费用率可按公式（3-69）计算：

$$\Delta C_{i-j} = \frac{CC_{i-j} - CN_{i-j}}{DN_{i-j} - DC_{i-j}} \tag{3-69}$$

式中 ΔC_{i-j}——工作 i-j 的直接费用率；

CC_{i-j}——按最短持续时间完成工作 i-j 时所需的直接费；

CN_{i-j}——按正常持续时间完成工作时所需的直接费；

DN_{i-j}——工作的正常持续时间；

DC_{i-j}——工作的最短持续时间。

从公式（3-69）可以看出，工作的直接费用率越大，说明将该工作的持续时间缩短一个时间单位，所需增加的直接费就越多；反之，将该工作的持续时间缩短一个时间单位，所需增加的直接费就越少。因此，在压缩关键工作的持续时间以达到缩短工期的目的时，应将直接费用率最小的关键工作作为压缩对象。当有多条关键线路出现而需要同时压缩多个关键工作的持续时间时，应将它们的直接费用率之和（组合直接费用率）最小者作为压缩对象。

（2）费用优化方法 费用优化的基本思路：不断地在网络计划中找出直接费用率（或组合直接费用率）最小的关键工作，缩短其持续时间，同时考虑间接费随工期缩短而减小的数值，最后求得工程总成本最低时的最优工期安排或按要求工期求得低成本的计划安排。

按照上述基本思路，费用优化可按以下步骤进行。

① 按工作的正常持续时间确定计算工期和关键线路。

② 计算各项工作的直接费用率。直接费用率的计算按公式（3-69）进行。

③ 当只有一条关键线路时，应找出直接费用率最小的一项关键工作，作为缩短持续时间的对象；当有多条关键线路时，应找出组合直接费用率最小的一组关键工作，作为缩短持续时间的对象。

④ 对于选定的压缩对象（一项关键工作或一组关键工作），首先比较其直接费用率或组合直接费用率与工程间接费用率的大小。

a. 如果被压缩对象的直接费用率或组合直接费用率大于工程间接费用率，说明压缩关键工作的持续时间会使工程总费用增加，此时应停止缩短关键工作的持续时间，在此之前的方案即为优化方案；

b. 如果被压缩对象的直接费用率或组合直接费用率等于工程间接费用率，说明压缩关键工作的持续时间不会使工程总费用增加，故应缩短关键工作的持续时间；

c. 如果被压缩对象的直接费用率或组合直接费用率小于工程间接费用率，说明压缩关键工作的持续时间会使工程总费用减少，故应缩短关键工作的持续时间。

⑤ 当需要缩短关键工作的持续时间时，其缩短值的确定必须符合下列两条原则：

a. 缩短后工作的持续时间不能小于其最短持续时间；

b. 缩短持续时间的工作不能变成非关键工作。

⑥ 计算关键工作持续时间缩短后相应增加的总费用。

⑦ 重复上述③～⑥，直至计算工期满足要求工期或被压缩对象的直接费用率或组合直接费用率大于工程间接费用率为止。

⑧ 计算优化后的工程总费用。

（3）费用优化示例

【例3-8】已知某工程双代号网络计划如图3-62所示，图中箭线下方括号外数字为工作的正常时间，括号内数字为最短持续时间；箭线上方括号外数字为工作按正常持续时间完成时所需的直接费，括号内数字为工作按最短持续时间完成时所需的直接费。该工程的间接费用率为0.8万元/天，试对其进行费用优化。

【解】该网络计划的费用优化可按以下步骤进行：

① 根据各项工作的正常持续时间，用标号法确定网络计划的计算工期和关键线路，如图3-63所示。计算工期为19天，关键线路有两条，即：①—③—④—⑥和①—③—④—⑤—⑥。

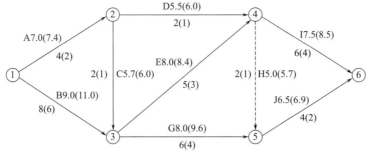

图3-62　初始网络计划

（费用单位：万元；时间单位：天）

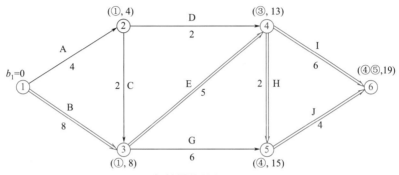

图3-63　初始网络计划中的关键线路

② 计算各项工作的直接费用率：

$\Delta C_{1-2}=(CC_{1-2}-CN_{1-2})/(DN_{1-2}-DC_{1-2})=(7.4-7.0)/(4-2)=0.2$（万元/天）

$\Delta C_{1-3}=(CC_{1-3}-CN_{1-3})/(DN_{1-3}-DC_{1-3})=(11.0-9.0)/(8-6)=1.0$（万元/天）

$\Delta C_{2-3}=(CC_{2-3}-CN_{2-3})/(DN_{2-3}-DC_{2-3})=(6.0-5.7)/(2-1)=0.3$（万元/天）

$\Delta C_{2-4}=(CC_{2-4}-CN_{2-4})/(DN_{2-4}-DC_{2-4})=(6.0-5.5)/(2-1)=0.5$（万元/天）

$\Delta C_{3-4}=(CC_{3-4}-CN_{3-4})/(DN_{3-4}-DC_{3-4})=(8.4-8.0)/(5-3)=0.2$（万元/天）

$\Delta C_{3-5}=(CC_{3-5}-CN_{3-5})/(DN_{3-5}-DC_{3-5})=(9.6-8.0)/(6-4)=0.8$（万元/天）

$\Delta C_{4-5}=(CC_{4-5}-CN_{4-5})/(DN_{4-5}-DC_{4-5})=(5.7-5.0)/(2-1)=0.7$（万元/天）

$\Delta C_{4-6}=(CC_{4-6}-CN_{4-6})/(DN_{4-6}-DC_{4-6})=(8.5-7.5)/(6-4)=0.5$（万元/天）

$\Delta C_{5-6}=(CC_{5-6}-CN_{5-6})/(DN_{5-6}-DC_{5-6})=(6.9-6.5)/(4-2)=0.2$（万元/天）

③ 计算工程总费用

a. 直接费总和：C_d=7.0+9.0+5.7+5.5+8.0+8.0+5.0+7.5+6.5=62.2（万元）

b. 间接费总和：C_i=0.8×19=15.2（万元）

c. 工程总费用：$C_t=C_d+C_i$=62.2+15.2=77.4（万元）

④ 通过压缩关键工作的持续时间进行费用优化

a. 第一次压缩　从图3-63可知，该网络计划中有两条关键线路，为了同时缩短两条关键线路的总持续时间，有以下四个压缩方案：

（a）压缩工作B，直接费用率为1.0万元/天；

（b）压缩工作E，直接费用率为0.2万元/天；

（c）同时压缩工作H和工作I，组合直接费用率为：0.7+0.5=1.2（万元/天）；

（d）同时压缩工作I和工作J，组合直接费用率为：0.5+0.2=0.7（万元/天）。

在上述压缩方案中，由于工作E的直接费用率最小，故应选择工作E作为压缩对象。工作E的直接费用率0.2万元/天，小于间接费用率0.8万元/天，说明压缩工作E可使工程总费用降低。将工作 E 的持续时间压缩至最短持续时间 3 天。利用标号法重新确定计算工期和关键线路，如图 3-64 所示。此时，关键工作 E 被压缩成非关键工作，故将其持续时间延长为 4 天，使成为关键工作。第一次压缩后的网络计划如图 3-65 所示。图中箭线上方括号内数字为工作的直接费用率。

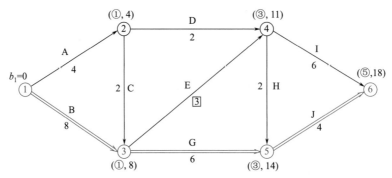

图3-64　工作E压缩至最短持续时间时的关键线路

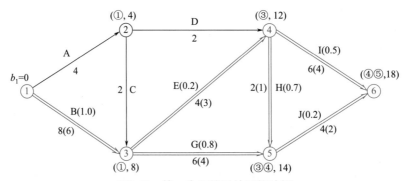

图3-65　第一次压缩后的网络计划

　　b. 第二次压缩　从图 3-65 可知，该网络计划中有三条关键线路，即：①—③—④—⑥、①—③—④—⑤—⑥和①—③—⑤—⑥。为了同时缩短三条关键线路的总持续时间，有以下五个压缩方案。

　　（a）压缩工作 B，直接费用率为 1.0 万元/天；

　　（b）同时压缩工作 E 和工作 G，组合直接费用率为：0.2+0.8=1.0（万元/天）；

　　（c）同时压缩工作 E 和工作 J，组合直接费用率为：0.2+0.2=0.4（万元/天）；

　　（d）同时压缩工作 G、工作 H 和工作 I，组合直接费用率为：0.8+0.7+0.5=2.0（万元/天）；

　　（e）同时压缩工作 I 和工作 J，组合直接费用率为：0.5+0.2=0.7（万元/天）。

　　在上述压缩方案中，由于工作 E 和工作 J 的组合直接费用率最小，故应选择工作 E 和工作 J 作为压缩对象。工作 E 和工作 J 的组合直接费用率 0.4 万元/天，小于间接费用率 0.8 万元/天，说明同时压缩工作 E 和工作 J 可使工程总费用降低。由于工作 E 的持续时间只能压缩 1 天，工作 J 的持续时间也只能随之压缩 1 天。工作 E 和工作 J 的持续时间同时压缩 1 天后，利用标号法重新确定计算工期和关键线路。此时，关键线路由压缩前的三条变为两条，即：①—③—④—⑥和①—③—⑤—⑥。原来的关键工作 H 未经压缩而被动地变成了非关键工作。第二次压缩后的网络计划如图 3-66 所示。此时，关键工作 E 的持续时间已达最短，不能再压缩，故其直接费用率变为无穷大。

　　c. 第三次压缩　从图 3-66 可知，由于工作 E 不能再压缩，而为了同时缩短两条关键线路①—③—④—⑥和①—③—⑤—⑥的总持续时间，只有以下三个压缩方案：

（a）压缩工作B，直接费用率为1.0万元/天；
（b）同时压缩工作G和工作I，组合直接费用率为0.8+0.5=1.3（万元/天）；
（c）同时压缩工作I和工作J，组合直接费用率为0.5+0.2=0.7（万元/天）。

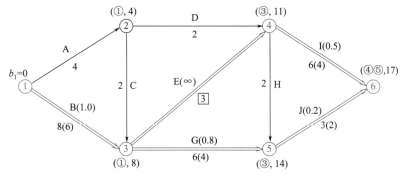

图3-66　第二次压缩后的网络计划

在上述压缩方案中，由于工作I和工作J的组合直接费用率最小，故应选择工作I和工作J作为压缩对象。工作I和工作J的组合直接费用率0.7万元/天，小于间接费用率0.8万元/天，说明同时压缩工作I和工作J，可使工程总费用降低。由于工作J的持续时间只能压缩1天，工作I的持续时间也只能随之压缩1天。工作I和工作J的持续时间同时压缩1天后，利用标号法重新确定计算工期和关键线路。此时，关键线路仍然为两条，即：①—③—④—⑥和①—③—⑤—⑥。第三次压缩后的网络计划如图3-67所示。此时，关键工作的持续时间也已达最短，不能再压缩，故其直接费用率变为无穷大。

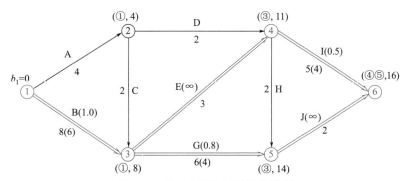

图3-67　第三次压缩后的网络计划

d. 第四次压缩　从图3-67可知，由于工作E和工作是J，不能再压缩，而为了同时缩短两条关键线路①—③—④—⑥和①—③—⑤—⑥的总持续时间，只有以下两个压缩方案：
（a）压缩工作B，直接费用率为1.0万元/天；
（b）同时压缩工作G和工作I，组合直接费用率为0.8+0.5=1.3（万元/天）。

在上述压缩方案中，由于工作B的直接费用率最小，故应选择工作B作为压缩对象。但是，由于工作B的直接费用率1.0万元/天，大于间接费用率0.8万元/天，说明压缩工作B会使工程总费用增加。因此，不需要压缩工作B，优化方案已得到，优化后的网络计划如图3-68所示。图中箭线上方括号内数字为工作的直接费。

全部优化过程见表3-10。

⑤ 计算优化后的工程总费用

a. 直接费总和：C_{d0}=7.0+9.0+5.7+5.5+8.4+8.0+5.0+8.0+6.9=63.5（万元）；

b. 间接费总和：C_{i0}=0.8×16=12.8（万元）；

c. 工程总费用：$C_{t0}=C_{d0}+C_{i0}=63.5+12.8=76.3$（万元）。

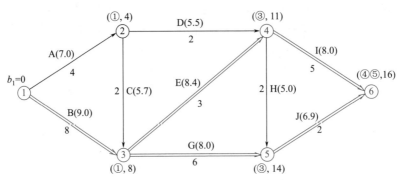

图3-68   费用优化后的网络计划

表3-10   优化表

压缩次数	被压缩的工作代号	被压缩的工作名称	直接费用率或组合直接费用率/(万元/天)	费用差/(万元/天)	缩短时间/天	费用增加值/万元	总工期/天	总费用/万元
0	—	—	—	—	—	—	19	77.4
1	3—4	E	0.2	-0.6	1	-0.6	18	76.8
2	3—4 5—6	E、J	0.4	-0.4	1	-0.4	17	76.4
3	4—6 5—6	I、J	0.7	-0.1	1	-0.1	16	76.3
4	1—3	B	1.0	+0.2	—	—	—	—

3. 资源优化

资源是指为完成一项计划任务所需投入的人力、材料、机械设备和资金等。完成一项工程任务所需要的资源量基本上是不变的，不可能通过资源优化将其减少。资源优化的目的是通过改变工作的开始时间和完成时间，使资源按照时间的分布符合优化目标。

在通常情况下，网络计划的资源优化分为两种，即"资源有限，工期最短"的优化和"工期固定，资源均衡"的优化。前者是通过调整计划安排，在满足资源限制条件下，使工期延长最少的过程；而后者是通过调整计划安排，在工期保持不变的条件下，使资源需用量尽可能均衡的过程。这里所讲的资源优化，其前提条件是：

① 在优化过程中，不改变网络计划中各项工作之间的逻辑关系；

② 在优化过程中，不改变网络计划中各项工作的持续时间；

③ 网络计划中各项工作的资源强度（单位时间所需资源数量）为常数，而且是合理的；

④ 除规定可中断的工作外，一般不允许中断工作，应保持其连续性。

为简化问题，这里假定网络计划中的所有工作需要同一种资源。

（1）"资源有限，工期最短"的优化

① 优化步骤   "资源有限，工期最短"的优化一般可按以下步骤进行：

a. 按照各项工作的最早开始时间安排进度计划，并计算网络计划每个时间单位的资源需用量。

b. 从计划开始日期起，逐个检查每个时段（每个时间单位资源需用量相同的时间段）资源需用量是否超过所能供应的资源限量。如果在整个工期范围内每个时段的资源需用量均能满足资源限量的要求，则优化方案就编制完成；否则，必须转入下一步进行计划的调整。

c. 分析超过资源限量的时段。如果在该时段内有几项工作平行作业，则采取将一项工作安排在与之平行的另一项工作之后进行的方法，以降低该时段的资源需用量。

对于两项平行作业的工作 m 和工作 n 来说，为了降低相应时段的资源需用量，现将工作 n 安排在工作 m 之后进行，如图 3-69 所示。

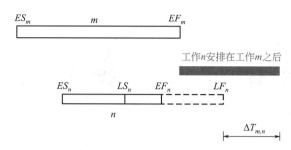

3.37 资源优化
概念及案例

图3-69 m，n 两项工作的排序

如果将工作 n 安排在工作 m 之后进行，网络计划的工期延长值为：

$$\Delta T_{m,n}=EF_m+D_n-LF_n=EF_m-(LF_n-D_n)=EF_m-LS_n \tag{3-70}$$

式中 $\Delta T_{m,n}$——将工作 n 安排在工作 m 之后进行时网络计划的工期延长值；

EF_m——工作 m 的最早完成时间；

LF_n——工作 n 的最迟完成时间；

LS_n——工作 n 的最迟开始时间。

这样，在有资源冲突的时段中，对平行作业的工作进行两两排序，即可得出若干个 $\Delta T_{m,n}$，选择其中最小的 $\Delta T_{m,n}$，将相应的工作 n 安排在工作 m 之后进行，既可降低该时段的资源需用量，又使网络计划的工期延长最短。

d. 对调整后的网络计划安排重新计算每个时间单位的资源需用量。

e. 重复上述步骤 b～d，直至网络计划整个工期范围内每个时间单位的资源需用量均满足资源限量为止。

② 优化示例

【例 3-9】已知某工程双代号网络计划如图 3-70 所示，图中箭线上方数字为工作的资源强度，箭线下方数字为工作的持续时间。假定资源限量 $R_a=12$，试对其进行"资源有限，工期最短"的优化。

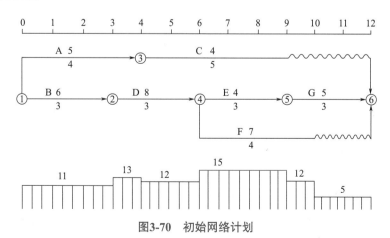

图3-70 初始网络计划

【解】该网络计划"资源有限，工期最短"的优化可按以下步骤进行：

a. 计算网络计划每个时间单位的资源需用量，绘出资源需用量动态曲线，如图 3-70 下方曲线所示。

　　b. 从计划开始日期起,经检查发现第二个时段 [3,4] 存在资源冲突,即资源需用量超过资源限量,故应首先调整该时段。

　　c. 在时段 [3,4] 有工作 A 和工作 B 两项工作平行作业,利用公式 (3-70) 计算 ΔT 值,其结果见表 3-11。

表3-11　ΔT值计算表（一）

工作名称	工作代号	最早完成时间	最迟开始时间	$\Delta T_{A,D}$	$\Delta T_{D,A}$
A	1—3	4	3	1	—
D	2—4	6	3	—	3

　　由表 3-11 可知,$\Delta T_{A,D}=1$ 最小,说明将工作 D 安排在工作 A 之后进行,工期延长最短,只延长 1。因此,将工作 D 安排在工作 A 之后进行,调整后的网络计划如图 3-71 所示。

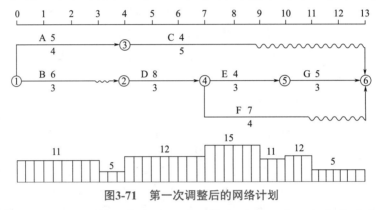

图3-71　第一次调整后的网络计划

　　d. 重新计算调整后的网络计划每个时间单位的资源需用量,绘出资源需用量动态曲线,如图 3-71 下方曲线所示。从图中可知,在第四时段 [7,9] 存在资源冲突,故应调整该时段。

　　e. 在时段 [7,9] 有工作 C、工作 E 和工作 F 三项工作平行作业,利用公式 (3-70) 计算 ΔT 值,其结果见表 3-12。

表3-12　ΔT值计算表（二）

工作名称	工作代号	最早完成时间	最迟开始时间	$\Delta T_{C,E}$	$\Delta T_{C,F}$	$\Delta T_{E,C}$	$\Delta T_{E,F}$	$\Delta T_{F,C}$	$\Delta T_{F,E}$
C	3—6	9	8	2	0	—	—	—	—
E	4—5	10	7	—	—	2	1	—	—
F	4—6	11	9	—	—	—	—	3	4

　　由表 3-12 可知,$\Delta T_{C,F}=0$ 最小,说明将工作 F 安排在工作 C 之后进行,工期不延长。因此,将工作 F 安排在工作 C 之后进行,调整后的网络计划如图 3-72 所示。

　　f. 重新计算调整后的网络计划每个时间单位的资源需用量,绘出资源需用量动态曲线,如图 3-72 下方曲线所示。由于此时整个工期范围内的资源需用量均未超过资源限量,故图 3-72 所示方案即为最优方案,其最短工期为 13。

　　(2)"工期固定,资源均衡"的优化　安排建设工程进度计划时,需要使资源需用量尽可能地均衡,使整个工程每单位时间的资源需用量不出现过多的高峰和低谷,这样不仅有利于工程建设的组织与管理,而且可以降低工程费用。

　　"工期固定,资源均衡"的优化方法有多种,如方差值最小法、极差值最小法、削高峰法等。这里仅介绍方差值最小的优化方法。

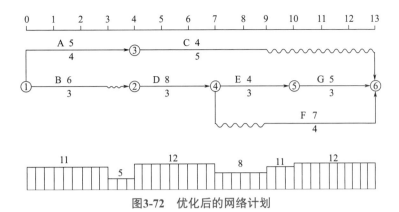

图3-72　优化后的网络计划

① 方差值最小法的基本原理　现假设已知某工程网络计划的资源需用量，则其方差为：

$$\sigma^2 = \frac{1}{T}\sum_{t=1}^{T}(R_t - R_m)^2 \qquad (3\text{-}71)$$

式中　σ^2——资源需用量方差；

　　　T——网络计划的计算工期；

　　　R_t——第 t 个时间单位的资源需用量；

　　　R_m——资源需用量的平均值。

公式 (3-71) 可以简化为：

$$\sigma^2 = \frac{1}{T}\sum_{t=1}^{T}R_t^2 - 2R_m \times \frac{\sum\limits_{t=1}^{T}R_t}{T} + \frac{1}{T}\sum_{t=1}^{T}R_m^2 = \frac{1}{T}\sum_{t=1}^{T}R_t^2 - 2R_mR_m + \frac{1}{T}\times TR_m^2 = \frac{1}{T}\sum_{t=1}^{T}R_t^2 - R_m^2 \qquad (3\text{-}72)$$

由公式 (3-72) 可知，由于工期 T 和资源需用量的平均值 R_m 均为常数，为使方差 σ^2 最小，必须使资源需用量的平方和最小。

对于网络计划中某项工作 k 而言，其资源强度为 r_k。在调整计划前，工作 k 从第 i 个时间单位开始，到第 j 个时间单位完成，则此时网络计划资源需用量的平方和为：

$$\left[\sum_{t=1}^{T}R_t^2\right]_0 = R_1^2 + R_2^2 + \cdots + R_i^2 + R_{i+1}^2 + \cdots + R_j^2 + R_{j+1}^2 + \cdots + R \qquad (3\text{-}73)$$

若将工作 k 的开始时间右移一个时间单位，即工作 k 从第 $i+1$ 个时间单位开始，到第 $j+1$ 个时间单位完成，则此时网络计划资源需用量的平方和为：

$$\left[\sum_{t=1}^{T}R_t^2\right]_1 = R_1^2 + R_2^2 + \cdots + (R_i - r_k)^2 + R_{i+1}^2 + \cdots + R_j^2 + (R_{j+1} + r_k)^2 + \cdots + R_i^{'} \qquad (3\text{-}74)$$

比较公式 (3-74) 和公式 (3-73) 可以得到，当工作 k 的开始时间右移一个时间单位时，网络计划资源需用量平方和的增量 Δ 为：

$$\Delta = (R_i - r_k)^2 - R_i^2 + (R_{j+1} + r_k)^2 - R_{j+1}^2$$

即：
$$\Delta = 2r_k(R_{j+1} + r_k - R_i) \qquad (3\text{-}75)$$

如果资源需用量平方和的增量 Δ 为负值，说明工作 k 的开始时间右移一个时间单位能使资源需用量的平方和减小，也就使资源需用量的方差减小，从而使资源需用量更均衡。因此，工作 k 的开始时间能够右移的判别式是：

$$\Delta = 2r_k(R_{j+1} + r_k - R_i) \leqslant 0 \tag{3-76}$$

由于工作 k 的资源强度 r_k 不可能为负值，故判别式 (3-76) 可以简化为：

$$R_{j+1} + r_k - R_i \leqslant 0$$

即：
$$R_{j+1} + r_k \leqslant R_i \tag{3-77}$$

判别式 (3-77) 表明，当网络计划中工作 k 完成时间之后的一个时间单位所对应的资源需用量 R_{j+1} 与工作 k 的资源强度 r_k 之和不超过工作 k 开始时所对应的资源需用量 R_i 时，将工作 k 右移一个时间单位能使资源需用量更加均衡。这时，就应将工作 k 右移一个时间单位。

同理，如果判别式 (3-77) 成立，说明将工作 k 左移一个时间单位能使资源需用量更加均衡。这时，就应将工作 k 左移一个时间单位，即：

$$R_{i-1} + r_k \leqslant R_j \tag{3-78}$$

如果工作 k 不满足判别式 (3-77) 或判别式 (3-78)，说明工作 k 右移或左移一个时间单位不能使资源需用量更加均衡，这时可以考虑在其总时差允许的范围内，将工作 k 右移或左移数个时间单位。

向右移时，判别式为：

$$[(R_{j+1} + r_k) + (R_{j+2} + r_k) + (R_{j+3} + r_k) + \cdots] \leqslant (R_i + R_{i+1} + R_{i+2} + \cdots) \tag{3-79}$$

向左移时，判别式为：

$$[(R_{i-1} + r_k) + (R_{i-2} + r_k) + (R_{i-3} + r_k) + \cdots] \leqslant (R_j + R_{j-1} + R_{j-2} + \cdots) \tag{3-80}$$

② 优化步骤　按方差值最小的优化原理，"工期固定，资源均衡"的优化一般可按以下步骤进行。

a. 按照各项工作的最早开始时间安排进度计划，并计算网络计划每个时间单位的资源需用量。

b. 从网络计划终点节点开始，按工作完成节点编号值从大到小的顺序依次进行调整。当某一节点同时作为多项工作的完成节点时，应先调整开始时间较迟的工作。

在调整工作时，一项工作能够右移或左移的条件是：

（a）工作具有机动时间，在不影响工期的前提下能够右移或左移；

（b）工作满足判别式（3-77）或式（3-79），或者满足判别式（3-78）或式（3-80）。

只有同时满足以上两个条件，才能调整该工作，将其右移或左移至相应位置。

c. 当所有工作均按上述顺序自右向左调整了一次之后，为使资源需用量更加均衡，在按上述顺序自右向左进行多次调整，直至所有工作既不能右移也不能左移为止。

③ 优化示例

【例 3-10】已知某工程双代号网络计划如图 3-73 所示，图中箭线上方数字为工作的资源强度，箭线下方数字为工作的持续时间。试对其进行"工期固定，资源均衡"的优化。

【解】该网络计划"工期固定，资源均衡"的优化可按以下步骤进行：

a. 计算网络计划每个时间单位的资源需用量，绘出资源需用量动态曲线，如图 3-73 下方曲线所示。由于总工期为 14，故资源需用量的平均值：

$$R_m = (2 \times 14 + 2 \times 19 + 20 + 8 + 4 \times 12 + 9 + 3 \times 5)/14 = 116/14 \approx 11.86$$

b. 第一次调整

（a）以终点节点⑥为完成节点的工作有三项，即工作 F、工作 I 和工作 H。其中工作 I

为关键工作，由于工期固定而不能调整，只能考虑工作 F 和工作 H。

由于工作 H 的开始时间晚于工作 F 的开始时间，应先调整工作 H。在图 3-73 中，按照判别式（3-77）：

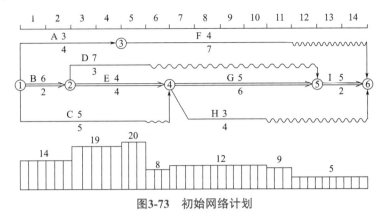

图3-73　初始网络计划

a）由于 $R_{11}+r_H=9+3=12$，$R_7=12$，二者相等，故工作 H 可右移一个时向单位，改为第 8 个时间单位开始；

b）由于 $R_{12}+r_H=5+3=8$，小于 $R_8=12$，故工作 H 可再右移一个时间单位，改为第 9 个时间单位开始；

c）由于 $R_{13}+r_H=5+3=8$，小于 $R_9=12$，故工作 H 可再右移一个时间单位，改为第 10 个时间单位开始；

d）由于 $R_{14}+r_H=5+3=8$，小于 $R_{10}=12$，故工作 H 可再右移--个时间单位，改为第 11 个时间单位开始。

至此，工作 H 的总时差已全部用完，不能再右移。工作 H 调整后的网络计划如图 3-74 所示。

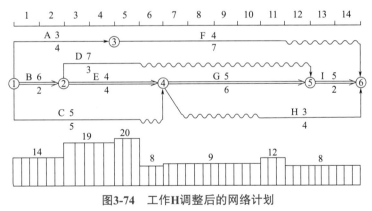

图3-74　工作H调整后的网络计划

工作 H 调整后，就应对工作 F 进行调整。在图 3-74 中，按照判别式 (3-77)：

a）由于 $R_{12}+r_F=8+4=12$，小于 $R_5=20$，故工作 F 可右移一个时间单位，改为第 6 个时间单位开始；

b）由于 $R_{13}+r_F=8+4=12$，大于 $R_6=8$，故工作 F 不能右移一个时间单位；

c）由于 $R_{14}+r_F=8+4=12$，大于 $R_7=9$，故工作 F 也不能右移一个时间单位。

由于工作 F 的总时差只有 3，故该工作此时只能右移一个时间单位，改为第 6 个时间单位开始。工作 F 调整后的网络计划如图 3-75 所示。

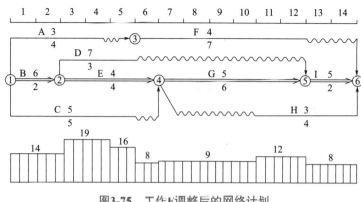

图3-75 工作F调整后的网络计划

（b）以节点⑤为完成节点的工作有两项，即工作D和工作G。其中工作G为关键工作，不能移动，故只能调整工作D。在图3-75中，按照判别式(3-77)：

a）由于$R_6+r_D=8+7=15$，小于$R_3=19$，故工作D可右移一个时间单位，改为第4个时间单位开始；

b）由于$R_7+r_D=9+7=16$，小于$R_4=19$，故工作D可再右移一个时间单位，改为第5个时间单位开始；

c）由于$R_8+r_D=9+7=16$，$R_5=16$，二者相等，故工作D可再右移一个时间单位，改为第6个时间单位开始；

d）由于$R_9+r_D=9+7=16$，大于$R_6=8$，故工作D不可右移一个时间单位。

此时，工作D虽然还有总时差，但不能满足判别式（3-77）或判别式(3-79)，故工作D不能再右移。至此，工作D只能右移3，改为第6个时间单位开始。工作D调整后的网络计划如图3-76所示。

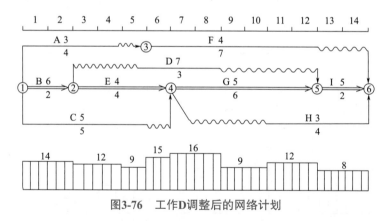

图3-76 工作D调整后的网络计划

（c）以节点④为完成节点的工作有两项，即工作C和工作E。其中工作E为关键工作，不能移动，故只能考虑调整工作C。

在图3-76中，由于$R_6+r_C=15+5=20$，大于$R_1=14$，不满足判别式(3-77)，故工作C不可右移。

（d）以节点③为完成节点的工作只有工作A，在图3-76中，由于$R_5+r_A=9+3=12$，小于$R_1=14$，故工作A可右移一个时间单位。工作A调整后的网络计划如图3-77所示。

（e）以节点②为完成节点的工作只有工作B，由于该工作为关键工作，故不能移动。至此，第一次调整结束。

c. 第二次调整　从图3-77可知，在以终点节点⑥为完成节点的工作中，只有工作F有机动时间，有可能右移。按照判别式 (3-77)：

（a）由于 $R_{13}+r_F=8+4=12$，小于 $R_6=15$，故工作 F 可右移一个时间单位，改为第 7 个时间单位开始；

（b）由于 $R_{14}+r_F=8+4=12$，小于 $R_7=16$，故工作 F 可再右移一个时间单位，改为第 8 个时间单位开始。

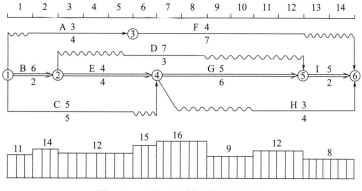

图3-77 工作A调整后的网络计划

至此，工作 F 的总时差已全部用完、不能再右移。工作 F 调整后的网络计划如图 3-78 所示。

从图 3-78 可知，此时所有工作右移或左移均不能使资源需用量更加均衡。因此，图 3-78 所示网络计划即为最优方案。

d 比较优化前后的方差值

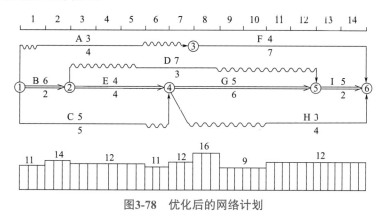

图3-78 优化后的网络计划

（a）根据图 3-78，优化方案的方差值由公式 (3-72) 得：

$$\sigma_0^2 = \frac{1}{14} \times (11^2 \times 2 + 14^2 + 12^2 \times 8 + 16^2 + 9^2 \times 2) - 11.86^2 = \frac{1}{14} \times 2008 - 11.86^2 = 2.77$$

（b）根据图 3-73，初始方案的方差值由公式 (3-72) 得：

$$\sigma_0^2 = \frac{1}{14} \times (14^2 \times 2 + 19^2 \times 2 + 20^2 + 8^2 + 12^2 \times 4 + 9^2 + 5^2 \times 3) - 11.86^2 = \frac{1}{14} \times 2310 - 11.86^2 = 24.34$$

（c）方差降低率为：

$$\frac{24.34 - 2.77}{24.34} \times 100\% = 88.62\%$$

三、单位工程施工进度计划

单位工程施工进度计划是在施工方案的基础上，根据规定工期和技术物资供应条件，遵循工程的施工顺序，用图表形式表示各分部分项工程搭接关系及工程开竣工时间的一种计划安排。

（一）单位工程施工进度计划的作用及分类

1. 单位工程施工进度计划的作用

单位工程施工进度计划是施工组织设计的重要内容，它的主要作用是：确定各分部分项工程的施工时间及其相互之间的衔接、穿插、平行搭接、协作配合等关系；确定所需的劳动力、机械、材料等资源量；指导现场的施工安排，确保施工任务的如期完成。

2. 单位工程施工进度计划的分类

单位工程施工进度计划根据工程规模的大小、结构的复杂难易程度、工期长短、资源供应情况等因素考虑，根据其作用，一般可分为控制性和指导性进度计划两类。控制性进度计划按分部工程来划分施工过程，控制各分部工程的施工时间及其相互搭接配合关系。它主要适用于工程结构较复杂、规模较大、工期较长而需跨年度施工的工程（如宾馆、体育场、火车站候车大楼等大型公共建筑），还适用虽然工程规模不大或结构不复杂但各种资源（劳动力、机械、材料等）不落实的情况，以及由于建筑结构等可能变化的情况。指导性进度计划按分项工程或施工工序来划分施工过程，具体确定各施工过程的施工时间及其相互搭接、配合关系。它适用于任务具体而明确、施工条件基本落实、各项资源供应正常，施工工期不太长的工程。

（二）单位工程施工进度计划的编制依据

① 经过审批的建筑总平面图及单位工程全套施工图以及地质、地形图、工艺设置图、设备及其基础图、采用的标准图等图纸及技术资料。

② 施工组织总设计对本单位工程的有关规定。

③ 施工工期要求及开、竣工日期。

④ 施工条件、劳动力、材料、构件及机械的供应条件、分包单位的情况等。

⑤ 确定的重要分部分项工程的施工方案，包括确定施工顺序、划分施工段、确定施工起点流向、施工方法、质量及安全措施等。

⑥ 劳动定额及机械台班定额。

⑦ 其他有关要求和资料，如工程合同等。

（三）施工进度计划的表示方法

通常用横道图和网络图两种方式表示。横道图表示见表 3-13。

表3-13　横道图

序号	分部分项工程名称	工程量		时间定额	劳动量		需用机械		每天工作班次	每班工人数	工作天数	施工进度						
		单位	数量		工种	数量/工日	机械名称	台班数				月			月			月
												10	20	30	10	20	30	10

（四）单位工程施工进度计划的编制步骤及方法

1. 划分施工过程

在确定施工过程时，应注意以下几个问题。

① 施工过程划分的粗细程度，主要根据单位工程施工进度计划的客观作用。

② 施工过程的划分要结合所选择的施工方案。

③ 注意适当简化施工进度计划内容，避免工程项目划分过细、重点不突出。

④ 水暖电卫工程和设备安装工程通常由专业工作队伍负责施工。

⑤ 所有施工过程应大致按施工顺序先后排列，所采用的施工项目名称可参考现行定额手册上的项目名称。分部分项工程一览表见表 3-14。

表3-14 分部分项工程一览表

项次	分部分项工程名称	项次	分部分项工程名称
一	地下室工程	二	大模板主体结构工程
1	挖土	5	壁板吊装
2	混凝土垫层	6	……
3	地下室顶板		
4	回填土		

2. 计算工程量

当确定了施工过程之后，应计算每个施工过程的工程量。工程量应根据施工图纸、工程量计算规则及相应的施工方法进行计算。实际就是按工程的几何形状进行计算。计算时应注意以下几个问题。

（1）注意工程量的计量单位　每个施工过程的工程量的计量单位应与采用的施工定额的计量单位相一致。如模板工程以"m^2"为计量单位；绑扎钢筋以"t"为单位计算；混凝土以"m^3"为计量单位等。这样，在计算劳动量、材料消耗量及机械台班量时就可直接套用施工定额，不再进行换算。

（2）注意采用的施工方法　计算工程量时，应与采用的施工方法相一致，以便计算的工程量与施工的实际情况相符合。例如：挖土时是否放坡，是否加工作面，坡度和工作面尺寸是多少；开挖方式是单独开挖、条形开挖，还是整片开挖等，不同的开挖方式，土方量相差是很大的。

（3）正确取用预算文件中的工程量　如果编制单位工程施工进度计划时，已编制出预算文件（施工图预算或施工预算），则工程量可从预算文件中抄出并汇总。但是，施工进度计划中某些施工过程与预算文件的内容不同或有出入（如计量单位、计算规则、采用的定额等），则应根据施工实际情况加以修改，调整或重新计算。

3. 套用施工定额

确定了施工过程及其工程量之后，即可套用施工定额（当地实际采用的劳动定额及机械台班定额），以确定劳动量和机械台班量。

在套用国家或当地颁发的定额时，必须注意结合本单位工人的技术等级、实际操作水平，施工机械情况和施工现场条件等因素，确定定额的实际水平，使计算出来的劳动量、机械台班量符合实际需要。

有些采用新技术、新材料、新工艺或特殊施工方法的施工过程，定额中尚未编入，这时可参考类似施工过程的定额、经验资料，按实际情况确定。

4. 计算劳动量及机械台班量

根据工程量及确定采用的施工定额，即可进行劳动量及机械台班量的计算。

① 当某一施工过程是由两个或两个以上不同分项工程合并而成时，其总劳动量应按下式计算。

$$P = \sum_{i=1}^{n} P_i = P_1 + P_2 + \& + P_n \tag{3-81}$$

② 当某一施工过程是由同一工种，但不同做法、不同材料的若干个分项工程合并组成时，应先按式（3-82a）计算其综合产量定额，再求其劳动量。

$$\bar{S} = \frac{\sum_{i=1}^{n} Q_i}{\sum_{i=1}^{n} P_i} = \frac{Q_1 + Q_2 + \& + Q_n}{P_1 + P_2 + \& + P_n} = \frac{Q_1 + Q_2 + \& + Q_n}{\dfrac{Q_1}{S_1} + \dfrac{Q_2}{S_2} + \& + \dfrac{Q_n}{S_n}} \tag{3-82a}$$

$$\bar{H} = \frac{1}{S} \tag{3-82b}$$

式中　　$\bar{S}$——某施工过程的综合产量定额，m^3/工日、m^2/工日、m/工日、t/工日等；

$\bar{H}$——某施工过程的综合时间定额，工日/m^3、工日/m^2、工日/m、工日/t等；

$\sum_{i=1}^{n} Q_i$——总工程量，m^3、m^2、m、t等；

$\sum_{i=1}^{n} P_i$——总劳动量，工日；

Q_1、Q_2、…、Q_n——同一施工过程的各分项工程的工程量；
S_1、S_2、…、S_n——与 Q_1、Q_2、…、Q_n 相对应的产量定额。

5. 计算确定施工过程的延续时间

施工过程持续时间的确定方法见本项目前述。

6. 初排施工进度（以横道图为例）

上述各项计算内容确定之后，即可编制施工进度计划的初步方案。一般的编制方法有：

（1）根据施工经验直接安排的方法　这种方法是根据经验资料及有关计算，直接在进度表上画出进度线。其一般步骤是：先安排主导施工过程的施工进度，然后再安排其余施工过程，它应尽可能配合主导施工过程并最大限度地搭接，形成施工进度计划的初步方案。总的原则应使每个施工过程尽可能早地投入施工。

（2）按工艺组合组织流水的施工方法　这种方法就是先按各施工过程（即工艺组合流水）初排流水进度线，然后将各工艺组合最大限度地搭接起来。

7. 检查与调整施工进度计划

施工进度计划初步方案编出后，应根据与业主和有关部门的要求、合同规定及施工条件等，先检查各施工过程之间的施工顺序是否合理、工期是否满足要求、劳动力等资源消耗是否均衡，然后再进行调整，直至满足要求，正式形成施工进度计划。总的要求是在合理的工期下尽可能地使施工过程连续施工，这样便于资源的合理安排。

（五）编制资源需用量计划

单位工程施工进度计划编制确定以后，便可编制劳动力需要量计划；编制主要材料、预制构件、门窗等的需用量和加工计划；编制施工机具及周转材料的需用量和进场计划的编制。它们是做好劳动力与物资的供应、平衡、调度、落实的依据，也是施工单位编制施工作业计划的主要依据之一。以下简要叙述各计划表的编制内容及其基本要求。

1. 劳动力需要量计划

本表反映单位工程施工中所需要的各种技术工人、普工人数。一般要求按月分旬编制计划。主要根据确定的施工进度计划提出，其方法是按进度表上每天需要的施工人数，分工种进行统计，得出每天所需工种及人数、按时间进度要求汇总编出。其表格参见表 3-15。

表3-15　劳动力需要量计划

序号	分项工程名称	工种	需要量		需要时间						备注
			单位	数量	×月			×月			
					上旬	中旬	下旬	上旬	中旬	下旬	

2. 主要材料需要量计划

这种计划是根据施工预算、材料消耗定额和施工进度计划编制的，主要反映施工过程中各种主要材料的需要量，作为备料、供料和确定仓库、堆场面积及运输量的依据。其表格参见表 3-16。

3. 施工机具需要量计划

这种计划是根据施工预算、施工方案、施工进度计划和机械台班定额编制的，主要反映施工所需机械和器具的名称、型号、数量及使用时间。其表格参见表 3-17。

表3-16　主要材料需要量计划

序号	材料名称	规格	需要量		供应时间	备注
			单位	数量		

表3-17　施工机具需要量计划

序号	机械名称	类型、型号	需要量		货源	使用起止日期	备注
			单位	数量			

4. 预制构件需要量计划

这种计划是根据施工图、施工方案及施工进度计划要求编制的。主要反映施工中各种预制构件的需要量及供应日期，并作为落实加工单位以及按所需规格、数量和使用时间组织构件进场的依据。其表格参见表 3-18。

表3-18　预制构件需要量计划

序号	构件半成品名称	规格	图号、型号	需要量		使用部位	加工单位	供应日期	备注
				单位	数量				

任务一

编制砖混结构单位工程施工进度计划

任务提出

根据附录一的新建部件变电室工程设计图纸、工程预算书、合同编制施工进度计划。

任务实施

一、划分施工过程

该工程施工过程按表 3-19 进行划分。

表3-19　工程施工过程划分一览表

序号	分部分项工程名称	序号	分部分项工程名称
一	基础分部	三	屋面分部
1	平整场地	12	水泥砂浆找平层
2	基础人工挖土	13	油毡防水层
3	基础垫层	14	刚性防水层
4	砌筑砖基础	四	装饰装修分部
5	钢筋混凝土地圈梁及墩基础	15	地面工程
6	基础夯实回填土	16	外墙抹灰
二	主体分部	17	天棚抹灰
7	砖墙砌筑	18	内墙抹灰
8	脚手架搭设	19	门窗扇安装
9	现浇屋面支模板	20	外墙面涂料
10	现浇屋面钢筋绑扎	21	内墙面涂料
11	现浇屋面混凝土浇筑	22	室外散水及台阶

二、工程进度计划的确定

根据工程设计图纸、工程预算书、合同等资料，分别计算各分项工程的工程数量、劳动量及工作延续天数，由此编制各分部分项工程施工进度，最终得到整个工程的施工进度计划。

（1）计算（工程预算书，见附录一的新建部件变电室工程预算书）。

（2）统计。

（3）绘制工程施工进度计划横道图和网络图。

（一）基础分部工程施工进度计划确定

各进度表中工程数量均取自工程预算书（由施工单位工程造价员编制，见附录一的新建部件变电室工程预算书）中数据，产量定额取自 2014 年《江苏省建筑与装饰工程计价表》（后面简称"计价表"）（注：施工单位亦可采用本单位的施工定额参数计算，本处为方便计算直接套用计价表中数据）。

劳动量计划数 = 工程数量 / 产量定额

工作延续天数 = 劳动量采用数 /（每天工作班数 × 每班工作人数），每天工作班数取 1

1. 基础工程量

基础工程量见附录一的新建部件变电室工程预算书。

2. 计算劳动量

（1）平整场地，$190.43m^2$（工程预算书中数据）$\div 10m^2 \times 0.57$ 工日（计价表 1-98 子目）=10.854 工日，劳动量采用数 =12 工日

（2）基础人工挖土。基础砖墙处人工挖土，$55.47m^3$（工程预算书中数据）$\times 0.26$ 工日 $/m^3$（计价表 1-23 子目）=14.4222 工日

电缆沟及墩基础处人工挖土，$26.97m^3$（工程预算书中数据）$\times 0.26$ 工日 $/m^3$（计价表 1-23 子目）=7.0122 工日

$\sum$=21.43 工日，劳动量采用数 =24 工日

（3）基础垫层施工包括：①对垫层处原土打底夯（视土质情况，当采用机械开挖土方时一般预留 20cm 土层为人工精修）→②支模板→③混凝土浇筑。因此，垫层施工时劳动量计划数为：

砖基础垫层：①$[65.26m^2$（工程预算书中数据）$\div 10m^2] \times 0.12$ 工日（计价表 1-100 子目）+ ②$(9m^3 \times 1m^2/m^3 \div 10m^2) \times 1.20$ 工日（计价表 5-1 子目）+ ③$9m^3 \times 1.37$ 工日 $/m^3$（计价表 6-1 子目）=0.783+1.08+12.33=14.193（工日）（混凝土垫层含模量 $1m^2/m^3$）

电缆沟垫层：①$[48.14m^2$（工程预算书中数据）$\div 10m^2] \times 0.12$ 工日 + ②$(5.31m^3 \times 1m^2/m^3 \div 10m^2) \times 3.76$ 工日（计价表 21-1 子目）+ ③$5.31m^3 \times 0.75$ 工日 $/m^3$（计价表 6-3 子目）=0.578+1.997+3.982=6.557（工日）

$\sum$=20.75 工日，劳动量采用数 =20 工日

（4）计算砖基础劳动量计划数时要考虑基础矩形柱和基础构造柱：

基础矩形柱混凝土 $=0.24 \times 0.52 \times (1-0.25-0.24) \times 4=0.2546(m^3)$，其劳动量计划数 = ①钢筋绑扎 $0.2546m^3 \times 0.038t/m^3$（计价表"附录一混凝土及钢筋混凝土构件模板、钢筋含量表"矩形柱断面周长 1.6m 以内）$\times 10.8$ 工日 $/t$（计价表 5-1 子目）+ 钢筋绑扎 $0.2546m^3 \times 0.088t/m^3$（计价表"附录一混凝土及钢筋混凝土构件模板、钢筋含量表"矩形柱断面周长 1.6m 以内）$\times 6.39$ 工日 $/t$（计价表 5-2 子目）+ ②支模板（$0.2546m^3 \times 13.33m^2/m^3 \div 10m^2$）$\times 3.57$ 工日（计价表 21-25 子目）+ ③混凝土浇筑 $0.2546m^3 \times 0.62$ 工日 $/m^3$（计价表 5-295 子目）=0.104+0.143+1.212+0.158=1.617（工日）

基础构造柱混凝土 $=0.15m^3$，其劳动量计划数 = ①钢筋绑扎 $0.15m^3 \times 0.038t/m^3$（计价表"附录一混凝土及钢筋混凝土构件模板、钢筋含量表"构造柱）$\times 10.8$ 工日 $/t$（计价表 5-1 子目）+ 钢筋绑扎 $0.15m^3 \times 11.1t/m^3$（计价表"附录一混凝土及钢筋混凝土构件模板、钢筋含量表"构造柱）$\times 6.39$ 工日 $/t$（计价表 5-2 子目）+ ②支模板（$0.15m^3 \times 11.1m^2/m^3 \div 10m^2$）$\times 4.89$ 工日（计价表 21-30 子目）+ ③混凝土浇筑 $0.15m^3 \times 0.65$ 工日 $/m^3$（计价表 6-289 子目）=0.062+10.639+0.814+0.098=11.613（工日）

砌筑砖基础劳动量计划数 =9.46m³×1.2 工日 /m³(计价表 4-1 子目)=11.352 工日

砌筑砖电缆沟劳动量计划数 =3.19m³×1.07 工日 /m³ (计价表 4-46 子目)=3.4113 工日

∑=27.993 工日，劳动量采用数 =28 工日

（5）钢筋混凝土地圈梁及墩基础：

钢筋混凝土地圈梁包括：①钢筋绑扎→②支模板→③混凝土浇筑。因此，地圈梁施工时劳动量计划数 = ① [3.01m³×0.017t/m³(计价表 "附录一混凝土及钢筋混凝土构件模板、钢筋含量表" 圈梁)×10.8 工日 /t(计价表 5-1 子目)+ [3.01m³×0.040t/m³(计价表 "附录一混凝土及钢筋混凝土构件模板、钢筋含量表" 圈梁)×6.93 工日 /t(计价表 5-2 子目)+ ② (3.01m³×8.33m²/m³÷10m²)×4.59 工日 (计价表 21-40 子目)+ ③ 3.01m³×0.42 工日 /m³(计价表 6-302 子目)=0.553+0.834+11.508+1.264=14.160（工日）

电缆沟处圈梁及墩基础施工时劳动量计划数 = ①钢筋绑扎 0.53m³×0.047t/m³(计价表 "附录一混凝土及钢筋混凝土构件模板、钢筋含量表" 异形梁)×10.8 工日 /t(计价表 5-1 子目)+ 0.53m³×0.109t/m³(计价表 "附录一混凝土及钢筋混凝土构件模板、钢筋含量表" 异形梁)×6.93 工日 /t(计价表 5-2 子目)+ ②支模板 [(0.53m³×10.7m²/m³÷10m²)×4.76 工日 (计价表 21-38 子目)+(9.91m³×2.23m²/m³÷10m²)×2.26 工日 (计价表 21-13 子目)]+ ③混凝土浇筑 [0.53m³×0.75 工日 /m³(计价表 6-301 子目)+9.91m³×0.63 工日 /m³(计价表 6-293 子目)]=0.2690+0.400+2.6993+4.9944+0.3975+6.2433=15.004（工日）

∑=29.16 工日，劳动量采用数 =32 工日

（6）基础夯实回填土：

砖基处夯实回填土，33.6m³(工程预算书中数据)×0.28 工日 /m³(计价表 1-1043 子目)=9.408 工日

电缆沟及墩基础处夯实回填土，5.77m³(工程预算书中数据)×0.28 工日 /m³(计价表 1-104 子目)= 1.6156 工日

∑=11.02 工日，劳动量采用数 =12 工日

3. 计算基础分部工程工期

（1）将以上施工过程组织全等节拍流水施工

① 施工段 $m=2$

② 流水节拍计算：流水节拍 $t=T/m=4/2=2(d)$

平整场地：一班制，一班 3 人，T_1=12/(1×3)=4(d)

基础人工挖土：一班制，一班 6 人，T_2=24/(1×6)=4(d)

基础垫层：一班制，一班 5 人，T_3=20/(1×5)=4(d)

砌筑砖基础：一班制，一班 7 人，T_4=28/(1×7)=4(d)

钢筋混凝土地圈梁及墩基础：一班制，一班 8 人，T_5 =32/(1×8)=4(d)

基础夯实回填土：一班制，一班 3 人，T_6 =12/(1×3)=4(d)

③ 流水步距：$K_{1-2}=K_{2-3}=K_{3-4}=K_{4-5}=K_{5-6}=t=2(d)$

（2）基础分部工程工期：$T=(m+n-1)K_0+\sum Z-\sum C$

工作队数 N= 施工过程 =6

$\sum C$(表示插入时间之和)=0

$\sum Z$(表示间歇时间之和)=$Z_{3-4}+Z_{5-6}$=3(d)，其中：

Z_{3-4}=1d （考虑砌筑前混凝土强度的保养时间）

$Z_{5—6}$=2d（考虑回填土方前 DQL 混凝土强度的保养时间）

本基础分部工程工期 T=(2+6-1)×2+3-0=17（d）

4.基础分部工程施工进度计划横道图

暂未画出地沟盖板进度，其为非关键线路，如图 3-79 所示。

序号	分部分项工程名称	工程量		产量定额	劳动量/工日		需用机械		工作延续天数/d	每天工作班数	每班工作人数/人	施工进度/d																	
		单位	数量		计划数	采用数	名称	台班数				1	2	3	4	5	6	7	8	9	10	11	12	13	14	15	16	17
1	平整场地	m²	190.43	17.54	11	12	—	—	4	1	3																	
2	基础人工挖土	m²	82.44	3.85	22	24	—	—	4	1	6																	
3	基础垫层	m²	113.4	—	21	20	—	—	4	1	5																	
4	砌筑砖基础	—	—	—	28	28	—	—	4	1	7																	
5	钢筋混凝土地圈梁及墩基础	—	—	—	29	32	—	—	4	1	8																	
6	基础夯实回填土	m²	39.37	3.57	11	12	—	—	4	1	3																	

图3-79　基础分部工程施工进度计划横道图

5.基础分部工程施工进度计划网络图

粗线表示关键线路，如图 3-80 所示。

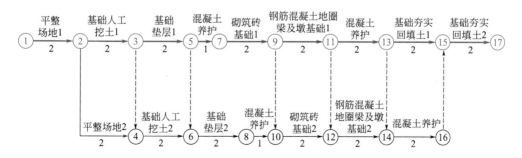

图3-80　基础分部工程施工进度计划网络图

注：1. 根据《混凝土结构工程施工质量验收规范》（GB 50204—2015）7.4.7 第 5 条 "混凝土强度达到 1.2N/mm² 前，不得在其上踩踏或安装模板及支架" 的规定，砌筑砖基础须在基础垫层混凝土养护一天后进行。

2.基础夯实回填土前必须考虑地圈梁模板的拆除与混凝土的强度这两个问题，因此，地圈梁混凝土浇筑后 2 天进行回填土。

（二）主体分部工程施工进度计划确定

1. 计算劳动量

主体工程量见附录一的新建部件变电室工程预算书。

（1）计算砖墙砌筑劳动量计划数时要考虑矩形柱、GZ、圈梁、现浇过梁、现浇雨篷及洞口。D-1 四周现浇小型构件的计算如下。

矩形柱混凝土 =2.16-0.2546=1.9054（m^3），其劳动量计划数 = ① 钢筋绑扎 1.9054m^3×0.038t/m^3（计价表"附录一混凝土及钢筋混凝土构件模板、钢筋含量表"矩形柱断面周长 1.6m 以内）×10.8 工日/t（计价表 5-1 子目）+ 钢筋绑扎 1.9054m^3×0.088t/m^3（计价表"附录一混凝土及钢筋混凝土构件模板、钢筋含量表"矩形柱断面周长 1.6m 以内）×6.39 工日/t（计价表 5-2 子目）+ ② 支模板（1.9054m^3×13.33m^2/m^3÷10m^2）×3.58 工日（计价表 21-25 子目）+ ③ 混凝土浇筑 1.9054m^3×0.52 工日/m^3（计价表 6-295 子目）= 0.782+1.071+9.093+0.991=11.937（工日）

构造柱混凝土 =2.92-0.15=2.77（m^3），其劳动量计划数 = ①钢筋绑扎 2.77m^3×0.038t/m^3（计价表"附录一混凝土及钢筋混凝土构件模板、钢筋含量表"构造柱）×10.8 工日/t（计价表 5-1 子目）+ 钢筋绑扎 2.77m^3×0.088t/m^3（计价表"附录一混凝土及钢筋混凝土构件模板、钢筋含量表"构造柱）×6.39 工日/t（计价表 5-2 子目）+ ②支模板（2.77m^3×11.1m^2/m^3÷10m^2）×4.89 工日（计价表 21-30 子目）+ ③混凝土浇筑 2.77m^3×1 工日/m^3（计价表 6-298 子目）= 1.137+1.558+15.035+2.77=20.5（工日）

圈梁混凝土 =2.26m^3，其劳动量计划数 = ①钢筋绑扎 2.26m^3×0.017t/m^3（计价表"附录一混凝土及钢筋混凝土构件模板、钢筋含量表"圈梁）×10.8 工日/t（计价表 5-1 子目）+ 钢筋绑扎 2.26m^3×0.040t/m^3（计价表"附录一混凝土及钢筋混凝土构件模板、钢筋含量表"圈梁）×6.39 工日/t（计价表 5-2 子目）+ ②支模板（2.26m^3×8.33m^2/m^3÷10m^2）×2.76 工日（计价表 21-41 子目）+ ③混凝土浇筑 2.26m^3×0.42 工日/m^3（计价表 6-302 子目）= 0.415+0.578+5.196+0.949=7.14（工日）

现浇过梁混凝土 =0.92m^3，其劳动量计划数 = ①钢筋绑扎 0.92m^3×0.032t/m^3（计价表"附录一混凝土及钢筋混凝土构件模板、钢筋含量表"过梁）×10.8 工日/t（计价表 5-1 子目）+ 钢筋绑扎 0.92m^3×0.074t/m^3（计价表"附录一混凝土及钢筋混凝土构件模板、钢筋含量表"过梁）×6.39 工日/t（计价表 5-2 子目）+ ②支模板（0.92m^3×12m^2/m^3÷10m^2）×3.92 工日（计价表 21-43 子目）+ ③混凝土浇筑 0.92m^3×1.55 工日/m^3（计价表 6-321 子目）= 0.318+0.435+4.327+1.426=6.506（工日）

现浇雨篷混凝土 =1.2m^2，其劳动量计划数 = ①钢筋绑扎 1.2m^2×0.034t/m^2（计价表"附录一混凝土及钢筋混凝土构件模板、钢筋含量表"复式雨篷）×10.8 工日/t（计价表 5-1 子目）+ ②支模板（1.2m^2÷10m^2）×9.51 工日/m^2（计价表 21-74 子目）+ ③混凝土浇筑 1.2m^2×1.38 工日/m^2（计价表 6-340 子目）=0.4406+1.1412+1.656=3.2378（工日）

洞口 D-1 四周现浇小型构件混凝土 0.24m^3，其劳动量计划数 = ① 钢筋绑扎 0.24m^3×0.024t/m^3（计价表"附录一混凝土及钢筋混凝土构件模板、钢筋含量表"小型构件）×10.8 工日/t（计价表 5-1 子目）+ ②支模板（0.24m^3×18m^2/m^3÷10m^2）×7.97 工日（计价表 21-85 子目）+ ③混凝土浇筑 0.24m^3×0.63 工日/m^3（计价表 6-332 子目）= 0.0622+3.4430+0.1512=3.6564（工日）

砖墙砌筑劳动量计划数 =（外墙 47.59m³+ 内墙 15.16m³）×1.40 工日 /m³（计价表 4-22 子目）=87.85 工日

$\sum$=140.8272 工日，劳动量采用数 =144 工日

（2）脚手架搭设包括：①外墙砌筑脚手架；②内墙及现浇屋面浇筑脚手架。

外墙砌筑脚手架：面积 =（14.24+6.44）×2×5.8=239.888（m²），其劳动量计划数 =（239.888m²÷10m²）×0.39 工日（计价表 20-3 子目）=9.3556 工日

内墙及现浇屋面浇筑脚手架：面积 =（3.8×2+6.4-0.24-0.24×2）×（6.2-0.24）×（6.1-0.12）=473.31（m²），其劳动量计划数 =（473.31m²÷10m²）×0.07 工日（计价表 20-8 子目）=3.3132 工日

$\sum$=12.6688 工日，劳动量采用数 =16 工日

（3）现浇屋面支模板劳动量计划数 =（11.63m³×8.07m²/m³÷10m²）×2.92 工日（计价表 21-59 子目）=27.4054 工日，劳动量采用数 =28 工日

（4）现浇屋面钢筋绑扎劳动量计划数 =11.63m³×0.1t/m³（计价表"附录一混凝土及钢筋混凝土构件模板、钢筋含量表"有梁板 200mm 以内）×6.39 工日 /t（计价表 5-2 子目）+11.63m³×0.043t/m³（计价表"附录一混凝土及钢筋混凝土构件模板、钢筋含量表"有梁板 200mm 以内）×10.8 工日 /t（计价表 5-1 子目）+11.63m³×0.043t/m³×10.8 工日 /t（计价表 5-1 子目）=18.234 工日，劳动量采用数 =20 工日

（5）现浇屋面混凝土浇筑劳动量计划数 =11.63m³×0.68 工日 /m³（计价表 6-331 子目）= 7.9084 工日，劳动量采用数 =8 工日

（6）现浇屋面混凝土养护时间 14 天，一般 14 天（以拆模试块报告为准）后可以拆屋面底板模板，进行室内粉刷。

2. 计算主体分部工程工期

（1）施工段 m=2

（2）流水节拍计算：流水节拍 $t=T/m$

砖墙砌筑：一班制，一班 18 人，T_1=144/（1×18）=8（d），t_1=4d

脚手架搭设：一班制，一班 2 人，T_2=16/（1×2）=8（d），t_2=4d

现浇屋面支模板：一班制，一班 7 人，T_3=28/（1×7）=4（d），t_3=2d

现浇屋面钢筋绑扎：一班制，一班 5 人，T_4=20/（1×5）=4（d），t_4=2d

现浇屋面混凝土浇筑：不设施工段，一班制，一班 8 人，t_5=T_5=8/（1×8）=1（d）

现浇屋面混凝土养护时间：T_6=14d

（3）计算图 3-81 进度表中各施工过程间的流水步距：采用取大差法（除施工过程 5、6 外均采用两个施工段）K_{1-2}=0d，K_{2-3}=8d，K_{3-4}=2d，K_{4-5}=4d，K_{5-6}=1d

（4）主体分部工程工期：$T=\sum K_i-\sum C+\sum Z+\sum t_i^{zh}$ =15+14=29（d）

$\sum K_i$（表示流水步距之和）=$K_{1-2}+K_{2-3}+K_{3-4}+K_{4-5}+K_{5-6}$=15（d）

$\sum C$（表示插入时间之和）=0d

$\sum Z$（表示间隙时间之和）=0d

$\sum t_i^{zh}$（表示最后一个施工过程在第 i 个施工段上的流水节拍）=14d

3. 主体工程施工进度计划横道图（图 3-81）

4. 主体工程施工进度计划网络图（图 3-82）

序号	分部分项工程名称		工程量		产量定额	劳动量/工日		需用机械		工作延续天数/d	每天工作班数	每班工作人数/人	施工进度/d
			单位	数量		计划数	采用数	名称	台班数				1 2 3 4 5 6 7 8 9 10 11 12 13 14 15 16~29
1	砌筑砖墙		m³	62.75	0.714								
	矩形柱、GZ、圈梁、现浇过梁、现浇雨篷及洞口D-1四周现浇小型构件	钢筋绑扎	kg	862.00	126.82	141	144	—	—	8	1	18	
		支模板	m²	25.4	2.793								
				30.75	2.045								
				18.83	3.624								
				11.04	2.551								
				1.2	1.052								
				4.32	1.255								
		混凝土浇筑	m³	1.91	1.927								
				2.77	1.000								
				2.26	2.381								
				0.92	0.645								
				1.2	0.725								
				0.24	1.587								
2	脚手架搭设		m²	239.89	25.641	13	16	—	—	8	1	2	
				473.31	142.86								
3	现浇屋面支模板		m²	93.85	3.425	28	28	—	—	4	1	7	
4	现浇屋面钢筋绑扎		kg	1663.09	129.59	19	20	—	—	4	1	5	
				500.09	92.59								
5	现浇屋面混凝土浇筑		m³	11.63	1.471	8	8	—	—	1	1	8	
6	现浇屋面混凝土养护			—						14	1	1	

图3-81　主体工程施工进度计划横道图

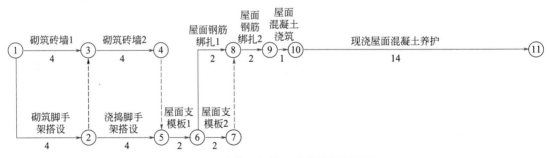

图3-82　主体工程施工进度计划网络图

注：1. 脚手架的搭设采用满堂脚手架，主要是考虑砌筑墙体的高度和屋面模板支撑。

2. 本工程脚手架体系分砌筑脚手架和浇捣脚手架；砌筑墙体的第二个施工段前砌筑脚手架应搭设完（砌筑墙体的高度决定了脚手架搭设到位才能进行高处墙体的砌筑）；屋面模板安装前浇捣脚手架搭设和墙体砌筑均应完成。

3. 本工程使用商品混凝土。根据《江苏省建筑安装工程施工技术操作规程》（DGJ32/J30—2006）第四分册混凝土结构工程，第三篇混凝土工程，"6 操作工艺"中"6.9 混凝土养护"第302页表7.10.1.4的规定，商品混凝土一般均掺入粉煤灰，因此，屋面混凝土的养护时间为14天。

（三）屋面分部工程施工进度计划确定

1.计算劳动量

屋面工程量见附录一的新建部件变电室工程预算书。

（1）水泥砂浆找平层，劳动量计划数 =（82.01m² ÷10m²）×0.67 工日（计价表 13-15 子目）=5.4947 工日，劳动量采用数 =6 工日

（2）油毡防水层，面积 =82.01+（3.8×2+6.4-0.24+6.2-0.24）×0.25=86.94（m²），劳动量计划数 =（86.94m² ÷10m²）×0.6 工日（计价表 10-30 子目）=5.217 工日，劳动量采用数 =6 工日

（3）刚性防水层，劳动量计划数 =82.01m² ÷10m²×0.011t/m³（计价表"附录一混凝土及钢筋混凝土构件模板、钢筋含量表"刚性屋面）×17.59 工日 /t（计价表 5-4 子目）+（82.01m² ÷10m²）×2.02 工日（计价表 10-77 子目）=1.587+16.566=18.153（工日），劳动量采用数 =18 工日

（4）刚防层混凝土养护 14 天

（5）屋面分部工程验收：蓄水 2 天 ［根据《屋面工程质量验收规范》（GB 50207—2012）"10 分部工程验收"中 10.0.5 条规定，不应少于 24h 蓄水时间。］

2.计算屋面分部工程工期

（1）施工段 $m=1$

（2）流水节拍计算：流水节拍 $t=T/m$

水泥砂浆找平层：一班制，一班 3 人，$t_1=T_1=6/（1×3）=2$（d）

油毡防水层：一班制，一班 6 人，$t_2=T_2=6/（1×6）=1$（d）

刚性防水层：一班制，一班 9 人，$t_3=T_3=18/（1×9）=2$（d）

刚防层混凝土养护：$t_4=T_4=14$（d）

屋面分部工程验收：$t_5=T_5=2$（d）

（3）计算进度表中各施工过程间的流水步距：采用取大差法

$K_{1-2}=2d$，$K_{2-3}=1d$，$K_{3-4}=2d$，$K_{4-5}=14d$

（4）屋面分部工程工期：$T=\sum K_i+\sum Z+\sum t_i^{zh}$

$\sum K_i$（表示流水步距之和）$=K_{1-2}+K_{2-3}+K_{3-4}+K_{4-5}=19$（d）

$\sum Z$（表示间隙时间之和）$=0$

$\sum t_i^{zh}$（表示最后一个施工过程在第 i 个施工段上的流水节拍）$=2d$

本屋面分部工程工期 $T=19+2=21$（d）

3.屋面分部工程施工进度计划横道图（图 3-83）

4.屋面工程施工进度计划网络图（图 3-84）

（四）装饰装修分部工程施工进度计划确定

1.计算劳动量

装饰装修工程量见附录一的新建部件变电室工程预算书。

（1）地面垫层，包括原土打底夯、碎石干铺垫层、卵石地面下和水泥地面下 80mm 厚 C20 混凝土。

序号	分部分项工程名称	工程量 单位	工程量 数量	产量定额	劳动量/工日 计划数	劳动量/工日 采用数	需用机械 名称	需用机械 台班数	工作延续天数/d	每天工作班数	每班工作人数/人	1	2	3	4	5	6~19	20	21
1	水泥砂浆找平层	m²	82.01	14.925	6	6	—		2	1	3								
2	油毡防水层	m²	86.94	16.665	5	6	—		1	1	6								
3	刚性防水层	kg	90.21	56.843	18	18	—		2	1	9								
		m²	82.01	4.951															
4	刚防层混凝土养护	—	—	—	—	—	—		14	—	—								
5	蓄水验收	—	—	—	—	—	—		2	—	—								

图3-83　屋面分部工程施工进度计划横道图

图3-84　屋面工程施工进度计划网络图

原土打底夯劳动量计划数 =48.82m²/10m²×0.1 工日（计价表 1-99 子目）=0.4882 工日

碎石干铺垫层劳动量计划数 =2.01m³×0.53 工日 /m³（计价表 13-9 子目）=1.0653 工日

卵石地面下和水泥地面下 80mm 厚 C20 混凝土劳动量计划数 =3.91m³×1.29 工日 /m³（计价表 13-11 子目）=5.0439 工日

∑=6.5974 工日，劳动量采用数 =8 工日

（2）地面面层，包括水泥地面和卵石地面。

水泥地面面层为 1∶1 水泥砂浆，其劳动量计划数 =20.13m²÷10m²×0.90 工日（计价表 13-22 子目）=1.8117 工日

卵石地面面层为卵石，其劳动量计划数 =28.69m²×0.06 工日 /m²=1.7214 工日

∑=3.5331 工日，劳动量采用数 =4 工日

（3）外墙抹灰，包括砖外墙、墙裙、阳台、雨篷、窗台、压顶、混凝土装饰线条抹水泥砂浆。

外墙、墙裙抹水泥砂浆劳动量计划数 =299.04m²÷10m²×1.58 工日（计价表 14-11 子目）=47.248 工日

阳台、雨篷抹水泥砂浆劳动量计划数 =1.2m²÷10m²×7.78 工日（计价表 14-14 子目）=0.9336 工日

窗套、窗台、压顶抹水泥砂浆劳动量计划数 =33.77m²÷10m²×6.49 工日（计价表 15-15 子目）=21.9167 工日

混凝土装饰线条抹水泥砂浆劳动量计划数 =2.91m²÷10m²×6.98 工日（计价表 14-19 子

目）=2.0312 工日

∑=72.1295 工日，劳动量采用数 =72 工日

（4）天棚抹灰，劳动量计划数 =83.83m² ÷10m² ×1.36 工日（计价表 15-87 子目）=11.4009 工日，劳动量采用数 =12 工日

（5）内墙抹灰，劳动量计划数 =328.99m² ÷10m² ×1.46 工日（计价表 14-9 子目）=48.0325 工日，劳动量采用数 =48 工日

（6）门窗扇安装：

钢门扇安装劳动量计划数 =19.8m² ÷10m² ×1.53 工日（计价表 9-10 子目）=3.0294 工日

塑钢窗扇安装劳动量计划数 =5.85m² ÷10m² ×4.28 工日（计价表 16-11 子目）=2.5038 工日

∑=5.5332 工日，劳动量采用数 =6 工日

（7）外墙面涂料，劳动量计划数 =271.89m² ÷10m² ×1.93 工日（计价表 16-316 子目）=52.4748 工日，劳动量采用数 =54 工日

（8）内墙面涂料，劳动量计划数 =（328.19m² +83.83m²）÷10m² ×1.03 工日（计价表 16-308 子目）=42.4381 工日，劳动量采用数 =42 工日

（9）室外散水及台阶：

室外散水劳动量计划数 =25.3m² ÷10m² ×2.33 工日（计价表 13-163 子目）=5.8949 工日

室外台阶劳动量计划数 =0.96m² ÷10m² ×2.67 工日（计价表 13-25 子目）=0.2563 工日

∑=6.1512 工日，劳动量采用数 =8 工日

2. 计算装饰装修分部工程工期

（1）流水节拍计算：流水节拍 $t=T/m$

地面垫层：一班制，一班 4 人，$m=1$，$t_1=T_1/(1\times4)=2$（d）

地面面层：一班制，一班 2 人，$m=1$，$t_2=T_2/(1\times2)=2$（d）

外墙抹灰：一班制，一班 12 人，$T_3=72/(1\times12)=6$（d），$m=2$，$t_3=3$d

天棚抹灰：一班制，一班 6 人，$m=1$，$t_4=T_4/(1\times6)=2$（d）

内墙抹灰：一班制，一班 8 人，$T_5=48/(1\times8)=6$（d），$m=2$，$t_5=3$d

门窗扇安装：一班制，一班 3 人，$T_6=6/(1\times3)=2$（d），$m=2$，$t_6=1$d

外墙面涂料：一班制，一班 9 人，$T_7=54/(1\times9)=6$（d），$m=2$，$t_7=3$d

内墙面涂料：一班制，一班 7 人，$T_8=42/(1\times7)=6$（d），$m=2$，$t_8=3$d

室外散水及台阶：一班制，一班 4 人，$m=1$，$t_9=T_9/(1\times4)=2$（d）

（2）计算进度表中各施工过程间的流水步距：采用取大差法

$K_{1-2}=2$d，$K_{2-3}=2$d，$K_{3-4}=3$d，$K_{4-5}=2$d

$K_{5-6}=3$d，$K_{6-7}=1$d，$K_{7-8}=3$d，$K_{8-9}=6$d

（3）装饰装修分部工程工期：$T=\sum K_i-\sum C+\sum Z+\sum t_i^{zh}$

$\sum K_i$（表示流水步距之和）$=K_{1-2}+K_{2-3}+K_{3-4}+K_{4-5}+K_{5-6}+K_{6-7}+K_{7-8}+K_{8-9}=22$（d）

$\sum C$（表示插入时间之和）$=2$d（施工过程 3 与 4 之间可插入 2 天）

$\sum Z$（表示间隙时间之和）$=0$

$\sum t_i^{zh}$（表示最后一个施工过程在第 i 个施工段上的流水节拍）$=2$d

本装饰装修分部工程工期 $T=22-2+2=22$（d）

3. 装饰装修分部工程施工进度计划横道图（图 3-85）

序号	分部分项工程名称		工程量 单位	工程量 数量	产量定额	劳动量/工日 计划数	劳动量/工日 采用数	需用机械 名称	需用机械 台班数	工作延续天数/d	每天工作班数	每班工作人数/人	施工进度/d
1	地面垫层	原土打底夯	m²	48.82	100	7	8	—	—	2	1	4	
		碎石干铺垫层	m³	2.01	1.887								
		卵石、水泥地面下80mm厚C20混凝土	m³	3.91	0.775								
2	地面面层	水泥地面面层	m²	20.13	11.111	4	4	—	—	2	1	2	
		卵石地面面层	m²	28.69	16.667								
3	外墙抹灰	外墙、墙裙抹灰	m²	299.04	6.329	72	72	—	—	6	1	12	
		阳台、雨蓬抹灰	m²	1.2	1.285								
		窗套、窗台、压顶抹灰	m²	33.77	1.541								
		混凝土装饰线条抹灰	m²	2.91	1.433								
4	天棚抹灰		m²	83.83	7.353	12	12	—	—	2	1	6	
5	内墙抹灰		m²	328.99	6.849	48	48	—	—	6	1	8	
6	钢门扇安装		m²	19.8	6.536	6	6	—	—	2	1	3	
	塑钢窗扇安装		m²	5.85	2.336								
7	外墙面涂料		m²	271.89	5.181	53	54	—	—	6	1	9	
8	内墙面涂料		m²	417.02	9.827	42	42	—	—	6	1	7	
9	室外散水		m²	25.3	4.292	6	8	—	—	2	1	4	
	室外台阶		m²	0.96	3.746								

施工进度/d 刻度：1 2 3 4 5 6 7 8 9 10 11 12 13 14 15 16 17 18 19 20 21 22

图3-85　装饰装修分部工程施工进度计划横道图

4. 装饰装修工程施工进度计划网络图（图 3-86）

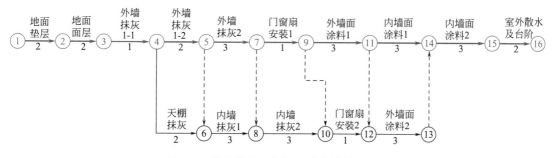

图3-86 装饰装修工程施工进度计划网络图

（五）本工程施工总进度计划横道图（图 3-87）

（六）本工程施工总进度计划网络图（图 3-88）

（七）新建部件变电室施工进度计划总工期

总工期：T=72d。

（八）资源需要量与施工准备计划

1. 劳动力需要量计划（表 3-20）

表3-20 劳动力需要量计划表

序号	工种	所需工日	需要时间/工日						
			3月			4月			5月
			上旬	中旬	下旬	上旬	中旬	下旬	上旬
1	普工	87	50	11		8	11	4	3
2	木工	68	5	12	51				
3	钢筋工	23		2	15	4		2	
4	混凝土工	48	8	4	11	8	3	14	
5	瓦工	100		32	53		7	1	7
6	抹灰工	138						138	
7	架子工	80			80				
8	油漆工	87						18	69

计算步骤为：① 列出各分部工程开完工时间节点；②找出各分项工程中所涉及的工种，并对照网络计划，计算各工种所需工日时，将计算结果填入表格内；③进行汇总。

新建部件变电室

序号	分部	分部分项工程名称	工作延续天数	每天工作班数	每班工作人数	施工 1	2	3	4	5	6	7	8	9	10	11	12	13	14	15	16	17	18	19	20	21	22	23	24	25	26	27	28
1	基础工程	平整场地	4	1	3																												
2		基槽人工挖土	4	1	6																												
3		基础垫层	4	1	5																												
4		砌筑砖基础	4	1	7																												
5		钢筋混凝十地圈梁及墩基础	4	1	8																												
6		基础夯实回填土	4	1	3																												
7		基础验收	1																														
8	主体工程	砌筑砖墙	8	1	18																												
9		脚手架搭设	8	1	2																												
10		现浇屋面支模板	4	1	7																												
11		现浇屋面钢筋绑扎	4	1	5																												
12		现浇屋面混凝土浇筑	1	1	8																												
13		现浇屋面混凝土养护	14	1	1																												
14		主体验收	1																														
15	屋面工程	水泥砂浆找平层	2	1	3																												
16		油毡防水层	1	1	6																												
17		刚性防水层	2	1	9																												
18		刚防层混凝土养护	14																														
19		蓄水验收	2																														
20	装饰装修工程	地面垫层	2	1	4																												
21		地面面层	2	1	2																												
22		外墙抹灰	6	1	12																												
23		天棚抹灰	2	1	6																												
24		内墙抹灰	6	1	8																												
25		门窗扇安装	2	1	3																												
26		外墙面涂料	6	1	9																												
27		内墙面涂料	6	1	7																												
28		室外散水及台阶	2	1	4																												
29		装饰分部验收	1																														
30	水电安装		60																														
31	竣工验收		1																														

说明：1. 在具体施工时，对各分部工程均应进行分部工程验收。所有分部工程完工后再进行工程竣工验收。当工程规模较大时，应增加工程预验收环节。

2. 当计算的工程工期大于建设单位要求的工期，或超出《全国统一建筑安装工程工期定额》中的工期天数时，则须对施工进度计划进行优化。

图3-87 施工总进度

施工进度计划

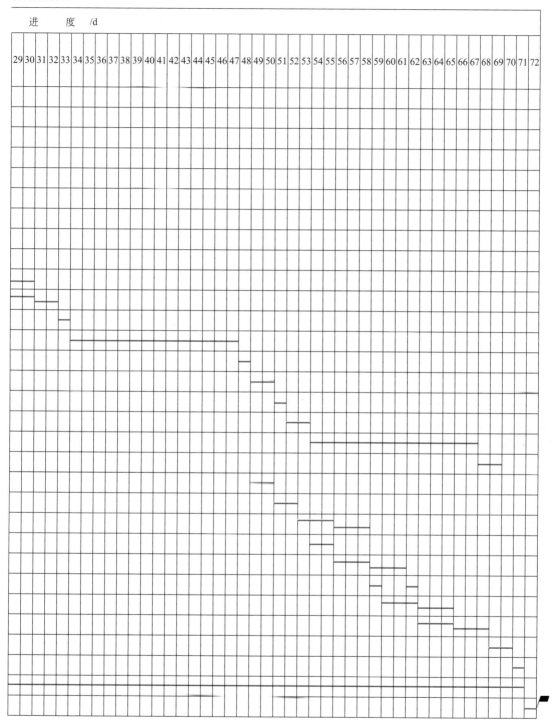

3. 若本工程工期较紧，可将外墙抹灰安排在装饰装修分部工程施工前期，或内外抹灰同步进行均可等。

4. 施工过程中几个重要的节点：(1)开挖土方后须进行基础验槽;(2)主体验收前须进行现场实物检测;(3)内外脚手架搭设与拆除;(4)墙面粉刷前门窗框安装。

计划横道图

新建部件变电室工程施

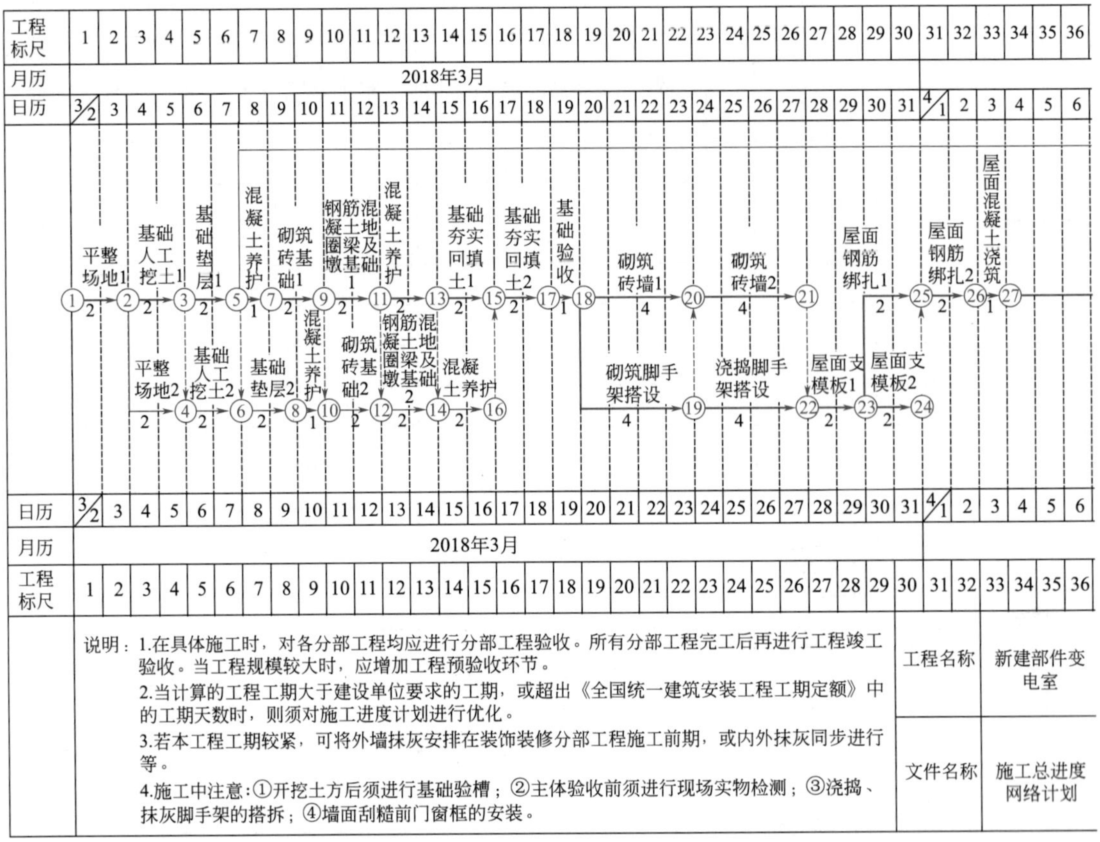

工程标尺	1	2	3	4	5	6	7	8	9	10	11	12	13	14	15	16	17	18	19	20	21	22	23	24	25	26	27	28	29	30	31	32	33	34	35	36
月历														2018年3月																						
日历	3/2	3	4	5	6	7	8	9	10	11	12	13	14	15	16	17	18	19	20	21	22	23	24	25	26	27	28	29	30	31	4/1	2	3	4	5	6

平整场地1 ①—2—② 基础人工挖土1 ②—2—③ 基础垫层1 ③—2—⑤ 混凝土养护 砌筑砖基础1 ⑤—7—⑦ 混凝土圈梁及墩 钢筋混凝土地圈梁及墩 ⑦—2—⑨ 混凝土养护 ⑨—11—⑪ 基础夯实回填土1 ⑪—2—⑬ 基础夯实回填土2 ⑬—2—⑮ 基础验收 ⑮—2—⑰ ⑰—18—⑱ 砌筑砖墙1 ⑱—4—⑳ 砌筑砖墙2 ⑳—4—㉑ 屋面钢筋绑扎1 ㉑—2—㉕ 屋面钢筋绑扎2 ㉕—2—㉖ 屋面混凝土浇筑 ㉖—1—㉗

平整场地2 ②—2—④ 基础人工挖土2 ④—2—⑥ 基础垫层2 ⑥—8—⑧ 混凝土养护 砌筑砖基础2 ⑧—10—⑩ 混凝土圈梁及墩 钢筋混凝土地圈梁及墩 ⑩—12—⑫ 混凝土养护 ⑫—2—⑭ ⑭—2—⑯ 砌筑脚手架搭设 ⑱—19—⑲ 浇捣脚手架搭设 ⑲—2—㉒ 屋面支模板1 ㉒—2—㉓ 屋面支模板2 ㉓—2—㉔

日历	3/2	3	4	5	6	7	8	9	10	11	12	13	14	15	16	17	18	19	20	21	22	23	24	25	26	27	28	29	30	31	4/1	2	3	4	5	6
月历														2018年3月																						
工程标尺	1	2	3	4	5	6	7	8	9	10	11	12	13	14	15	16	17	18	19	20	21	22	23	24	25	26	27	28	29	30	31	32	33	34	35	36

说明：1.在具体施工时，对各分部工程均应进行分部工程验收。所有分部工程完工后再进行工程竣工验收。当工程规模较大时，应增加工程预验收环节。 2.当计算的工程工期大于建设单位要求的工期，或超出《全国统一建筑安装工程工期定额》中的工期天数时，则须对施工进度计划进行优化。 3.若本工程工期较紧，可将外墙抹灰安排在装饰装修分部工程施工前期，或内外抹灰同步进行等。 4.施工中注意：①开挖土方后须进行基础验槽；②主体验收前须进行现场实物检测；③浇捣、抹灰脚手架的搭拆；④墙面刮糙前门窗框的安装。	工程名称	新建部件变电室
	文件名称	施工总进度网络计划

图3-88　施工总进度

2. 施工机具需要量计划（表3-21）

表3-21　施工机具需要量计划表

序号	机具名称	规格	需要量		使用起止日期
			单位	数量	
1	混凝土搅拌机	JZC350	台	1	开工进场，工程竣工退场
2	砂浆搅拌机	UJW200	台	1	装修进场，工程竣工退场
3	蛙式打夯机	HD60	台	1	开工进场，工程竣工退场
4	平板式振动机	ZW-7	台	1	开工进场，主体完工退场
5	插入式振动器	ZN50	台	2	开工进场，工程竣工退场
6	钢筋切断机	GQ40	台	1	开工进场，主体完工退场
7	钢筋弯曲机	GW40	台	1	开工进场，主体完工退场
8	钢筋调直机	LGT4/12	台	1	开工进场，主体完工退场
9	电焊机	BX3-300-2	台	1	开工进场，工程竣工退场
10	木工圆盘锯	MJ104	台	1	开工进场，主体完工退场
11	钢管	ϕ48mm	kg	385	开工进场，工程竣工退场

工进度计划网络图

编制单位	常州×××建设工程有限公司		总工期	72天	开始时间	2018-03-02	结束时间	2018-05-12
绘图人	×××	项目负责人	×××	校对人	×××	审 核 人	×××、×××

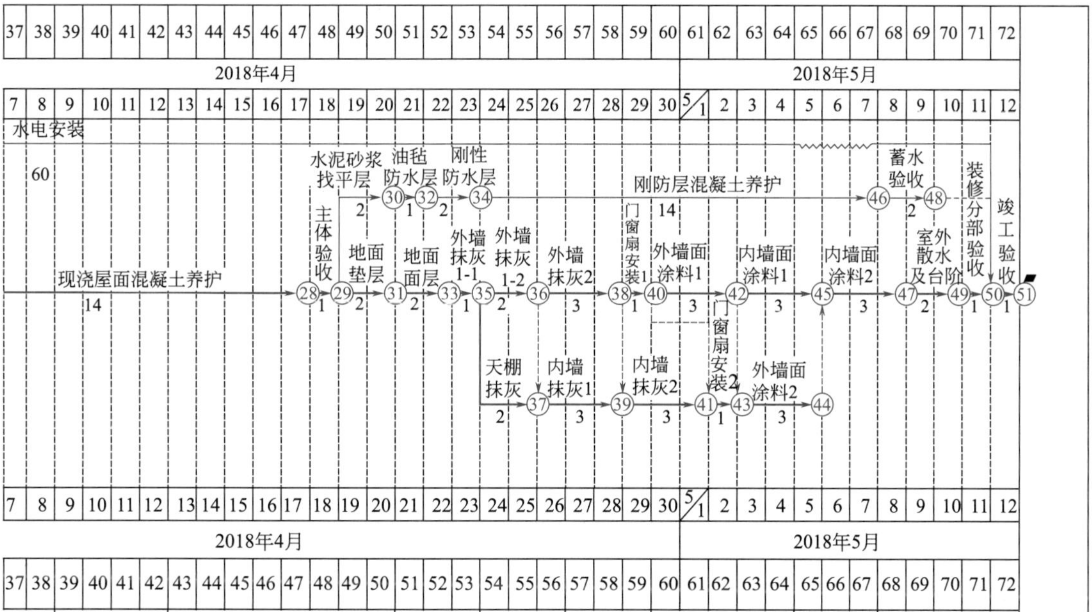

计划网络图

3. 主要材料需要量计划（表3-22）

表3-22　主要材料需要量计划表

序号	材料名称	规　格	需要量		供应时间
			单位	数量	
1	水泥	32.5级	t	13	开工—竣工
2	沙子	中沙	t	60	开工—竣工
3	碎石	5～40mm	t	10	开工—竣工
4	钢筋	综合	t	4.2	开工—屋面分部
5	木材	普通、周转	m^3	0.6	开工—竣工
6	复合木模板	18mm	m^2	58	主体分部
7	标准砖	240mm×115mm×53mm	百块	77	开工—基础
8	多孔砖	240mm×115mm×90mm	百块	211	主体分部
9	石灰膏		m^3	2.2	装饰装修分部
10	商品混凝土C20	非泵送	m^3	56	开工—主体分部
11	商品混凝土C30	非泵送	m^3	1.1	主体分部
12	乳胶漆	内墙	kg	145	装饰装修分部
13	801胶	801	kg	108	装饰装修分部
14	白水泥		kg	220	装饰装修分部

4. 构件和半成品需要量计划（表 3-23）

表3-23　构件和半成品需要量计划表

序号	构件半成品名称	规　格	图号型号	需要量		使用部位	供应日期	备注
				单位	数量			
1	电缆沟盖板	1030mm×495mm×70mm	YB-1	m³	0.86	电缆沟	3 月 24 日	现场预制
2	电缆沟盖板	450mm×495mm×40mm	YB 2	m³	0.21	电缆沟	3 月 24 日	现场预制

任务二

编制框架结构单位工程施工进度计划

任务提出

根据附录二中的总二车间扩建厂房工程设计图纸及工程预算书编制施工进度计划。

任务实施

一、划分施工过程

该工程施工过程划分见表 3-24。

二、工程施工进度计划确定

（一）基础分部工程施工进度计划确定

1. 计算劳动量

基础工程量见附录二的总二车间扩建厂房工程预算书。

（1）平整场地，劳动量计划数 $=380.81\text{m}^2/10\text{m}^2×0.57$ 工日（计价表 1-98 子目）$=21.706$ 工日，劳动量采用数 $=24$ 工日

（2）挖基础土方，劳动量计划数包括：

挖掘机挖土 $=484.34\text{m}^3/1000\text{m}^3×(1.972+0.197)$ 台班（计价表 1-202 子目）$=1.0505$ 台班

自卸汽车运土 $=484.34\text{m}^3/1000\text{m}^3×(13.37+0.43)$ 台班（计价表 1-263 子目）$=6.684$ 台班

$\sum=7.734$ 台班，劳动量采用数 $=8$ 台班

（3）基础垫层，劳动量计划数包括：

100 厚垫层劳动量计划数 $=13.71\text{m}^3×1.37$ 工日 $/\text{m}^3$（计价表 6-1 子目）$+(13.71\text{m}^3×1\text{m}^2/\text{m}^3÷10\text{m}^2)×3.76$ 工日（计价表 21-1 子目）$=18.783+5.155=23.938$（工日）

200 厚垫层劳动量计划数 $=4.58\text{m}^3×0.75$ 工日 $/\text{m}^3$（计价表 6-3 子目）$+(4.58\text{m}^3×1\text{m}^2/\text{m}^3÷10\text{m}^2)×2.62$ 工日（计价表 21-3 子目）$=3.435+1.200=4.635$（工日）

$\sum=28.57$ 工日，劳动量采用数 $=28$ 工日

表3-24　施工过程划分表（总二车间扩建厂房）

序号	分部分项工程名称	序号	分部分项工程名称
一	基础分部	15	找平层
1	平整场地	16	隔离层
2	挖基础土方	17	刚性防水层
3	基础垫层	18	刚性防水层混凝土养护
4	独立基础	19	蓄水养护
5	砖基础	四	装饰装修分部
6	地圈梁	20	楼地面
7	基础夯实回填土	21	室外抹灰
二	主体分部	22	室内抹灰
8	一层柱	23	门窗扇安装
9	二层结平	24	室外涂料
10	脚手架搭设	25	室内涂料
11	二层柱	26	室外工程
12	屋面结平	五	水电安装
13	砖墙砌筑	六	其他零星收尾
三	屋面分部	七	竣工验收
14	保温层		

（4）独立基础劳动量计划数：

现浇独立基础劳动量计划数 = 钢筋绑扎 19.47m³×0.028t/m³（计价表"附录一混凝土及钢筋混凝土构件模板、钢筋含量表"普通柱基）×6.39 工日/t（计价表 5-2 子目）+ 钢筋绑扎 19.47m³×0.012t/m³（计价表"附录一混凝土及钢筋混凝土构件模板、钢筋含量表"普通柱基）×10.8 工日/t（计价表 5-1 子目）+ 支模板（19.47m³×1.76m²/m³÷10m²）×2.65 工日（计价表 21-4 子目）+ 混凝土浇筑 19.47m³×0.75 工日/m³（计价表 6-3 子目）=3.484+2.523+9.081+14.6025=29.6905（工日）

电梯井底板劳动量计划数 = 钢筋绑扎 1.33m³×0.056t/m³（计价表"附录一混凝土及钢筋混凝土构件模板、钢筋含量表"满堂基础无梁式）×6.39 工日/t（计价表 5-2 子目）+ 钢筋绑扎 1.33m³×0.131t/m³（计价表"附录一混凝土及钢筋混凝土构件模板、钢筋含量表"满堂基础无梁式）×10.8 工日/t（计价表 5-1 子目）+ 支模板（1.33m³×0.52m²/m³÷10m²）×2.37 工日（计价表 21-8 子目）+ 混凝土浇筑 1.33m³×0.24 工日/m³（计价表 6-183 子目）=0.476+1.882+0.164+0.3192=2.8412（工日）

电梯井壁劳动量计划数 = 钢筋绑扎 0.36m³×0.071t/m³（计价表"附录一混凝土及钢筋混凝土构件模板、钢筋含量表"电梯井）×6.39 工日/t（计价表 5-2 子目）+ 钢筋绑扎 0.36m³×0.031t/m³（计价表"附录一混凝土及钢筋混凝土构件模板、钢筋含量表"电梯井）×10.8 工日/t（计价表 5-1 子目）+ 支模板（0.36m³×14.77m²/m³÷10m²）×2.47 工

日（计价表 21-52 子目）+ 混凝土浇筑 0.36m³×1.14 工日 /m³（计价表 6-204 子目）=
0.163+0.121+1.313+0.410=2.007（工日）

$\sum$=34.5391 工日，劳动量采用数 =36 工日

（5）砖基础，劳动量计划数 =17.16m³×1.14 工日 /m³（计价表 4-2 子目）=19.562 工日，劳动量采用数 =20 工日

（6）地圈梁，劳动量计划数 = ①钢筋绑扎 2.53m³×0.017t/m³（计价表"附录一混凝土及钢筋混凝土构件模板、钢筋含量表"圈梁）×10.8 工日 /t（计价表 5-1 子目）+ 钢筋绑扎 2.53m³×0.040t/m³（计价表"附录一混凝土及钢筋混凝土构件模板、钢筋含量表"圈梁）×6.39 工日 /t（计价表 5-2 子目）+ ②支模板（2.53m³×8.33m²/m³÷10m²）×2.99 工日（计价表 21-42 子目）+ ③混凝土浇筑 2.53m³×1.17 工日 /m³（计价表 6-320 子目）=
0.465+0.647+6.301+2.960=10.373（工日），劳动量采用数 =12 工日

（7）基础夯填回填土，劳动量计划数 =446.46m³×0.28 工日（计价表 1-104 子目）=
125.009 工日，劳动量采用数 =126 工日

2. 计算基础分部工程工期

将以上施工过程组织异节奏流水施工。

（1）施工段 m=2

（2）流水节拍计算：流水节拍 $t=T/m$

平整场地：一班制，一班 6 人，T_1=24/（1×6）=4（d），t_1=4/2=2（d）

挖基础土方：一班制，一班 2 个台班，T_2=8/（1×2）=4（d），t_2=4/2=2（d）

基础垫层：一班制，一班 7 人，T_3=28/（1×7）=4（d），t_3=4/2=2（d）

独立基础：一班制，一班 9 人，T_4=36/（1×9）=4（d），t_4=4/2=2（d）

砖基础：一班制，一班 5 人，T_5=20/（1×5）=4（d），t_5=4/2=2（d）

地圈梁：一班制，一班 3 人，T_6=12/（1×3）=4（d），t_6=4/2=2（d）

基础夯填回填土：一班制，一班 21 人，T_7=126/（1×21）=6（d），t_7=6/2=3（d）

（3）流水步距：K_{1-2}=K_{2-3}=K_{3-4}=K_{4-5}=K_{5-6}=K_{6-7}=2d

（4）基础分部工程工期：$T=\sum K_i-\sum C+\sum Z+\sum t_i^{zh}$=12+6=18（d）

3. 基础分部工程施工进度计划横道图（图 3-89）

4. 基础分部工程施工进度计划网络图（图 3-90）

（二）主体分部工程施工进度计划确定

1. 计算劳动量

立体工程量见附录二的总二车间扩建厂房工程预算书。

（1）框架柱（一层柱、二层柱）劳动量计划数 = ①钢筋绑扎 20.41m³×0.05t/m³（计价表"附录一混凝土及钢筋混凝土构件模板、钢筋含量表"矩形柱断面周长 3.6m 内）×10.8 工日 /t（计价表 5-1 子目）+ 20.41m³×0.122t/m³×6.39 工日 /t（计价表 5-2 子目）+ ②支模板（20.41m³×5.56m²/m³÷10m²）×3.63 工日（计价表 21-26 子目）+ ③混凝土浇筑 20.41m³×0.76 工日 /m³（计价表 6-190 子目）=11.021+15.911+41.193+15.512=83.637（工日），劳动量采用数 =84 工日

序号	分部分项工程名称	劳动量/工日		需用机械		工作延续天数/d	每天工作班数	每班工作人数/人	施工进度/d																		
		计划数	采用数	名称	台班数				1	2	3	4	5	6	7	8	9	10	11	12	13	14	15	16	17	18
1	平整场地	22	24			4	1	6																		
2	挖基础土方	8	8	挖机	2	4	1	—																		
3	基础垫层	29	28			4	1	7																		
4	独立基础	35	36			4	1	9																		
5	砖基础	20	20			4	1	5																		
6	地圈梁	11	12			4	1	3																		
7	基础夯填回填土	125	126			6	1	21																		

图3-89　基础分部工程施工进度计划横道图

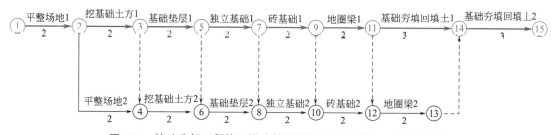

图3-90　基础分部工程施工进度计划网络图（粗线表示关键线路）

（2）框架混凝土（二层结平、屋面结平）

结平混凝土劳动量采用数 =66.29m³×0.043t/m³（计价表"附录一混凝土及钢筋混凝土构件模板、钢筋含量表"有梁板200mm内）×10.8工日/t（计价表5-1子目）+ 66.29m³×0.1t/m³×6.39工日/t（计价表5-2子目）+（66.29m³×8.07m²/m³÷10m²）×2.92工日（计价表21-59）+66.29m³×0.44工日/m³（计价表6-207子目）=30.785+42.359+156.208+29.168=258.52（工日）

楼梯混凝土劳动量采用数 =1.736m²×0.036t/m²（计价表"附录一混凝土及钢筋混凝土构件模板、钢筋含量表"直形楼梯）×10.8工日/t（计价表5-1子目）+1.736m²×0.084t/m²（计价表"附录一混凝土及钢筋混凝土构件模板、钢筋含量表"直形楼梯）×6.39工日/t（计价表5-2子目）+（17.36m²÷10m²）×9.51工日（计价表21-74子目）+（17.36m²÷10m²）×1.54工日（计价表6-213子目）=0.675+0.932+16.509+2.673=20.789（工日）

雨篷混凝土劳动量采用数 =1.2m²÷10m²×0.034t/m²（计价表"附录一混凝土及钢筋混凝土构件模板、钢筋含量表"雨篷复式）×10.8工日/t（计价表5-1子目）+ 1.2m²÷10m²×0.078t/m²（计价表"附录一混凝土及钢筋混凝土构件模板、钢筋含量表"雨篷复式）×6.39工日/t（计价表5-2子目）+1.2m²÷10m²×0.089工日（计价表6-216子目）+1.2m²÷10m²×6.63工日（计价表21-78子目）=0.044+0.060+0.011+0.796=0.911（工日）

$\sum$=280.22 工日，劳动量采用数 =280 工日

（3）脚手架搭设

综合脚手架，一层面积 =[（24.2-0.24）×2+（8.23-0.13-0.24-0.12）×2]×（5-0.12）=309.392（m²），二层面积 =[（24.2-0.24）×2+（8.23-0.13-0.24-0.12）×2]×（8.6-5-0.1）=221.9（m²），其劳动量计划数 =（309.392m²+221.9m²）×0.08 工日 /m²（计价表 20-1 子目）=42.503 工日

$\sum$=42.503 工日，劳动量采用数 =42 工日

（4）砖墙砌筑（两层）

构造柱混凝土劳动量计划数 = ①钢筋绑扎 3.59m³×0.038t/m³（计价表"附录一混凝土及钢筋混凝土构件模板、钢筋含量表"构造柱）×10.8 工日 /t（计价表 5-1 子目）+ 钢筋绑扎 3.59m³×0.088t/m³（计价表"附录一混凝土及钢筋混凝土构件模板、钢筋含量表"构造柱）×6.39 工日 /t（计价表 5-2 子目）+ ②支模板（3.59m³×11.1m²/m³÷10m²）×4.40 工日（计价表 21-32 子目）+ ③混凝土浇筑 3.59m³×3.25 工日 /m³（计价表 6-17 子目）=1.473+2.019+17.534+11.668=32.694（工日）

圈梁混凝土劳动量计划数 = ①钢筋绑扎 2.36m³×0.017t/m³（计价表"附录一混凝土及钢筋混凝土构件模板、钢筋含量表"圈梁）×10.8 工日 /t（计价表 5-1 子目）+ 钢筋绑扎 2.36m³×0.040t/m³（计价表"附录一混凝土及钢筋混凝土构件模板、钢筋含量表"圈梁）×6.39 工日 /t（计价表 5-2 子目）+ ②支模板（2.36m³×8.33m²/m³÷10m²）×2.76 工日（计价表 21-41 子目）+ ③混凝土浇筑 2.36m³×1.92 工日 /m³（计价表 6-21 子目）=0.433+0.603+5.426+4.531=10.993（工日）

砖墙砌筑劳动量计划数 =（59.74m³+11.94m³）×1.19 工日 /m³（计价表 4-21、4-23 子目）=85.30 工日

$\sum$=128.987 工日，劳动量采用数 =128 工日

（5）现浇屋面混凝土养护时间 14 天，一般 14 天（以拆模试块报告为准）后可以拆屋面底板模板，进行室内粉刷。

2. 计算主体分部工程工期

（1）流水节拍计算：流水节拍 $t=T/m$

一层柱：一班制，一班 7 人，T_1=（84÷2）/（1×7）=6（d），m=2，t_1=3d

二层结平：一班制，一班 20 人，m=1，t_2=T_2=（280÷2）/（1×20）=7（d）

脚手架搭设：一班制，一班 7 人，T_3=42/（1×7）=6（d），m=2，t_3=3d

二层柱：一班制，一班 7 人，T_4=（84÷2）/（1×7）=6（d），m=2，t_4=3d

屋面结平：一班制，一班 20 人，m=1，t_5=T_5=（280÷2）/（1×20）=7（d）

一层砖墙砌筑：一班制，一班 16 人，m=1，t_{6-1}=T_{6-1}=（128÷2）/（1×16）=4（d）

二层砖墙砌筑：一班制，一班 16 人，m=1，t_{6-2}=T_{6-2}=（128÷2）/（1×16）=4（d）

（2）计算进度表中各施工过程间的流水步距

K_{1-2}=3d；

K_{2-3}=0d（浇筑脚手架必须在二层结平钢筋绑扎前搭设到位）；

K_{2-4}=2d（二层柱须在二层结平浇筑完 2 天后才能上人作业）+$T_{二层结平}$=9d；

K_{4-5}=3d；

K_{5-6}=9d（一层墙体砌筑须在二层结平浇捣脚手架拆除后进行，一般在结平混凝土浇筑后 14 天，具体以拆模试块时间为准，即拆模试块试压强度达到拆模要求的可拆除模板支

撑；二层墙体砌筑须在屋面结平浇捣脚手架拆除后 14 天进行）。

（3）主体分部工程工期：$T=\sum K_i+\sum t_i^{zh}=3+9+3+9+16=40$（d）

3. 主体工程施工进度计划横道图（图 3-91）

序号	分部分项工程名称	劳动量/工日		工作延续天数/d	每天工作班数	每班工作人数/人	施工进度/d																										
		计划数	采用数				1	2	3	4	5	6	7	8	9	10	11	12	13	14	15	16	17	18	19	20	21	22	23	24	25	26	27	28	29/36	37	38	39	40
1	一层柱	42	42	6	1	7																																	
2	二层结平	140	140	7	1	20																																	
3	脚手架搭设	43	42	6	1	7																																	
4	二层柱	42	42	6	1	7																																	
5	屋面结平	140	140	7	1	20																																	
6	砖墙砌筑(浇捣脚手架拆除后才能施工)	129	128	8	1	16																																	

图3-91 主体工程施工进度计划横道图

4. 主体工程施工进度计划网络图（图 3-92）

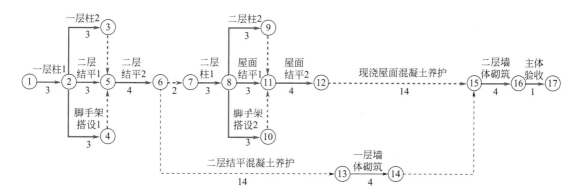

图3-92 主体工程施工进度计划网络图

（三）屋面分部工程施工进度计划确定

1. 计算劳动量

屋面工程量见附录二的总二车间扩建厂房工程预算书。

（1）保温层聚氯乙烯泡沫板（30mm 厚）劳动量计划数 =（184.56m^2÷10m^2）×0.8 工日（计价表 11-15 子目）=14.765 工日，劳动量采用数 =15 工日

（2）找平层（20mm 厚），劳动量计划数 =（184.56m^2×2÷10m^2）×0.48 工日（计价表 13-16 子目）=17.718 工日，劳动量采用数 =18 工日

（3）隔离层，劳动量计划数 =（184.56m^2÷10m^2）×0.28 工日（计价表 10-90 子目）= 5.168 工日，劳动量采用数 =6 工日

（4）刚性防水层，劳动量计划数 =184.56m^2÷10m^2×0.011t（计价表 "附录一混凝土及钢筋混凝土构件模板、钢筋含量表" 刚性屋面）×17.59 工日 /t（计价表 5-4 子目）+（184.56m^2÷10m^2）×1.74 工日（计价表 10-78 子目）=3.57+32.11=35.68 工日，劳动量采用数 =32 工日

（5）刚防层混凝土养护 14 天

（6）屋面验收：蓄水 2 天

2. 计算屋面分部工程工期

（1）施工段 m=1

（2）流水节拍计算：流水节拍 t=T/m

保温层：一班制，一班 15 人，t_1=T_1=15/（1×15）=1（d）

找平层：一班制，一班 9 人，t_2=T_2=18/（1×9）=2（d）

隔离层：一班制，一班 6 人，t_3=T_3=6/（1×6）=1（d）

刚性防水层：一班制，一班 16 人，t_4=T_4=32/（1×16）=2（d）

刚防层混凝土养护：t_5=T_5=14d

屋面验收：t_6=T_6=2d

（3）计算进度表中各施工过程间的流水步距：采用取大差法

K_{1-2}=1d，K_{2-3}=2d，K_{3-4}=1d，K_{4-5}=2d，K_{5-6}=14d

（4）计算屋面分部工程工期：$T=\sum K_i+\sum Z+\sum t_i^{zh}$

$\sum K_i$（表示流水步距之和）=$K_{1-2}+K_{2-3}+K_{3-4}+K_{4-5}$=20d

$\sum Z$（表示间隙时间之和）=0

$\sum t_i^{zh}$（表示最后一个施工过程在第 i 个施工段上的流水节拍）=2d

本屋面分部工程工期 T=20+2=22（d）

3. 屋面分部工程施工进度计划横道图（图 3-93）

4. 屋面工程施工进度计划网络图（图 3-94）

（四）装饰装修分部工程施工进度计划确定

1. 计算劳动量

装饰装修工程量见附录二的总二车间扩建厂房工程预算书。

（1）楼地面

C25 混凝土垫层体积 [24×7.69+（24.2+1.8+8.23）×1.8m^2]×0.15m=36.93m^3，劳动量计划数 =36.93m^3×1.29 工日 /m^3（计价表 13-11 子目）=47.6397 工日

序号	分部分项工程名称	劳动量/工日		工作延续天数/d	每天工作班数	每班工作人数/人	施工进度/d								
		计划数	采用数				1	2	3	4	5	6	7～20	21	22
1	保温层	15	15	1	1	15									
2	找平层	18	18	2	1	9									
3	隔离层	5	6	1	1	6									
4	刚性防水层	36	32	2	1	16									
5	刚防层混凝土养护	—	—	14	—	—									
6	屋面验收	—	—	2	—	—									

图3-93　屋面分部工程施工进度计划横道图

图3-94　屋面工程施工进度计划网络图

耐磨地坪面层面积 24×7.69+（24.2+1.8+8.23）×1.8=246.17（m^2），劳动量计划数 =246.17 m^2/10m^2×0.90 工日（计价表 12-33 子目）=22.1553 工日

地砖踢脚线劳动量计划数 =（6.66m^2+206.8m^2）/10m^2×0.98 工日（计价表 13-95 子目）=20.919 工日

水磨石面层劳动量计划数 =163.76m^2÷10m^2×5.24 工日（计价表 13-31 子目）=85.810 工日

∑=176.524 工日，劳动量采用数 =176 工日

（2）室外抹灰

外墙抹灰劳动量计划数 =283.63m^2÷10m^2×1.78 工日（计价表 14-10 子目）=50.486 工日

雨篷抹灰劳动量计划数 =12m^2÷10m^2×7.78 工日（计价表 14-14 子目）=9.336 工日

∑=59.822 工日，劳动量采用数 =64 工日

（3）室内抹灰

砖内墙面抹灰劳动量计划数 =741.26m^2÷10m^2×1.58 工日（计价表 14-11 子目）=117.119 工日

梁柱面抹灰劳动量计划数 =260.92m^2÷10m^2×2.19 工日（计价表 14-23 子目）=57.141 工日

天棚抹灰劳动量计划数 =369.38m^2÷10m^2×1.36 工日（计价表 15-87 子目）=50.236 工日

$\sum=224.496$ 工日，劳动量采用数 =225 工日

（4）门窗扇安装

塑钢窗扇（13 樘，面积 $3.6\times3\times2+1.5\times0.9\times2+3.6\times1.8\times4+1.8\times1.8\times4+0.9\times1.8=64.8m^2$）安装劳动量计划数 $=64.8m^2/10m^2\times4.28$ 工日（计价表 16-11 子目）$=27.734$ 工日

门扇安装劳动量计划数 = ① $6.615m^2$（企口板门面积 $6.615m^2=1\times2.1\times2+1.15\times2.1$）/ $10m^2\times(0.99+1.77+0.53+0.96)$ 工日（计价表 16-224 子目）+ ② $30.3m^2$（厂库房全板钢大门门扇面积 $30.3m^2=3\times4.42\times2+1.8\times2.1$）/$10m^2\times(12.64+1.53)$ 工日（计价表 8-9～计价表 8-10 子目）$=2.811+42.935=45.746$（工日）

$\sum=73.480$ 工日，劳动量采用数 =74 工日

（5）室外涂料，劳动量计划数 =（$283.63m^2+12m^2$）$\div10m^2\times0.90$ 工日（计价表 17-197 子目）$=26.6067$ 工日，劳动量采用数 =30 工日

（6）室内涂料，劳动量计划数 $1383.906m^2$（面积 $1383.906m^2=$ 内墙面 $741.126m^2$+ 天棚 $381.86m^2$+ 梁柱面 $260.92m^2$）$\div10m^2\times1.03$ 工日（计价表 17-176 子目）$=142.542$ 工日，劳动量采用数 =144 工日

（7）室外工程

室外散水劳动量计划数 $=18.31m^2\div10m^2\times2.33$ 工日（计价表 13-163 子目）$=4.266$ 工日

现浇坡道劳动量计划数 $=19.36m^2\div10m^2\times2.66$ 工日（计价表 13-164 子目）$=5.150$ 工日

$\sum=9.416$ 工日，劳动量采用数 =10 工日

2. 计算装饰装修分部工程工期

（1）流水节拍计算：流水节拍 $t=T/m$

楼地面：一班制，一班 22 人，$T_1=176/(1\times22)=8$（d），$m=2$，$t_1=8/2=4$（d）

室外抹灰：一班制，一班 8 人，$T_2=64/(1\times8)=8$（d），$m=2$，$t_2=8/2=4$（d）

室内抹灰：一班制，一班 22 人，$T_3=225/(1\times22)=10$（d），$m=2$，$t_3=10/2=5$（d）

门窗扇安装：一班制，一班 12 人，$T_4=74/(1\times12)=6$（d），$m=2$，$t_4=6/2=3$（d）

室外涂料：一班制，一班 5 人，$T_5=30/(1\times5)=6$（d），$m=2$，$t_5=6/2=3$（d）

室内涂料：一班制，一班 18 人，$T_6=144/(1\times18)=8$（d），$m=2$，$t_6=8/2=4$（d）

室外工程：一班制，一班 5 人，$m=1$，$t_7=T_7=10/(1\times5)=2$（d）

（2）计算进度表中各施工过程间的流水步距：$\sum K_i=4+5+3+6=18$（d）

$K_{1-2}=4d$，$K_{2-3}=0d$（考虑到本工程工期较紧张，故安排室内外抹灰同步进行）；

$K_{3-4}=5d$，$K_{4-5}=3d$，$K_{5-6}=0d$（工期紧张，安排室内外涂料同步进行）；

$K_{6-7}=T_5=6d$（室外工程在室外涂料结束后即进行）。

（3）装饰装修分部工程工期：$T=\sum K_i+\sum t_i^{zh}=18+2=20$（d）

3. 装饰装修分部工程施工进度计划横道图（图 3-95）

4. 装饰装修工程施工进度计划网络图（图 3-96）

序号	分部分项工程名称	劳动量/工日		工作延续天数/d	每天工作班数	每班工作人数/人	施工进度/d
		计划数	采用数				1 2 3 4 5 6 7 8 9 10 11 12 13 14 15 16 17 18 19 20
1	楼地面	177	176	8	1	22	
2	室外抹灰	60	64	8	1	8	
3	室内抹灰	225	225	10	1	22	
4	门窗扇安装	74	74	6	1	12	
5	室外涂料	27	30	6	1	5	
6	室内涂料	143	144	8	1	18	
7	室外工程	10	10	2	1	5	

图3-95　装饰装修分部工程施工进度计划横道图

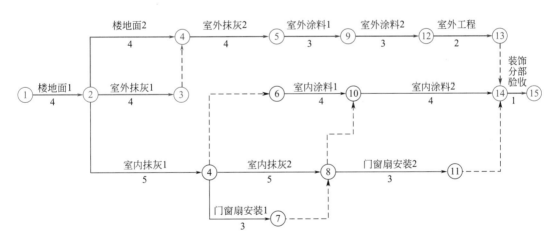

图3-96　装饰装修工程施工进度计划网络图

（五）本工程施工总进度计划横道图（图3-97）

（六）本工程施工总进度计划网络图（图3-98）

总二车间扩建厂

序号	分部分项工程名称		工作延续天数	每天工作班数	每班工作人数	施工																																		
						1	2	3	4	5	6	7	8	9	10	11	12	13	14	15	16	17	18	19	20	21	22	23	24	25	26	27	28	29	30	31	32	33	34	35
1	基础工程	平整场地	4	1	6																																			
2		挖基础土方	4	1																																				
3		基础垫层	4	1	7																																			
4		独立基础	4	1	9																																			
5		砖基础	4	1	5																																			
6		地圈梁	4	1	3																																			
7		基础夯填回填土	6	1	21																																			
8		基础验收	1																																					
9	主体工程	一层柱	6	1	7																																			
10		二层结平	7	1	20																																			
11		脚手架搭设	6	1	7																																			
12		二层柱	6	1	7																																			
13		屋面结平	7	1	20																																			
14		砖墙砌筑	8	1	16																																			
15		主体验收	1																																					
16	屋面工程	保温层	1	1	15																																			
17		找平层	2	1	9																																			
18		隔离层	1	1	6																																			
19		刚性防水层	2	1	16																																			
20		刚防层混凝土养护	14																																					
21		屋面验收	2																																					
22	装饰装修工程	楼地面	8	1	22																																			
23		室外抹灰	8	1	8																																			
24		室内抹灰	10	1	22																																			
25		门窗扇安装	6	1	12																																			
26		室外涂料	6	1	5																																			
27		室内涂料	8	1	18																																			
28		室外工程	2	1	5																																			
29		分部验收	1																																					
30	水电安装		75																																					
31	其他零星收尾		2																																					
32	竣工验收		1																																					

图3-97 施工总进度

房施工进度计划

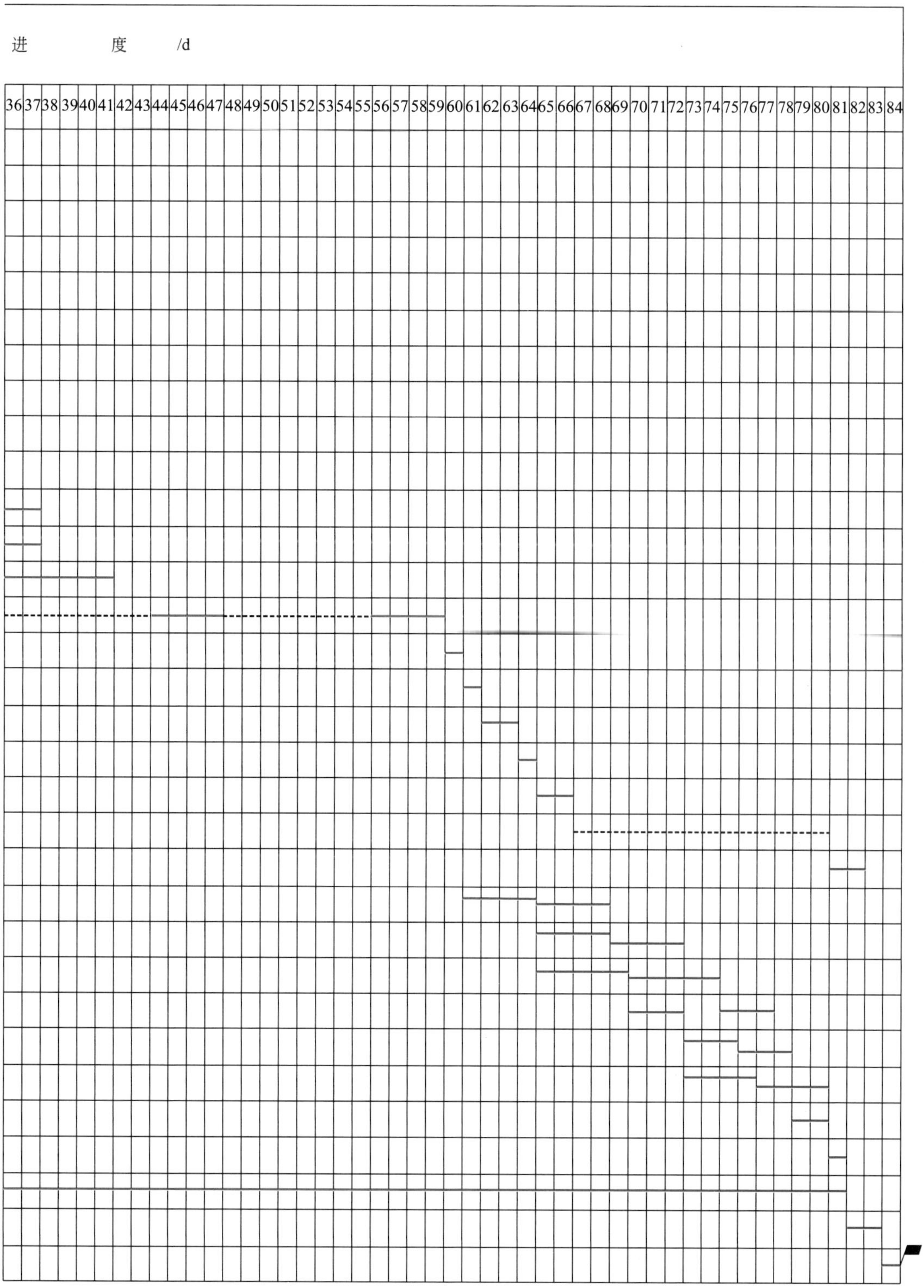

进　　　度　　　/d

36	37	38	39	40	41	42	43	44	45	46	47	48	49	50	51	52	53	54	55	56	57	58	59	60	61	62	63	64	65	66	67	68	69	70	71	72	73	74	75	76	77	78	79	80	81	82	83	84

计划横道图

总二车间扩建厂房工

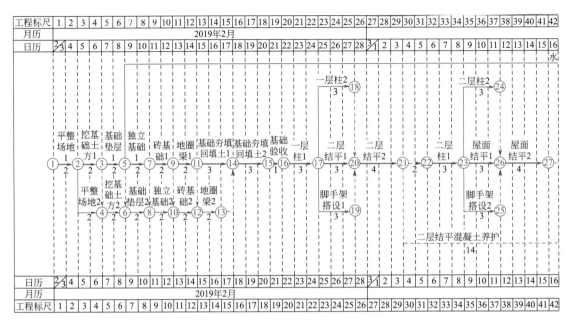

图3-98　施工总进度

小　结

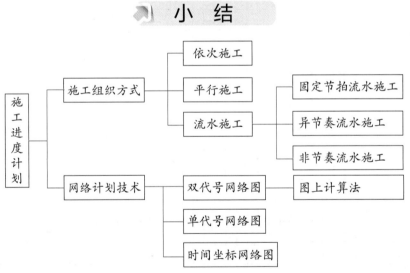

综合训练

训练目标：编制单位工程施工进度计划。

训练准备：见附录三柴油机试验站辅房及浴室工程图纸、工程预算书、工程合同。

训练步骤：

① 划分施工过程；

② 划分施工段；

③ 计算工程量（或套用工程量）；

④ 计算劳动量、确定机械台班；

程施工进度计划网络图

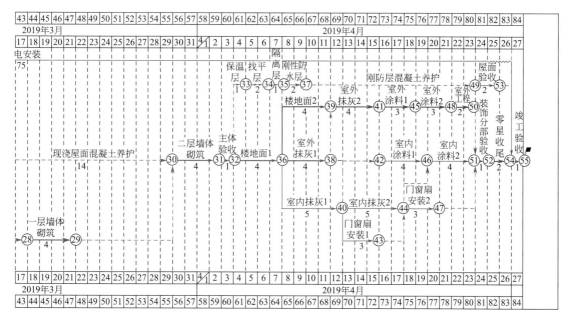

计划网络图

⑤ 确定流水节拍、流水步距、工期；

⑥ 绘制单位工程施工进度计划（横道图、网络图）；

⑦ 编制资源需要量计划。

能力训练题

一、单项选择题

1. 流水作业是施工现场控制施工进度的一种经济效益很好的方法，相比之下在施工现场应用最普遍的流水形式是（ ）。

　　A. 非节奏流水　　　　　　　　B. 加快成倍节拍流水

　　C. 固定节拍流水　　　　　　　D. 一般成倍节拍流水

2. 流水施工组织方式是施工中常采用的方式，因为（ ）。

　　A. 它的工期最短　　　　　　　B. 现场组织、管理简单

　　C. 能够实现专业工作队连续施工　D. 单位时间投入劳动力、资源量最少

3. 在组织流水施工时，（ ）称为流水步距。

　　A. 某施工专业队在某一施工段的持续工作时间

　　B. 相邻两个专业工作队在同一施工段开始施工的最小间隔时间

　　C. 某施工专业队在单位时间内完成的工程量

　　D. 某施工专业队在某一施工段进行施工的活动空间

4. 下面所表示流水施工参数正确的一组是（ ）。

　　A. 施工过程数、施工段数、流水节拍、流水步距

　　B. 施工队数、流水步距、流水节拍、施工段数

C. 搭接时间、工作面、流水节拍、施工工期

D. 搭接时间、间歇时间、施工队数、流水节拍

5. 在组织施工的方式中，占用工期最长的组织方式是（　　）施工。

A. 依次　　　　B. 平行　　　　C. 流水　　　　D. 搭接

6. 每个专业工作队在各个施工段上完成其专业施工过程所必需的持续时间是指（　　）。

A. 流水强度　　B. 时间定额　　C. 流水节拍　　D. 流水步距

7. 某专业工种所必须具备的活动空间指的是流水施工空间参数中的（　　）。

A. 施工过程　　B. 工作面　　C. 施工段　　D. 施工层

8. 有节奏的流水施工是指在组织流水施工时，每一个施工过程的各个施工段上的（　　）都各自相等。

A. 流水强度　　B. 流水节拍　　C. 流水步距　　D. 工作队组数

9. 固定节拍流水施工属于（　　）。

A. 无节奏流水施工　　　　　　　　B. 异节奏流水施工

C. 等节奏流水施工　　　　　　　　D. 异步距流水施工

10. 在流水施工中，不同施工过程在同一施工段上流水节拍之间成比例关系，这种流水施工称为（　　）。

A. 等节奏流水施工　　　　　　　　B. 等步距异节奏流水施工

C. 异步距异节奏流水施工　　　　　D. 无节奏流水施工

11. 某二层现浇钢筋混凝土建筑结构的施工，其主体工程由支模板、绑钢筋和浇混凝土3个施工过程组成，每个施工过程在施工段上的延续时间均为5天，划分为3个施工段，则总工期为（　　）天。

A. 35　　　　　B. 40　　　　　C. 45　　　　　D. 50

12. 某工程由4个分项工程组成，平面上划分为4个施工段，各分项工程在各施工段上流水节拍均为3天，该工程工期（　　）天。

A. 12　　　　　B. 15　　　　　C. 18　　　　　D. 21

13. 某工程由支模板、绑钢筋、浇筑混凝土3个分项工程组成，它在平面上划分为6个施工段，该3个分项工程在各个施工段上流水节拍依次为6天、4天和2天，则其工期最短的流水施工方案为（　　）天。

A. 18　　　　　B. 20　　　　　C. 22　　　　　D. 24

14. 上题中，若工作面满足要求，把支模板工人数增2倍，绑钢筋工人数增加1倍，混凝土工人数不变，则最短工期为（　　）天。

A. 16　　　　　B. 18　　　　　C. 20　　　　　D. 22

15. 建设工程组织流水施工时，其特点之一是（　　）。

A. 由一个专业队在各施工段上依次施工

B. 同一时间段只能有一个专业队投入流水施工

C. 各专业队按施工顺序应连续、均衡地组织施工

D. 施工现场的组织管理简单，工期最短

16. 双代号网络计划中（　　）表示前面工作的结束和后面工作的开始。

A. 起始节点　　B. 中间节点　　C. 终止节点　　　　D. 虚拟节点

17. 网络图中同时存在n条关键线路，则n条关键线路的持续时间之和（　　）。

A. 相同　　　　B. 不相同　　　C. 有一条最长的　　D. 以上都不对

18. 单代号网络图的起点节点可（　　）。

A. 有1个虚拟　　B. 有2个　　C. 有多个　　　　　D. 编号最大

19. 在时标网络计划中"波折线"表示（　　）。

A. 工作持续时间　B. 虚工作　　C. 前后工作的时间间隔　　D. 总时差

20. 时标网络计划与一般网络计划相比其优点是（　　）。

　　A. 能进行时间参数的计算　　　　　　　B. 能确定关键线路

　　C. 能计算时差　　　　　　　　　　　　D. 能增加网络的直观性

21.（　　）为零的工作肯定在关键线路上。

　　A. 自由时差　　　　B. 总时差　　　　C. 持续时间　　　　D. 以上三者均

22. 在工程网络计划中，判别关键工作的条件是该工作（　　）。

　　A. 自由时差最小　　B. 与其紧后工作之间的时间间隔为零

　　C. 持续时间最长　　D. 最早开始时间等于最迟开始时间

23. 当双代号网络计划的计算工期等于计划工期时，对关键工作的错误认识是（　　）。

　　A. 关键工作的自由时差为零　　　　　　B. 相邻两项关键工作之间的时间间隔为零

　　C. 关键工作的持续时间最长　　　　　　D. 关键工作的最早开始时间与最迟开始时间相等

24. 网络计划工期优化的目的是缩短（　　）。

　　A. 计划工期　　　　B. 计算工期　　　　C. 要求工期　　　　D. 合同工期

25. 某工程双代号时标网络计划如图3-99所示，其中工作A的总时差为（　　）天。

　　A. 0　　　　　　　　B. 1　　　　　　　　C. 2　　　　　　　　D. 3

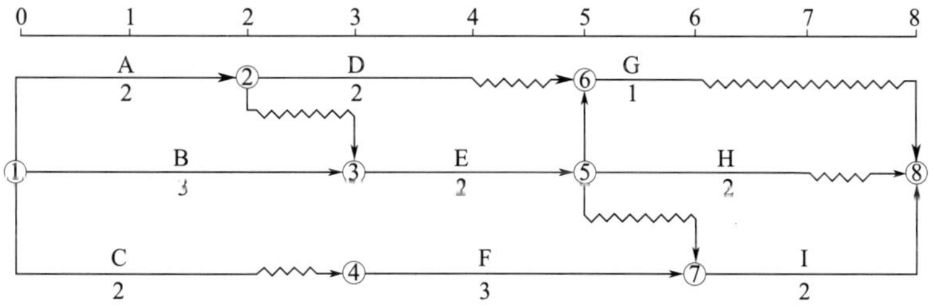

图3-99　某工程双代号时标网络计划图

26. 已知某工程双代号网络计划的计划工期等于计算工期，且工作M的完成节点为关键节点，则该工作
（　　）。

　　A. 为关键工作　　　　　　　　　　　　B. 自由时差等于总时差

　　C. 自由时差为零　　　　　　　　　　　D. 自由时差小于总时差

27. 网络计划中工作与其紧后工作之间的时间间隔应等于该工作紧后工作的（　　）。

　　A. 最早开始时间与该工作最早完成时间之差

　　B. 最迟开始时间与该工作最早完成时间之差

　　C. 最早开始时间与该工作最迟完成时间之差

　　D. 最迟开始时间与该工作最迟完成时间之差

28. 在工程网络计划执行过程中，如果发现某工作进度拖后，则受影响的工作一定是该工作的（　　）。

　　A. 平行工作　　　　B. 后续工作　　　　C. 先行工作　　　　D. 紧前工作

29. 工程网络计划费用优化的目的是寻求（　　）。

　　A. 资源有限条件下的最短工期安排　　　B. 工程总费用最低时的工期安排

　　C. 满足要求工期的计划安排　　　　　　D. 资源使用的合理安排

30. 在双代号时标网络计划中，当某项工作有紧后工作时，则该工作箭线上的波形线表示（　　）。

　　A. 工作的总时差　　　　　　　　　　　B. 工作之间的时距

　　C. 工作的自由时差　　　　　　　　　　D. 工作间逻辑关系

31. 在双代号或单代号网络计划中，工作的最早开始时间应为其所有紧前工作（　　）。

　　A. 最早完成时间的最大值　　　　　　B. 最早完成时间的最小值

　　C. 最迟完成时间的最大值　　　　　　D. 最迟完成时间的最小值

32. 在工程网络计划中，工作的自由时差是指在不影响（　　）的前提下，该工作可以利用的机动时间。

　　A. 紧后工作最早开始　　　　　　　　B. 后续工作最迟开始

　　C. 紧后工作最迟开始　　　　　　　　D. 本工作最早完成时间推迟5天，并使总工期延长3天

33. （　　）是基层施工单位编制季度、月度、旬施工作业计划的主要依据。

　　A. 施工组织总设计　　　　　　　　　B. 单位工程施工组织设计

　　C. 分部工程施工组织设计　　　　　　D. 分项工程施工组织设计

34. 单位工程施工进度计划是（　　）进度计划。

　　A. 控制性　　　　B. 指导性　　　　C. 有控制性、也有指导性　　D. 研究性

35. 确定劳动量应采用（　　）。

　　A. 预算定额　　　　B. 施工定额　　　　C. 国家定额　　　　D. 地区定额

36. 当某一施工过程是由同一工种、不同做法、不同材料的若干个分项工程合并组成时，应先计算（　　），再求其劳动量。

　　A. 产量定额　　　　B. 时间定额　　　　C. 综合产量定额　　　D. 综合时间定额

37. 劳动力需用量计划一般要求（　　）编制。

　　A. 按年编制　　　　B. 按季编制　　　　C. 按月分旬编制　　　D. 按周编制

二、多项选择题

1. 组织流水施工时，划分施工段的原则是（　　）。

　　A. 能充分发挥主导施工机械的生产效率　　　B. 根据各专业队的人数随时确定施工段的段界

　　C. 施工段的段界尽可能与结构界限相吻合　　　D. 划分施工段只适用于道路工程

　　E. 施工段的数目应满足合理组织流水施工的要求

2. 建设工程组织依次施工时，其特点包括（　　）。

　　A. 没有充分地利用工作面进行施工，工期长

　　B. 如果按专业成立工作队，则各专业队不能连续作业

　　C. 施工现场的组织管理工作比较复杂

　　D. 单位时间内投入的资源量较少，有利于资源供应的组织

　　E. 相邻两个专业工作队能够最大限度地搭接作业

3. 建设工程组织流水施工时，相邻专业工作队之间的流水步距不尽相等，但专业工作队数等于施工过程数的流水施工方式是（　　）。

　　A. 固定节拍流水施工和加快的成倍节拍流水施工

　　B. 加快的成倍节拍流水施工和非节奏流水施工

　　C. 固定节拍流水施工和一般的成倍节拍流水施工

　　D. 一般的成倍节拍流水施工和非节奏流水施工

　　E. 固定节拍流水施工

4. 施工段是用以表达流水施工的空间参数。为了合理地划分施工段，应遵循的原则包括（　　）。

　　A. 施工段的界限与结构界限无关，但应使同一专业工作队在各个施工段的劳动量大致相等

　　B. 每个施工段内要有足够的工作面，以保证相应数量的工人、主导施工机械的生产效率，满足合理劳动组织的要求

　　C. 施工段的界限应设在对建筑结构整体性影响小的部位，以保证建筑结构的整体性

　　D. 每个施工段要有足够的工作面，以满足同一施工段内组织多个专业工作队同时施工的要求

E. 施工段的数目要满足合理组织流水施工的要求，并在每个施工段内有足够的工作面

5. 某分部工程双代号网络计划如图3-100所示，其作图错误包括（　　）。

A. 有多个起点节点　　　B. 有多个终点节点　　　C. 存在循环回路

D. 工作代号重复　　　　E. 节点编号有误

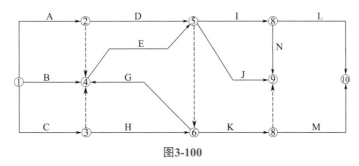

图3-100

6. 在网络计划的工期优化过程中，为了有效地缩短工期，应选择（　　）的关键工作作为压缩对象。

A. 持续时间最长　　　　B. 缩短时间对质量影响不大　　　C. 直接费用最小

D. 直接费用率最小　　　E. 有充足备用资源

7. 某分部工程双代号网络图如图3-101所示，其作图错误表现为（　　）。

A. 有多个起点节点　　　B. 有多个终点节点　　　C. 节点编号有误

D. 存在循环回路　　　　E. 有多余虚工作

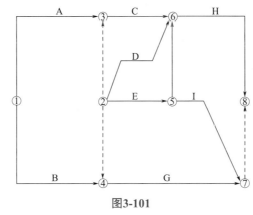

图3-101

8. 在工程网络计划中，关键线路是指（　　）的线路。

A. 双代号网络计划中总持续时间最长　　　　B. 相邻两项工作之间时间间隔均为零

C. 单代号网络计划中由关键工作组成　　　　D. 时标网络计划中自始至终无波形线

E. 双代号网络计划中由关键节点组成

9. 在工程双代号网络计划中，某项工作的最早完成时间是指其（　　）。

A 开始节点的最早时间与工作总时差之和　　　B. 开始节点的最早时间与工作持续时间之和

C. 完成节点的最迟时间与工作持续时间之差　　　D. 完成节点的最迟时间与工作总时差之差

E. 完成节点的最迟时间与工作自由时差之差

10. 已知网络计划中工作M有两项紧后工作，这两项紧后工作的最早开始时间分别为第15天和第18天，工作M的最早开始时间和最迟开始时间分别为第6天和第9天。如果工作M的持续时间为9天。则工作M（　　）。

A. 总时差为3天　　　　B. 自由时差为0天　　　　C. 总时差为2天

D. 自由时差为2天　　　E. 与紧后工作时间间隔分别为0天和3天

11. 施工过程持续时间的确定方法有（　　　）。

    A. 经验估计法   B. 定额计算法   C. 工期倒排法

    D. 累加数列法   E. 三时估计法

12. 编制资源需用量计划包括（　　　）。

    A. 劳动力需用量计划   B. 主要材料需用量计划   C. 机具名称需用量计划

    D. 预制构件需用量计划   E. 周转材料需要量计划

三、案例题

1. 已知某工程由 A、B、C 三个分项工程组成，各工序流水节拍分别为：$t_A=6d$，$t_B=4d$，$t_C=2d$，共分 6 个施工段，现为了加快施工进度，请组织流水施工并绘进度计划表。

2. 已知 A、B、C、D 四个过程，分四段施工，流水节拍分别为：$t_A=2d$，$t_B=3d$，$t_C=1d$，$t_D=5d$，且 A 完成后有 2d 的技术间歇时间，C 与 B 之间有 1d 的搭接时间，请绘制进度表。

3. 请绘制某二层现浇混凝土楼盖工程的流水施工进度表。

已知框架平面尺寸 17.4m×144m，沿长度方向每隔 48m 留设伸缩缝一道，各层施工过程的流水节拍为：$t_模=4d$，$t_筋=2d$，$t_{混凝土}=2d$，层间技术间歇（混凝土浇筑后在其上立模的技术要求）为 2d，求：

（1）按一般流水施工方式，求工期且绘制流水施工计划表。

（2）若采用成倍节拍流水组织方式，求工期且绘制流水施工计划表。

四、计算题

1. 请根据表 3-25 的逻辑关系绘制单代号网络图。

表 3-25

工作名称	A	B	C	D	E	F	G	H	I	J	K	L	M	N	Q
紧后工作	B、C、D	E	F	G	H、I	I	J	L、K	M、L	M	N	N、Q	Q	—	—

2. 请根据表 3-26 的逻辑关系绘制双代号网络图。

表 3-26

工作名称	A	B	C	D	E	F	G	H	I
紧后工作	B、C	D、E、F	E、F	G	G	H	I	I	I

3. 各项工作的逻辑关系见表 3-27，绘制其单代号网络图和双代号网络图。

表 3-27

工作名称	A	B	C	D	E	F
紧前工作	—	—	A	A、B	C	C、D
持续时间	2	3	3	3	2	3

4. 已知各项工作的逻辑关系表 3-28，试绘制单代号网络计划和双代号网络计划。

表 3-28

工作名称	A	B	C	D	E	F	G	I
紧前工作	—	—	A、B	C	C	E	E	D、G

5. 已知各项工作的逻辑关系见表3-29，试绘制单代号网络计划。

表3-29

工作名称	A	B	C	D	E	F	G	I	J	K	N
紧前工作	—	—	B、E	A、C、N	—	B、E	E	F、G	A、C、N、I	F、G	F、G

6. 根据图3-102的双代号网络图中的信息，计算各工作时间参数（ES、EF、LS、LF、TF、FF）、总工期，并标出关键工作和关键线路。其中挖土、基础和回填土的流水节拍分别是4d、1d和2d。

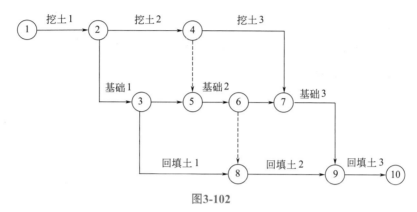

图3-102

7. 根据图3-103的双代号网络图中的信息，用图上计算法计算各工作时间参数（ES、EF、LS、LF、TF、FF）、总工期，并标出关键工作和关键线路。

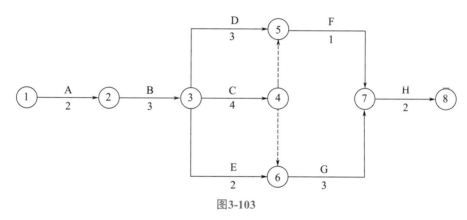

图3-103

8. 绘制图3-104网络图的早时标网络图。

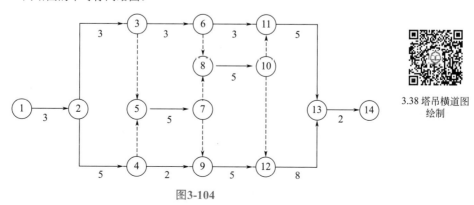

图3-104

3.38 塔吊横道图绘制

项目四

绘制单位工程施工平面图

<table>
<tr><td>知识目标</td><td>• 了解单位工程施工平面图的设计内容
• 了解单位工程施工平面图设计的依据
• 理解单位工程施工平面图设计的基本原则
• 掌握单位工程施工平面图设计的步骤</td></tr>
<tr><td>能力目标</td><td>• 能写出单位工程施工平面图的设计内容、单位工程施工平面图设计的依据
• 能解释单位工程施工平面图设计的基本原则
• 能应用给定的条件确定单位工程施工平面图设计</td></tr>
<tr><td>素质目标</td><td>• 科学精神，安全标准
• 规范意识，责任意识</td></tr>
</table>

　　施工平面布置图是建筑工程施工组织设计中三大核心内容之一，是施工前期的一个重要环节。它是施工过程空间组织的图解形式，用以表达现有地形地物、拟建构筑物、为施工服务的各类临时设施、运输道路机械设备等的平面位置。建筑工程施工现场为露天作业，占地面积大，功能分区复杂，容纳的人员众多，因此必须对施工现场用地进行科学的组织和规划，否则会造成施工过程的混乱，影响工程进度并增加造价，甚至发生重大安全事故。

如塔式起重机械位置的不合理，使得进场材料需要二次搬运；材料堆场布置混乱，增加对材料识别的困难，并留下诸多安全隐患；消防设施不按要求设置，引起的火灾；电线的乱搭乱接，导致的人身安全事故等。这就要求施工管理者任何时候、任何情况都不能掉以轻心，始终抱着工程建设无小事的初心，才能成为一名合格的工程人。

为什么要绘制施工平面图？
——理想的动线可以提升效率，确保施工过程的顺利进行

可以把施工现场想像成居住的小家；工作了一天，当回到家中，第一件事就是脱下外衣、换上拖鞋，如果一进门是厨房，妈妈正在忙碌地准备着晚饭，而你要穿过厨房才能走到鞋框衣柜那里换衣服，是不是非常不方便？

施工现场的布置也是同样，怎么安排各种机械和物料，让人、车、机械在施工的时候可以高效地发挥作用，不打架、不绕路、不重复劳动、不因为动线交叉产生麻烦，进而提升工作效率，减少成本支出，这就是施工平面图的作用。

4.1 单位工程施工平面图概述

项目分析

　　工程项目的施工现场是施工单位进行项目建设的主要场所。进行现场规划及设施布置目的是形成一个良好和文明的工作环境，以便最大程度地提高工作效率。因此在施工组织设计中，对施工平面图的设计应予高度重视。施工平面图一般需按施工阶段来编制，如基础施工平面图、主体结构施工平面图和装修工程平面图等，用以指导各个阶段的施工活动。

工作过程

　　熟悉图纸、熟悉施工说明，了解建设单位、施工单位的情况，了解现场情况等。具体编写内容如下：
　　① 确定起重及垂直运输机械的位置。
　　② 确定搅拌站、仓库和材料、构件堆场位置。
　　③ 确定运输道路的布置。
　　④ 确定临时设施的布置。

相关知识

一、单位工程施工平面图的设计内容

　　施工平面图是单位工程施工组织设计的重要组成部分，是对一个建筑物的施工现场的平面规划和空间布置的图示。它是根据工程规模、特点和施工现场的条件，按照一定的设计原则，来正确地解决施工期间所需的各种暂设工程和其他业务设施等永久性建筑物和拟建工程之间的合理的位置关系。它布置是否合理、执行和管理的好坏，对施工现场组织正

常生产、文明施工以及对工程进度、工程成本、工程质量和施工安全等都将产生重要的影响。因此，在施工组织设计中应对施工现场平面布置进行仔细研究和周密地规划。单位工程施工平面图的绘制比例一般为1∶200～1∶500。

组织拟建工程的施工，施工现场必须具备一定的施工条件，除了做好必要的"三通一平"工作之外，还应布置施工机械、临时堆场、仓库、办公室等生产性和非生产性临时设施，这些设施均应按照一定的原则，结合拟建工程的施工特点和施工现场的具体条件，作出合理、适用、经济的平面布置和空间规划方案。对规模不大的混合结构和框架结构工程，由于工期不长，施工也不复杂。因此，这些工程往往只需反映其主要施工阶段的现场平面规划布置，一般是考虑主体结构施工阶段的施工平面布置，当然也要兼顾其他施工阶段的需要。如混合结构工程的施工，在主体结构施工阶段要反映在施工平面图上的内容最多，但随着主体结构施工的结束，现场砌块、构件等的堆场将空出来，某些大型施工机械将拆除退场，施工现场也就变得宽松了，但应注意是否增加砂浆搅拌机的数量和相应堆场的面积。

单位工程施工平面图一般包括以下内容。

① 单位工程施工区域范围内，将已建的和拟建的地上的、地下的建筑物及构筑物的平面尺寸、位置标注出来，并标注出河流、湖泊等的位置和尺寸以及指北针、风向玫瑰图等。

② 拟建工程所需的起重机械、垂直运输设备、搅拌机械及其他机械的布置位置，起重机械开行的线路及方向等。

③ 施工道路的布置、现场出入口位置等。

④ 各种预制构件堆放及预制场地所需面积、布置位置；材料堆场的占地面积、位置的确定；仓库面积和位置的确定；装配式结构构件的就位位置的确定。

⑤ 生产性及非生产性临时设施的名称、面积、位置的确定。

⑥ 临时供电、供水、供热等管线的布置；水源、电源、变压器位置确定；现场排水沟渠及排水方向的考虑。

⑦ 土方工程的弃土及取土地点等有关说明。

⑧ 劳动保护、安全、防火及防洪设施布置以及其他需要的布置内容。

二、单位工程施工平面图的设计依据

你知道吗？故宫是"漂来的"。

故宫被称为"殿宇之海"。如此宏伟的建筑，仅靠北京本地的建筑材料，肯定是不够的。那么如此庞大的砖石、木料，在没有汽车、火车的古代，是怎么运到北京的呢？其实，它们大部分是通过京杭大运河"漂"来的。建造者充分利用了从南到北的地质水系特点，把云贵等地的巨大木材，砍伐之后通过当地河道转入长江，再漂至京杭大运河，最终漂到北京的通州码头，从而大大节约了时间和运输成本。从整个布局来看，可以说是了不起的施工动线设计了。

施工平面图应根据施工方案和施工进度计划的要求进行设计。施工组织设计人员必须在踏勘现场，取得施工环境第一手资料的基础上，认真研究以下有关资料，然后才能做出施工平面图的设计方案。具体资料如下。

① 施工组织设计文件（当单位工程为建筑群的一个工程项目时）及原始资料。

② 建筑平面图，了解一切地上、地下拟建和已建的房屋与构筑物的位置。

③ 一切已有和拟建的地上、地下管道布置资料。

④ 建筑区域的竖向设计资料和土方调配平衡图。

⑤ 各种材料、半成品、构件等的用量计划。

⑥ 建筑施工机械、模具、运输工具的型号和数量。

⑦ 建设单位可为施工提供原有房屋及其他生活设施的情况。

三、单位工程施工平面图的设计原则

① 在保证工程顺利进行的前提下，平面布置应力求紧凑。

② 尽量减少场内二次搬运，最大限度缩短工地内部运距，各种材料、构件、半成品应按进度计划分批进场，尽量布置在使用点附近，或随运随吊。

③ 力争减少临时设施的数量，并采用技术措施使临时设施装拆方便，能重复使用，省时并能降低临时设施费用。

④ 符合环保、安全和防火要求。

为了保证施工的顺利进行，应注意施工现场的道路畅通，机械设备的钢丝绳、电缆、缆风绳等不得妨碍交通。对人体有害的设施（如沥青炉、石灰池等）应布置在下风向。在建筑工地内尚应布置消防设施。在山区及江河边的工程还须考虑防洪等特殊要求。

四、单位工程施工平面图的设计步骤

1. 确定起重机械的位置

起重机械的位置直接影响仓库、堆场、砂浆和混凝土制备站的位置，以及道路和水、电线路的布置等。因此应予以首先考虑。

布置固定式垂直运输设备，例如井架、龙门架、施工电梯等，主要根据机械性能、建筑物的平面和大小、施工段的划分、材料进场方向和道路情况而定。其目的是充分发挥起重机械的能力并使地面和楼面上的水平运距最小。一般说来，当建筑物各部位的高度相同时，尽量布置在建筑物的中部，但不要放在出入口的位置；当建筑物各部位的高度不同时，布置在高的一侧。若有可能，井架、龙门架、施工电梯的位置，以布置在建筑的窗口处为宜，以避免砌墙留槎和减少井架拆除后的修补工作。固定式起重运输设备中卷扬机的位置不应距离起重机过近，以便司机的视线能够看到起重机的整个升降过程。

建筑物的平面应尽可能处于吊臂回转半径之内，以便直接将材料和构件运至任何施工地点，尽量避免出现"死角"（见图4-1）。塔式起重机的安装位置，主要取决于建筑物的平面布置、形状、高度和吊装方法等。塔吊离建筑物的距离（B）应该考虑脚手架的宽度、建筑物悬挑部位的宽度、安全距离、回转半径（R）等内容。

4.2 布置垂直运输设备1

4.3 布置垂直运输设备2

4.4 确定储备筒、加工棚和材料、构件堆场位置

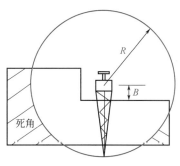

图4-1　塔吊布置方案

2. 确定预拌砂浆储备筒、仓库和材料、构件堆场以及工厂的位置

（1）位置的确定　预拌砂浆储备筒、仓库和材料、构件堆场的位置应尽量靠近使用地点或在起重机起重能力范围内，并考虑到运输和装卸的方便。

① 建筑物基础和第一施工层所用的材料，应该布置在建筑物的四周。材料堆放位置应

与基础边缘保持一定的安全距离，以免造成基槽土壁的塌方事故；第二施工层以上所用的材料，应布置在起重机附近。

② 砂、砾石等材料应尽量布置在预拌砂浆储备筒附近。

③ 当多种材料同时布置时，对大宗的、重大的和先期使用的材料，应尽量在起重机附近布置；少量的、轻的和后期使用的材料，则可布置得稍远一些。

④ 根据不同的施工阶段使用不同材料的特点，在同一位置上可先后布置不同的材料。

（2）布置方式   根据起重机械的类型，预拌砂浆储备筒、仓库和堆场位置又有以下几种布置方式。

① 当采用固定式垂直运输设备时，须经起重机运送的材料和构件堆场位置，以及仓库和搅拌站的位置应尽量靠近起重机布置，以缩短运距或减少二次搬运。

② 当采用塔式起重机进行垂直运输时，材料和构件堆场的位置，以及仓库和搅拌站出料口的位置，应布置在塔式起重机的有效起重半径内。

③ 当采用无轨自行式起重机进行水平和垂直运输时，材料、构件堆场、仓库和预拌砂浆储备筒等应沿起重机运行路线布置。且其位置应在起重臂的最大外伸长度范围内。

木工棚和钢筋加工棚的位置可考虑布置在建筑物四周以外的地方，但应有一定的场地堆放木材、钢筋和成品。石灰仓库和淋灰池的位置要接近预拌砂浆储备筒并在下风向；沥青堆场及熬制锅的位置要离开易燃仓库或堆场，并布置在下风向。

3. 运输道路的布置

运输道路的布置主要解决运输和消防两个问题。现场主要道路应尽可能利用永久性道路的路面或路基，以节约费用。现场道路布置时要保证行驶畅通，使运输工具有回转的可能性。因此，运输线路最好绕建筑物布置成环形道路。道路宽度大于 4m。

4. 临时设施的布置

2021 年 12 月 6 日，山西寿阳一处建筑工地发生了火灾，致多人死伤。事故的原因之一就是，施工单位没有按照施工平面图建造工人宿舍，而是节约成本，把办公用房经过内部改造后变成了住宿用房。这些房间没有按照要求隔开，用的是胶木板，且各房间上方贯通、不隔烟、不隔火，遇有火情苗就会很快蔓延，造成快速过火。

4.5 布置运输道路及临时设施

这个事故提醒大家：平面图不是画完了事，而且要严格地执行下去。

（1）临时设施分类、内容

① 施工现场的临时设施可分为生产性与非生产性两大类。

② 生产性临时设施内容包括：在现场制作加工的作业棚，如木工棚、钢筋加工棚、白铁加工棚；各种材料库、棚，如水泥库、油料库、卷材库、沥青棚、石灰棚；各种机械操作棚，如搅拌机棚、卷扬机棚、电焊机棚；各种生产性用房，如锅炉房、烘炉房、机修房、水泵房、空气压缩机房等；其他设施，如变压器等。

③ 非生产性临时设施内容包括：各种生产管理办公用房、会议室、文化文娱室、福利性用房、医务、宿舍、食堂、浴室、开水房、警卫传达室、厕所等。

（2）单位工程临时设施布置   布置临时设施，应遵循使用方便、有利施工、尽量合并搭建、符合防火安全的原则；同时结合现场地形和条件、施工道路的规划等因素分析考虑它们的布置。各种临时设施均不能布置在拟建工程（或后续开工工程）、拟建地下管沟、取土、弃土等地点。

各种临时设施尽可能采用活动式、装拆式结构或就地取材，它们的位置应以使用方便、不碍施工、符合防火要求为原则。施工现场范围应设置封闭围挡，围挡材料应选用砌体、彩钢板等硬性材料，并做到坚固、稳定和美观。市区主要路段围挡设置高度不宜超过2.5m；一般路段为 1.8m。

5. 布置水电管网

① 施工用临时给水管，一般由建设单位的干管或施工用干管接到用水地点。布置有枝状、环状和混合状等方式，应根据工程实际情况从经济和保证供水两个方面去考虑其布置方式。管径的大小、龙头数目根据工程规模由计算确定。管道可埋置于地下，也可铺设在地面上，视气温情况和使用期限而定。工地内要设消火栓，消火栓间距不大于 120m，每 5000m² 现场不少于 1 个，消火栓距离建筑物应不小于 5m，也不应大于 25m，距离路边不大于 2m，周围 3m 之内不能有任何堆物，并设置明显标志。同时，施工现场应设置相应的灭火器材。条件允许时，可利用城市或建设单位的永久消防设施。有时，为了防止供水的意外中断，可在建筑物附近设置简易蓄水池，储存一定数量的生产和消防用水。如果水压不足时，尚应设置高压水泵。

② 为了便于排除地面水和地下水，要及时修通永久性下水道，并结合现场地形在建筑物四周设置排泄地面水和地下水的沟渠。其中要在厕所设置化粪池，污水、废水经化粪池，三级沉淀后通过埋地的管道，排入场外市政排污管网；在施工出入口处设车辆自动冲洗平台，拟建工程四周设砖砌排水排污明沟，四周环通，相距 30m 左右设置窨井。施工污水及场地水均经二级沉淀池、窨井后通过排水明沟，排向业主的指定污水管网。深井降水、雨水考虑回收利用。

③ 施工中的临时供电，应在全工地性施工总平面图中一并考虑。只有独立的单位工程施工时，才根据计算出的现场用电量选用变压器或由业主原有变压器供电。变压器的位置应布置在现场边缘高压线接入处，但不宜布置在交通要道口处。现场导线宜采用绝缘线架空或电缆布置。

任务一
绘制砖混结构单位工程施工平面图

🔷 任务提出

根据附录一的新建部件变电室工程设计图纸、现场场地条件、施工方案部署以及现场文明施工要求编制施工平面图。

🔷 任务实施

单位工程砖混结构施工平面图的绘制见附录一新建部件变电室工程设计图纸。

构件、堆场按不同施工阶段的需要和材料设备使用的先后顺序来进行布置，提高场地使用的周转效率。

1. 基础施工平面布置图（图 4-2）

基础及地下室施工阶段，由于受场地限制和放坡等影响，该施工阶段加工场地及材料堆场应动态布置。

2. 主体施工平面布置图（图 4-3）

主体施工阶段，土方回填完成后，材料加工及堆放场地移至回填后的主楼边，按平面图布置。

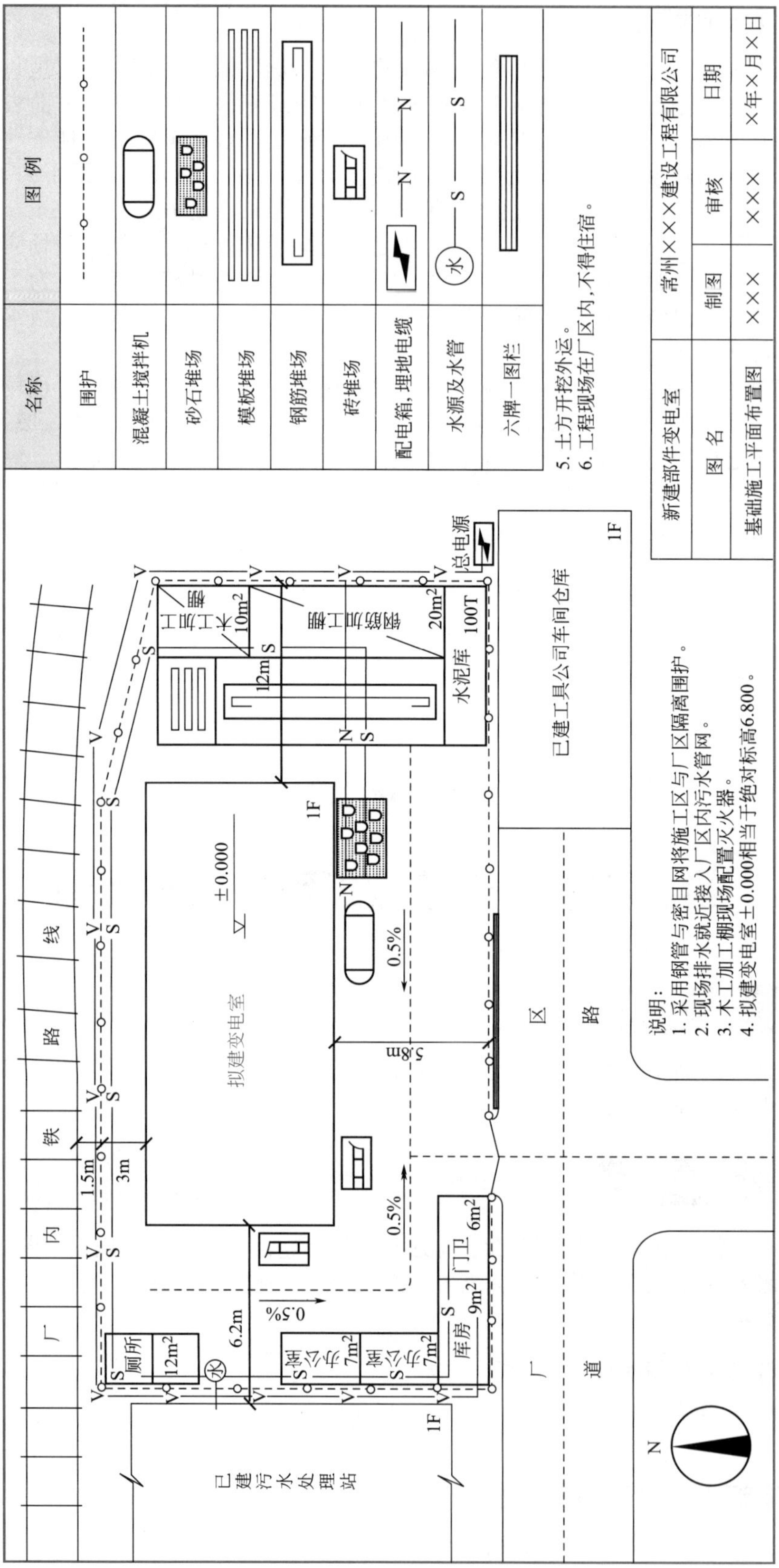

图例		名称
○—○—○		围护
		混凝土搅拌机
		砂石堆场
		模板堆场
		钢筋堆场
		砖堆场
—N——N—		配电箱、埋地电缆
—S——S—		水源及水管
		六牌一图栏

5. 土方开挖外运。
6. 工程现场在厂区内,不得住宿。

新建部件变电室	常州×××建设工程有限公司		
图名	制图	审核	日期
基础施工平面布置图	×××	×××	×年×月×日

说明:
1. 采用钢管与密目网将施工区与厂区区隔离围护。
2. 现场排水就近接入厂区内污水管。
3. 木工加工棚现场配置灭火器。
4. 拟建变电室±0.000相当于绝对标高6.800。

图4-2 基础施工平面布置图(一)

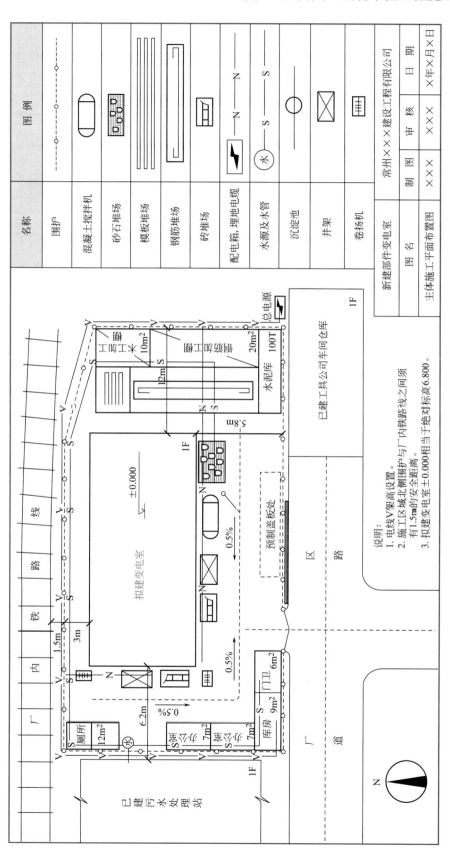

图4-3 主体施工平面布置图（一）

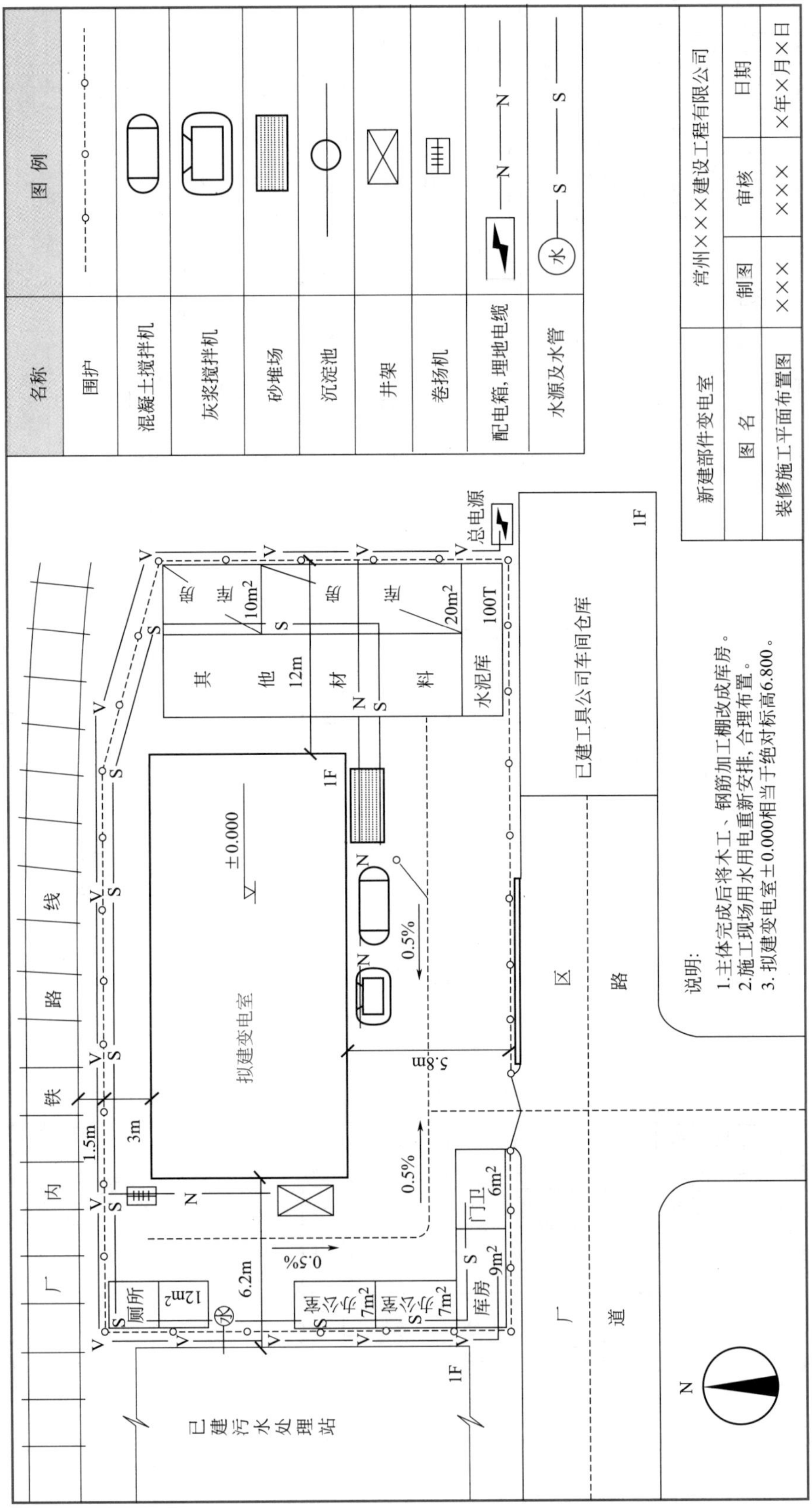

图4-4　装修施工平面布置图（一）

名称	图例
围护	
混凝土搅拌机	
灰浆搅拌机	
砂堆场	
沉淀池	
井架	
卷扬机	
配电箱、埋地电缆	N——N
水源及水管	水 S——S

新建部件变电室	常州×××建设工程有限公司		
图名	制图	审核	日期
装修施工平面布置图	×××	×××	××年××月××日

装修施工平面布置图

说明：
1. 主体完成后将木工、钢筋加工棚改成库房。
2. 施工现场用水用电重新安排，合理布置。
3. 拟建变电室±0.000相当于绝对标高6.800。

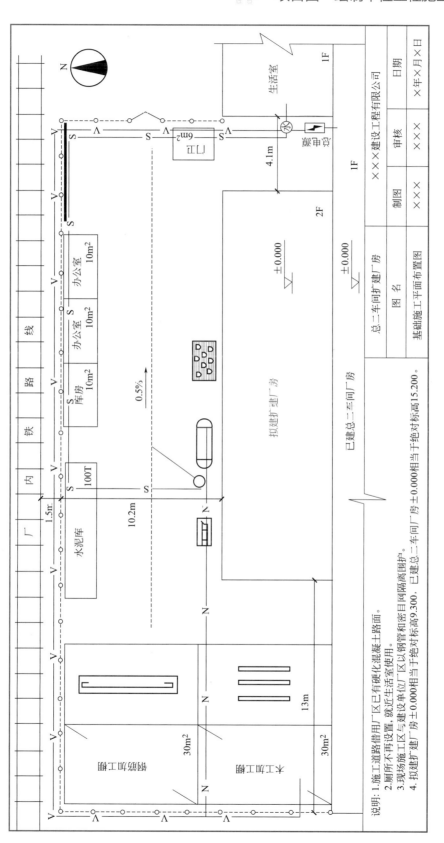

图4-5　基础施工平面布置图（二）

说明: 1. 施工道路借用厂区已有硬化混凝土路面。
2. 厕所不再设置, 就近生活室使用。
3. 现场施工区与建设单位厂区以钢管和密目网隔离围护。
4. 拟建扩建厂房±0.000相当于绝对标高9.300, 已建总二车间厂房±0.000相当于绝对标高15.200。

总二车间扩建厂房	×××建设工程有限公司		
图 名	制图	审核	日期
基础施工平面布置图	×××	×××	×年×月×日

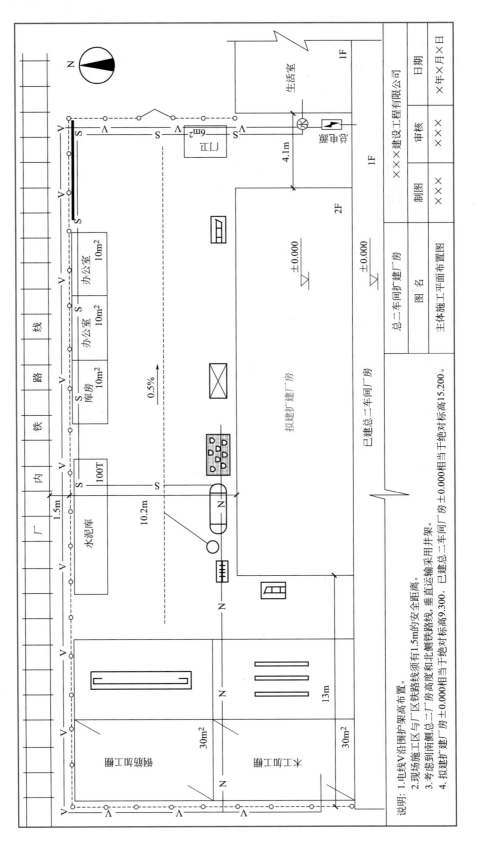

说明: 1. 电线V沿围护架高布置。
2. 现场施工区与厂区铁路线须有1.5m的安全距离。
3. 考虑到南侧总二车间厂房高度和北侧铁路线, 垂直运输采用井架。
4. 拟建扩建厂房±0.000相当于绝对标高9.300, 已建总二车间厂房±0.000相当于绝对标高15.200。

图4-6 主体施工平面布置图 (二)

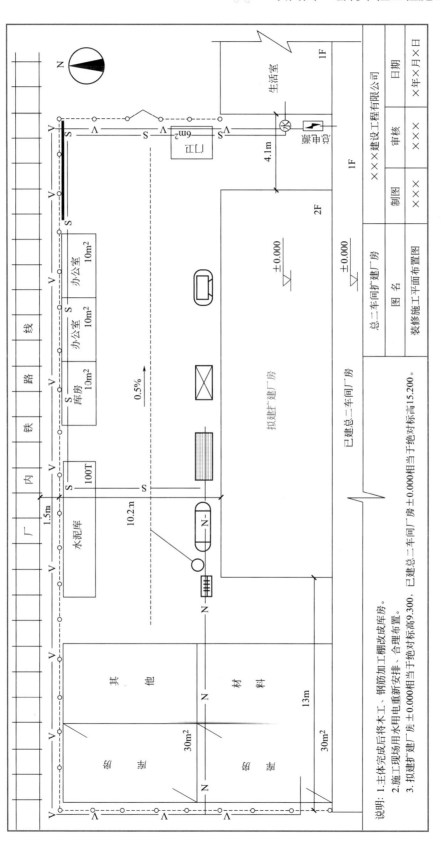

图4-7　装修施工平面布置图（二）

说明：1. 主体完成后将木工、钢筋加工棚改成库房。
2. 施工现场用水用电重新安排、合理布置。
3. 拟建扩建厂房±0.000相当于绝对标高9.300，已建总二车间厂房±0.000相当于绝对标高15.200。

总二车间扩建厂房		×××建设工程有限公司		
图 名		制图	×××	审核	×××	日期	×年×月×日
装修施工平面布置图					

3.装修施工平面布置图（图4-4）

装修施工阶段，包括钢筋、木工等主要加工设备撤场，现场主要布置水电加工及材料堆场、门窗材料堆场、各类装饰材料堆场等。

任务二

绘制框架结构单位工程施工平面图

任务提出

根据附录二的总二车间扩建厂房工程设计图纸、现场场地条件、施工方案部署以及文明施工要求编制施工平面图。

任务实施

单位工程框架结构施工平面图的绘制见附录二总二车间扩建厂房工程设计图纸。

1.基础施工平面布置图（图4-5）

2.主体施工平面布置图（图4-6）

3.装修施工平面布置图（图4-7）

小 结

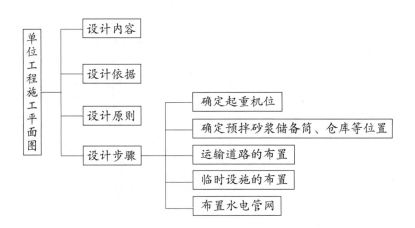

综合训练

训练目标：编制单位工程施工平面布置图。

训练准备：见附录三柴油机试验站辅房及浴室工程图纸。

训练步骤：

① 选择起重机械；

② 确定预拌砂浆储备筒、仓库、堆场等位置；

③ 确定运输道路位置；

④ 确定临时设施布置；

⑤ 布置施工用水、用电线路。

 能力训练题

一、单项选择题

1. 工地内要设消火栓，消火栓距离建筑物应不小于（　　）m，也不应大于（　　）m，距离路边不大于（　　）m。

    A.5，25，5　　　　　　B.3，25，2　　　　　C.3，20，2　　　　　D.5，25，2

2. 下面（　　）不属于单位工程施工平面图的设计依据。

    A. 施工组织设计文件

    B. 各种材料、半成品、构件等的用量计划

    C. 结构设计图

    D. 建设单位可为施工提供原有房屋及其他生活设施的情况

3. 运输线路最好绕建筑物布置成环形道路，道路宽度大于（　　）m。

    A.3　　　　　　　　　B.3.5　　　　　　　　C.5　　　　　　　　　D.6

4. 单位工程施工平面图设计的步骤为（　　）。

①确定起重机械的位置；②确定搅拌站、仓库和材料、构件堆场以及工厂的位置；③运输道路的布置；④临时设施的布置；⑤布置水电管网。

    A.①→②→③→④→⑤　　　　　　B.②→③→④→①→⑤

    C.④→①→②→⑤→③　　　　　　D.⑤→②→④→①→③

5.（　　）为"六牌一图"中新增加的内容。

    A. 工程概况牌　　　　　　B. 消防保卫（防火责任）牌

    C. 安全生产牌　　　　　　D. 农民工权益告知牌

二、多项选择题

1. 塔式起重机的安装位置，主要取决于（　　）。

    A. 建筑物的平面布置　　B. 建筑物的形状　　　C. 建筑物的高度

    D. 吊装方法　　　　　　E. 起重物的数量

2. 施工现场的生产性临时设施内容包括（　　）。

    A. 钢筋加工棚　　　　　B. 水泥库　　　　　　C. 生产管理办公室

    D. 搅拌机棚　　　　　　E. 木工加工棚

3. 单位工程施工平面图的设计内容有（　　）。

    A. 施工范围内已建建筑物的平面尺寸及位置

    B. 现场硬化地坪的区域

    C. 施工道路的布置、现场出入口位置

    D. 拟建工程所需的垂直运输设备、搅拌机等机械的布置位置

    E. 生产性及非生产性临时设施的名称、面积、位置的确定

项目五

制定单位工程施工措施

知识目标	• 了解单位工程主要技术措施的相关内容
	• 理解如何制定保证质量、安全、成本措施
	• 掌握施工方案的技术经济分析
能力目标	• 能写出单位工程主要施工措施的内容
	• 能解释单位工程施工主要施工措施
	• 能应用给定的条件制定主要的施工措施
素质目标	• 规范意识，标准意识，有担当
	• 不打无准备之仗，具体问题具体分析
	• 文明施工，绿色施工

　　在工程实践中，因为不重视施工技术措施、施工质量措施、施工安全措施和文明施工措施等，导致工程质量和工程安全问题频出，教训深刻。如 2013 年武汉市某工程，由于施工工地载人升降机存在诸如违规操作、超载、超期使用和日常维保不到位，致使一载满粉刷工人的电梯，在上升过程中突然失控，直冲到 34 层顶层后，电梯钢绳突然断裂，厢体呈自由落体直接坠到地面，造成梯笼内的人全部死亡。2015 年桂林市某工程，由于作业层封闭不严、进场工人未教育就擅自作业，致使外墙线条装饰工人从 25 层坠落到地面死亡。2015 年玉林市某项目在进行污水管道检查井清理作业时，由于井孔长期封闭，氧气已严重

不足，违反下孔操作规程并未送风及做活体试验，未对进场工人进行安全教育和技术交底，致使操作工人发生中毒窒息事故，导致 3 人死亡。所以，作为未来的施工管理者必需要严格执行规范、标准及操作规程，杜绝视工程质量、人身安全为儿戏。牢固树立质量意识、安全意识，文明施工，才能确保工程圆满完成。

项目分析

采取施工措施的目的是提高效率、降低成本、减少支出、保证工程质量和施工安全。因此任何一个工程的施工，都必须严格执行现行的建筑安装工程施工及验收规范、建筑安装工程质量检验及评定标准、建筑安装工程技术操作规程、建筑工程建设标准强制性条文等有关法律法规，并根据工程特点、施工中的难点和施工现场的实际情况，制订相应施工措施。

工作过程

熟悉图纸和施工说明，了解建设单位、施工单位的情况，了解现场情况等，熟悉规范、规程、标准、强制性条文等。具体编写内容如下：
① 制定保证质量措施。
② 制定保证安全、成本措施。
③ 准确制定冬、雨季施工措施。
④ 制定现场文明施工措施。

相关知识

一、主要的技术措施

技术组织措施是为完成工程的施工而采取的具有较大技术投入的措施，通过采取技术方面和组织方面的具体措施，达到保证工程施工质量、按期完成工程施工进度、有效控制工程施工成本的目的。

技术组织措施计划一般含以下三方面的内容。
① 措施的项目和内容。
② 各项措施所涉及的工作范围。
③ 各项措施预期取得的经济效益。

例如，怎样提高施工的机械化程度；改善机械的利用率；采用新机械、新工具、新工艺、新材料和同效价廉代用材料；采用先进的施工组织方法；改善劳动组织以提高劳动生产率；减少材料运输损耗和运输距离等。

技术组织措施的最终成果反映在工程成本的降低和施工费用支出的减少上。有时在采用某种措施后，一些项目的费用可以节约，但另一些项目的费用将增加，这时，计算经济效果必须将增加和减少的费用都进行计算。

单位工程施工组织设计中的技术组织措施，应根据施工企业组织措施计划，结合工程的具体条件，参考表 5-1 拟订。

认真编制单位工程降低成本计划对于保证最大限度地节约各项费用，充分发挥潜力以及对工程成本作系统的监督检查有重要作用。

表5-1　技术组织措施计划内容

措施项目和内容	措施涉及的工程量		劳动量节约额/工日	经济效果						执行单位及负责人
	单位	数量		降低成本额/元						
				材料费	工资	机械台班费	间接费	节约总额		
合计										

　　在制定降低成本计划时，要对具体工程对象的特点和施工条件，如施工机械、劳动力、运输、临时设施和资金等进行充分的分析。通常从以下几方面着手。

　　① 科学地组织生产，正确地选择施工方案。

　　② 采用先进技术，改进作业方法，提高劳动生产率，节约单位工程施工劳动量以减少工资支出。

　　③ 节约材料消耗，选择经济合理的运输工具。有计划地综合利用材料、修旧利废、合理代用、推广优质廉价材料，如用钢模代替木模、采用新品种水泥等。

　　④ 提高机械利用率，充分发挥其效能，节约单位工程台班费支出。

　　降低成本指标，通常以成本降低率表示，计算式如下：

$$成本降低率 = \frac{成本降低额}{预算成本} \times 100\% \tag{5-1}$$

　　式中，预算成本为工程设计预算的直接费用和施工管理费用之和；成本降低额通过技术组织措施计划内容来计算。

二、保证工程质量的措施

　　在常规的质量保证体系基础上如何为将工程创成优质工程而采取的管理制度和技术措施。保证和提高工程质量措施，可以按照各主要分部分项工程施工质量要求提出，也可以按照工程施工质量要求提出。保证和提高工程质量措施，可以从以下几个方面考虑。

　　① 定位放线、轴线尺寸、标高测量等准确无误的措施。

　　② 地基承载力、基础、地下结构及防水施工质量的措施。

　　③ 主体结构等关键部位施工质量的措施。

　　④ 屋面、装修工程施工质量的措施。

　　⑤ 采用新材料、新结构、新工艺、新技术的工程施工质量的措施。

　　⑥ 提高工程质量的组织措施，如现场管理机构的设置、人员培训、建立质量检验制度等。

5.1 保证工程质量的措施

三、保证工程施工安全的措施

　　加强劳动保护保障安全生产，是国家保障劳动人民生命安全的一项重要政策，也是进行工程施工的一项基本原则。为此，应提出有针对性的施工安全保障措施，主要明确安全管理方法和主要安全措施，从而杜绝施工中安全事故的发生。施工安全措施，可以从以下几个方面考虑。

　　① 保证土方边坡稳定措施。

　　② 脚手架、吊篮、安全网的设置及各类洞口防止人员坠落措施。

　　③ 外用电梯、井架及塔吊等垂直运输机具的拉结要求和防倒塌措施。

　　④ 安全用电和机电设备防短路、防触电措施。

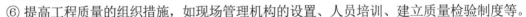

5.2 保证工程施工安全的措施

⑤ 易燃、易爆、有毒作业场所的防火、防暴、防毒措施。

⑥ 季节性安全措施。如雨期的防洪、防雨，夏期的防暑降温，冬期的防滑、防火、防冻措施等。

⑦ 现场周围通行道路及居民安全保护隔离措施。

⑧ 确保施工安全的宣传、教育及检查等组织措施。

四、降低工程成本的措施

应根据工程具体情况，按分部分项工程提出相应的节约措施，计算有关技术经济指标，分别列出节约工料数量与金额数字，以便衡量降低工程成本的效果。其内容一般包括以下几点。

① 合理进行土方平衡调配，以节约台班费。

② 综合利用吊装机械，减少吊次，以节约台班费。

③ 提高模板安装精度，采用整装整拆，加速模板周转，以节约木材或钢材。

④ 混凝土、砂浆中掺加外加剂或掺混合料，以节约水泥。

⑤ 采用先进的钢材焊接技术以节约钢材。

5.3 降低工程成本的措施

⑥ 构件及半成品采用预制拼装、整体安装的方法，以节约人工费、机械费等。

五、现场文明施工的措施

① 施工现场设置围栏与标牌，出入口交通安全，道路畅通，场地平整，安全与消防设施齐全。

② 临时设施的规划与搭设应符合生产、生活和环境卫生要求。

③ 各种建筑材料、半成品、构件的堆放与管理有序。

④ 散碎材料、施工垃圾的运输及防止各种环境污染。

5.4 现场文明施工措施

⑤ 及时进行成品保护及施工机具保养。

六、施工方案的技术经济分析

选择施工方案的目的是寻求适合本工程的最佳方案。要选择最佳方案先要建立评价指标体系，并确定标准，然后进行分析、比较。评判施工方案的优劣的标准是其技术性和经济性，但最终标准是其经济效益。技术人员拟定施工方案往往比较注重技术的先进性和经济性，而较少地考虑成本，或仅考虑近期投入的节约而欠考虑远期的或整个工程的施工费用。对施工方案进行技术经济分析，就是为了避免施工方案的盲目性、片面性，在方案付诸实施之前就能分析出其经济效益，保证所选方案的科学性、有效性和经济性，达到提高工程质量、缩短工期、降低成本的目的，进而提高工程施工的经济效益。

施工方案技术经济分析方法可分为定性分析和定量分析两大类。

① 定性分析是通过对方案优缺点的分析，如施工操作上的难易和安全与否；可否为后继工程提供有利条件；冬季或雨季对施工影响的大小；是否可利用某些现有的机械和设备；能否一机多用；能否给现场文明施工创造条件等。定性分析法受评价人的主观影响大，加之评价较为笼统，故只适用于方案的初步评价。

② 定量分析是对各方案的投入与产出进行计算，如劳动力、材料及机械台班消耗、工期、成本等直接进行计算、比较，用数据说明问题，比较客观，让人信服，所以定量分析

法是方案评价的主要方法。

施工方案技术经济分析首先要拟定两个以上的可比较的方案，再对拟用的各方案进行初步分析，在此基础上确定评价指标，计算各指标值，最后进行综合比较确定方案的优劣。

（一）施工方案的技术经济分析

分析比较施工方案，最终是方案的各种指标的比较，因此建立施工方案的技术经济指标体系对于进行施工方案的技术经济分析是非常重要的。

1. 施工技术方案的评价指标

施工技术方案是指分部分项工程的技术方案，如主体结构工程、基础工程、垂直运输、水平运输、构件安装、大体积混凝土浇筑、混凝土输送及模板支撑的方案等。这些施工方案的内容包括施工技术方法和相应的施工机械设备的选择等，其评价指标可分为以下几种。

（1）技术性指标　技术性指标用各种技术性参数表示。

例如，主体结构工程施工方法的技术性指标可用现浇混凝土工程总量来表示。如果是装配式结构则用安装构件总量、构件最大尺寸、构件最大自重、最大安装高度等表示。

又如模板方案的技术性指标用模板总面积、模板型号数、各型号模板的尺寸、模板单件重量等表示。

（2）经济性指标　主要反映为完成工程任务必要的劳动消耗，由一系列价值指标、实物指标及劳动量组成。

① 工程施工成本。大多数情况下，主要用施工直接成本来评价，其主要包括：直接人工费、机械设备使用费、施工设备（轨道、支撑架、模板等）的成本或摊销费、防治施工公害措施及其费用等。工程施工成本，可用施工总成本或单位施工成本表示。

② 主要专用机械设备需要量，包括配备台数、使用时间、总台班数等。

③ 施工中主要资源需要量。这里指与施工方案有关的资源。包括以下几方面。

a. 施工设施所需的材料资源。如轨道、枕木、道砟、模板材料、工具式支撑、脚手架材料等。

b. 不同施工方法引起的结构材料消耗的增加量。如采用滑模施工时，要增加水泥消耗用量、提高水泥标号，并增加结构用钢量等。

c. 施工期对其他资源的需要量。如施工期中的耗电、耗水量等。它们可分别用耗用总量，日（或月）平均耗用量，高峰期用量等来表示。

d. 主要工种工人需要量。可用主要工种工人需要总量、需用期的月平均需要量和高峰期需要量等来表示。

e. 劳动消耗量。可用劳动消耗总量、月平均劳动量、高峰期劳动消耗量等来表示。

f. 工程效果指标。效果指标系反映采用该施工方法后预期达到的效果。

（a）工程施工工期。可用总工期、与工期定额相比的节约工期等指标表示。

（b）工程效率。可用工程进度的实物量表示，如土方工程、混凝土工程施工方案的工程效率指标可用"m³/工日"或"m³/小时"表示；管线工程用"m/工日"或"m/班"表示；钢筋工程、结构安装工程可用"t/工日"或"t/班"表示等。

g. 经济效果指标。

（a）成本降低额或降低率。采用该施工方法较其他施工方法的预算成本或施工预算成本的降低额或降低率。

（b）材料资源节约额或节约率。采用该施工方法后某材料资源较定额消耗的节约额或节约率。

（3）其他指标　如安全指标、环境指标、绿色施工指标、风险管理指标等未包括在以上两类中的指标，此类指标可以是定量指标，也可以是定性指标。工艺方案不同，评价的侧重点也会不同，关键是要能反映出该方案的特点。

2. 施工组织方案的评价指标

施工组织方案是指组织单位工程以及包括若干单位工程的建筑群体施工方案。如流水作业方法、平行流水、立体交叉作业方法等。评价施工组织方案的指标一般包括以下几方面。

（1）技术性指标

① 工程特征指标。如建筑面积、主要分部分项工程的工程量等。

② 施工方案特征的指标。如主要分部分项工程施工方法有关指标或说明等。

（2）经济性指标

① 工程施工成本。大多数情况下，主要用施工直接成本来评价，其主要包括：直接人工费、机械设备使用费、施工设备（轨道、支撑架、模板等）的成本或摊销费、防治施工公害措施及其费用等。工程施工成本，可用施工总成本或单位施工成本表示。

② 主要专用设备耗用量。包括设备台数、使用时间等。

③ 主要材料资源耗用量。系指进行施工过程必需的主要材料资源的消耗，构成工程实体的材料消耗一般不包括在内。

④ 劳动消耗量。用总工日数、分时期的总工日数、最高峰工日数、平均月（季）工日数指标表示。

⑤ 施工均衡性指标。按下式计算：

$$主要工种施工不均衡性系数=\frac{高峰月工程量}{平均月工程量} \tag{5-2}$$

$$主要材料、设备等资源消耗不均衡性系数=\frac{高峰月耗用量}{平均月耗用量} \tag{5-3}$$

$$劳动量消耗量的不均衡性系数=\frac{高峰月耗用量}{平均月耗用量} \tag{5-4}$$

系数的值越大，说明越不均衡。

（3）效果指标

① 工程总工期。用总工期、施工准备工作以及与工期定额或合同工期相比所节约的工期来表示。

② 工程施工成本节约。用工程施工成本、临时设施工程成本与相应预算成本对比的节约额表示。

（4）其他指标　如安全指标、环境指标、绿色施工指标、风险管理指标、机械指标等。

（二）施工方案技术经济分析示例

1. 施工方案的技术经济比较

在单位工程施工组织设计中选择施工方案首先要考虑技术上的可行性，然后是经济上的合理性。在拟定出的若干个方案中加以比较。如果各施工方案均能满足技术要求，则最经济的方案即为最优方案。因此，要计算出各方案所发生的费用。

由于施工方案多种多样，故施工方案的技术经济分析应从实际条件出发，切实计算一切发生的费用。如果属固定资产的一次性投资，就要分析资金的时间价值，若仅仅是在施工阶段的临时性一次投资，由于时间短，可不考虑资金的时间价值。

【例5-1】　某工程项目施工中，有现场搅拌混凝土和购买商品混凝土两种方案可供选择。原始资料如下。

① 本工程混凝土总需要量为 4000m³，如现场搅拌混凝土，则需设置容量为 0.75m³ 的预拌砂浆储备筒；

② 根据混凝土供应距离，已算出商品混凝土平均单价为 310 元 /m³；

③ 现场一个临时预拌砂浆储备筒一次投资费，包括地坑基础、骨料仓库、设备的运输费、装拆费以及工资等总共为 50000 元；

④ 与工期有关的费用，即容量 0.75m³ 预拌砂浆储备筒设备装置的租金与维修费为 10000 元 / 月；

⑤ 与混凝土量有关的费用，即水泥、骨料、外加剂、水电及工资等，与现场混凝土总需要量的比值为 250 元 /m³。

请对上述两个方案进行技术经济比较。

【解】　a. 现场搅拌混凝土的单价的计算公式如下：

$$现场搅拌混凝土的单价=\frac{预拌砂浆储备筒一次性投资}{现场混凝土总需要量}+\frac{与工期有关的费用\times工期}{现场混凝土总需要量}+\frac{与混凝土量有关的费用}{现场混凝土总需要量}\tag{5-5}$$

b. 当工期为 12 个月时的成本分析

$$现场搅拌混凝土单价=\frac{5000}{4000}+\frac{10000\times12}{4000}+250=281.25（元/m³）<310元/m³$$

即当工期为 12 个月时，现场搅拌混凝土的单价小于商品混凝土的单价；

c. 当工期为 24 个月时的成本分析

$$现场搅拌混凝土的单价=\frac{5000}{4000}+\frac{10000\times24}{4000}+250=311.25（元/m³）>310元/m³$$

即当工期为 24 个月时，购买商品混凝土比现场搅拌混凝土更为经济；

d. 当工期 x 为多少时，这两个方案的费用相同？

即　　　　　　　　　$$\frac{5000}{4000}+\frac{10000x}{4000}+250=310$$

得　　　　　　　　　$x=23.5$ 个月（约为 24 个月）

故当工期为 24 个月时，现场制作混凝土的单价和购买商品混凝土的单价相同，也即费用相同。

e. 当工期为 12 个月时，现场制作混凝土的最少数量 y 为多少时，方案才经济？

$$\frac{5000}{y}+\frac{10000\times12}{y}+250<310$$

得　　　　　　　　　$y>2083.3m³$

即当工期为 12 个月时，现场制作混凝土的数量必须大于 2083.3m³ 时方为经济。

通过技术经济分析，可以得到各种技术经济指标变化规律，以此制成图表可供查用。建筑企业要掌握大量原始经济资料，以供方案比较之用。经济比较必须严格按实际发生的数据进行计算，不应该先有某种倾向性方案，为了证实它而凑合数据，否则就没有客观性，经济比较也就失去了意义。

2. 主要施工机械选择的经济分析

选择主要施工机械要从机械的适用性、耐久性、经济性及生产率等因素来考虑。如果有若干种可供选择的机械，其使用性能和生产率相类似的条件下，对机械的经济性，人们通常的概念是从机械的价格的高低来衡量，但是在技术经济分析中，机械的经济性包括原价、保养费、维修费、能耗、使用年限、折旧费、操作人员工资及期满后的残余价值等的综合评价。

一台机械折算后的年度费用，按下式计算：

$$R=P\{i(1+i)^N/[(1+i)^N-1]\}+Q-r\{i/[(1+i)^N-1]\} \tag{5-6}$$

式中　　　　　　　R——折算后机械的年度费用，元；

P——机械原价，元；

Q——机械的年度保养及维修费，元；

N——机械的使用年限，年；

r——机械寿命期满后的残余价值，元；

$i(1+i)^N/[(1+i)^N-1]$——资金再生利息系数，即投入资金 P，复利率为 i，按使用年限 N 年摊销的系数；

$i/[(1+i)^N-1]$——偿还债务基金系数，即未来 N 年的资金（债务），复利率为 i，在 N 年内每年应偿还金额的系数。

【例 5-2】某大型建设项目施工中需购置一台施工机械。现有 A、B 两台机械可供选择，该两台机械的有关费用和使用年限等参数如表 5-2 所列。

表5-2　两种机械的技术经济参数

费用名称	A 机械	B 机械
原价 / 元	20000	18000
年度保养和维修费 / 元	1000	1200
使用年限 / 年	20	15
期满后残余价值 / 元	3000	5000
年复利率 /%	8	8

试选择购置方案。

【解】根据资金的时间价值，将发生的所有费用折算到该机械的使用年限中，用每个年度所得到的实际摊销费用（即年度费用）来加以比较。

将表 5-2 中两种机械的参数分别代入式（5-6）得：

A 机械的年度费 $=2000 \times \{0.08 \times (1+0.08)^{20}/[(1+0.08)^{20}-1]\}+1000$
$\qquad -3000 \times \{0.08/[(1+0.08)^{20}-1]\}=1138.15$（元）

B 机械的年度费 $=18000 \times \{0.08 \times (1+0.08)^{15}/[(1+0.08)^{15}-1]\}$
$\qquad +1200-5000 \times \{0.08/[(1+0.08)^{15}-1]\}=3118.78$（元）

结论：选购 A 机械较为经济。

任务一

制定砖混结构单位工程施工技术组织措施

任务提出

根据附录一的新建部件变电室工程设计图纸、施工方案等提出施工技术组织措施。

任务实施

单位工程砖混结构施工主要技术组织措施见附录一。

一、保证工程质量的措施

1. 本工程的质量管理目标

合格工程，即符合设计图纸和国家工程质量验收合格标准要求。

2. 保证工程质量的管理措施

（1）建立项目部质量保证体系　为了达到本工程的质量目标，成立由工程项目经理为首的质量管理组织机构，并由项目经理具体负责，由项目施工工长、专职材料员、专职质量员、施工班组等各有关方面负责人参加，是本工程质量的组织保证。项目质量保证体系如图 5-1 所示。

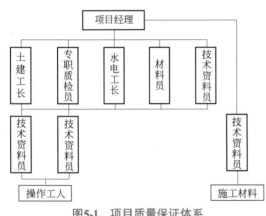

图5-1　项目质量保证体系

（2）实施 TQC　在本工程中推选全面质量管理（TQC），即全员、全工地、全过程的管理。在施工中组织 QC 小组活动，按照 PDCA 循环的程序，在动态中进行质量控制。

（3）制定质量责任制　在公司现有质量管理文件的基础上，针对本工程的具体情况，制订适合本工程的管理人员质量职责和质量责任制，以明确各施工人员的质量职责，做到职责分明，奖罚有道。

（4）明确关键及特殊工序　为保证工程质量，本工程对过程实行严格控制是关键措施。对原材料质量、各施工顺序的过程质量，除了严格按本工程施工组织设计中施工要点和施工注意事项执行外，还将严格按 ISO 9000 质量管理体系的主要文件、本公司《质量保证手册》《质量体系管理程序文件》以及按照工程特点制订的《质量计划》对施工全过程进行控制。关键工序、特殊工序具体控制人一览表如表 5-3。

表5-3　关键工序、特殊工序控制人一览表

序号	关键工序名称	控制人	序号	特殊工序名称	控制人
1	闪光对焊	施工工长	1	电焊	工长、技术员
2	电渣压力焊	工长、技术员	2	涂料防水	工长、技术员
3	多孔砖施工	施工工长			
4	混凝土施工	施工工长			
5	屋面防水	工长、技术员			

注：针对本工程关键工序、特殊工序，本项目部将对其从人、机、物、料、法五个环节进行施工能力评估，并设立质量管理点。

（5）建立健全完整的质量监控体系

① 质量监控是确保质量管理措施、技术措施落实的重要手段。本工程采用小组自控、项目检控、公司监控的三级网络监控体系。监控的手段采用自检、互检、交接检的三级检查制度，严格把好工程质量关。本工程质量控制要点一览表见表 5-4。

表5-4　工程质量控制要点一览表

控制环节		控制要点	主要控制人	参与控制人	主要控制内容	质控依据
一、设计交底与图纸会审	1	图纸文件会审	项目工程师	施工工长 钢筋翻样员	图纸资料是否齐全	施工图及设计文件
	2	设计交底会议	项目工程师	施工工长 钢筋翻样员	了解设计意图，提出问题	施工图及设计文件
	3	图纸会审	项目工程师	施工工长 钢筋翻样员	图纸的完整性、准确性、合法性、可行性进行图纸会审	施工图及设计文件
二、制定施工工艺文件	4	施工组织设计	项目工程师	施工工长 项目质量员	施工组织、施工部署、施工方法	规范、施工图、标准及 ISO 9000 质量体系
	5	施工方案	项目工程师	施工工长 项目质量员	施工工艺、施工方法、质量要求	规范、施工图、标准及 ISO 9000 质量体系
三、材料机具准备	6	材料设备需用计划	项目经理	项目材料员 项目机管员	组织落实材料、设备及时进场	材料预算
四、技术交底	7	技术交底	项目工程师	项目工长	组织关键工序交底	施工图、规范、质量评定标准
五、材料检验	8	材料检验	项目工程师	项目材料员 项目资料员	砂石检验，水泥钢材复试，试块试压等	规范、质检标准
六、材料	9	材料进场计划	项目工长	项目材料员	编写材料供应计划	材料预算
	10	材料试验	项目取样员	项目材料员	进场原材料取样	规范标准
	11	材料保管	项目材料员	各班组班长	分类堆放、建立账卡	材料供应计划
	12	材料发放	项目材料员	各班组班长	核对名称规格型号材质	限额领料卡
七、人员资格审查	13	特殊工种上岗	公司工程科	项目资料员	审查各特殊工种上岗证	操作规范、规程
	14	管理人员上岗	项目经理	公司办公室	组建项目部管理班子	施工规范、规程
八、开工报告	15	确认施工条件	项目经理	项目工程师	材料、设备进场	施工准备工作计划
九、轴线标高	16	基础楼层轴线标高	项目工程师	施工工长 项目质量员	轴线标高引测	图纸、规程
十、设计变更	17	设计变更	项目工程师	施工工长 项目资料员	工艺审查、理论验算	图纸、规程
十一、基础工程施工	18	基础验槽	项目工长	项目工程师	地质情况、钎探、基槽尺寸	图纸、规程
	19	砖基础	项目工长	项目质量员	规格、品种、砂浆饱满度、基础平整度、垂直度	图纸、规程、施工组织设计
	20	钢筋制作绑扎	项目工程师 项目工长	项目质量员	规格、品种尺寸、焊接质量	图纸、规程、施工组织设计
	21	基础模板	项目工程师 项目工长	项目质量员 木工翻样员	几何尺寸位置正确、稳定	施工组织设计
	22	混凝土施工	项目工程师 项目工长	项目质量员	混凝土配合比、施工缝留设	施工组织设计
十二、主体工程施工	23	砖砌体工程	项目工程师 项目工长	项目质量员	规格、品种、砂浆饱满度、墙体平整度、垂直度	图纸、规程、施工组织设计
	24	模板工程	项目工程师 项目工长	项目质量员 木工翻样员	编制支模方法和组织实施	规范、施工组织设计
	25	钢筋工程	项目工程师 项目工长	项目质量员 钢筋翻样员	规格、品种尺寸、焊接质量	图纸、规范、施工组织设计
	26	混凝土工程	项目工程师 项目工长	项目质量员	准确、解决技术问题	验收规范、施工组织设计

续表

控制环节		控制要点	主要控制人	参与控制人	主要控制内容	质控依据
十三、地面装饰屋面门窗工程	27	地面工程	项目工程师 项目工长	项目质量员 项目材料员	编制施工工艺	图纸、规范、施工组织设计
	28	屋面工程	项目工程师 项目工长	项目质量员 项目材料员	防水层的施工工艺	图纸、规范、施工组织设计
	29	外墙面	项目工程师 项目工长	项目质量员 项目材料员	样板处细部做法观感质量	图纸、规范、施工组织设计
	30	门窗工程	项目工程师 项目工长	项目质量员 项目材料员	安装质量	图纸、规范、施工组织设计
十四、隐蔽工程	31	分部分项工程	项目工程师	项目工长	监督实施	图纸、规范
十五、水电安装	32	略	项目工程师	施工工长 项目质量员	略	略
十六、质量评定	33	分部分项、单位工程	项目工程师	施工工长 项目质量员	实施监督评定	评定标准
十七、工程验收交工	34	验收报告资料整理	项目工程师	项目资料员	编制验收报告、审核交工验收资料的准确性	验收标准
	35	办理交工	项目经理	项目工程师	组织验收	施工图、上级文件
十八、用户回访	36	质量回访	项目工程师	施工工长 项目质量员	了解用户意见和建议，落实整改措施	国家文件规定

② 按照 ISO 9000《质量体系控制程序文件》中的《采购》《检验和状态》的原则，在材料进场和使用过程中着重把好如下几道关。

a. 进场验收：必须由材料员、项目质量员对所有进场的材料的型号、规格、数量外观质量以及质量保证资料进行检查，并按规定抽取样品送检。原材料只有在检验合格后由建设（监理）单位代表批准后方可用于工程上。

b. 材料堆放：材料进场后要按指定地点堆放整齐，标识、标牌齐全，对材料的规格、型号以及质量检验状态标注清楚。

③ 分项工程及工序间的检查与验收。分项工程的每一道工序完成之后，先由班组长及班组兼职质检员进行自检，并填写自检质量评定表，由项目专职质量员组织班组长对其进行复核。

④ 隐蔽工程验收。当每进行一道工序需要对上一道工序进行隐蔽时，由项目工程师负责在班组自检和项目质量员复检的基础上填写隐蔽工程验收单，报请业主代表对其进行验收，只有在业主代表验收通过并在隐蔽工程验收单上签字认可后方可进行下道工序的施工。

⑤ 分部工程的验收。当某分部工程完工后，由项目工程师组织，由项目专职质量员、工长参加，对该分部进行内部检查，并填写分部工程质量评定表报公司工程科，由公司工程科组织对其进行质量核定。

⑥ 工程验收。除项目部和公司科室对项目进行质量监控外，工程在基础分部、主体分部、屋面分部和总体竣工验收等重要环节，由项目经理、公司总工组织，由建设单位、设计单位、质监站等单位参加，根据项目的自评和公司的复核情况，对工程的分部质量进行检查核定。附录一工程的验收计划如表 5-5 所示。

表5-5　工程的验收计划

序号	隐蔽工程项目	项目组织人	外部参加单位	计划验收时间
1	基坑验槽	项目工程师	设计单位、业主代表、监理代表	根据网络计划图
2	基础钢筋	项目工程师	业主监理代表	根据网络计划图
3	基础工程	项目经理	业主监理代表、质监站、设计院	根据网络计划图
4	主体结构钢筋	项目工程师	业主监理代表	根据网络计划图
5	主体结构	项目经理	业主监理代表、质监站、设计院	根据网络计划图
6	屋面找平	项目工程师	业主监理代表	根据网络计划图
7	屋面防水	项目经理	业主监理代表、质监站	根据网络计划图
8	预埋铁件、预留洞	工长、质量员	业主监理代表	根据网络计划图
9	工程竣工初步验收	项目经理、项目工程师	业主监理代表、质监站、设计院	根据网络计划图
10	工程竣工验收	项目经理、项目工程师	业主监理代表、质监站、设计院、公司总工程师	根据网络计划图

二、工程质量的技术措施

1. 一般规定

（1）所有工程材料进场都必须具有质保书，对水泥、钢材、防水材料均应按规定取样复试，合格后方可使用。材料采购先由技术部门提出质量要求交材料部门，采购中坚持"质量第一"的原则，同种材料以质量优者为选择先决条件，其次才考虑价格因素。

（2）对由甲方提供的各项工程材料，同样根据图纸和规范要求向甲方提供材料技术质量要求指标，对进场材料组织验收，符合有关规定后方可采用。

（3）对所进材料要提前进场，确保先复试后使用，严禁未经复试的材料或质量不明确的材料用到工程中去。

（4）模板质量是保证混凝土质量的重要基础，必须严格控制。

① 所采用的模板质量必须符合相应的质量要求，旧模板使用前一定要认真整理，去除砂浆、残余混凝土，并堆放整齐。

② 模板使用应注意配套使用，不同规格模板合理结合，以保证构件的几何尺寸的正确。

（5）做好工程技术资料的收集与整理工作。按照国家质量验收评定标准以及质监站对工程资料的具体规定执行。根据工程进展情况，做到及时、真实、齐全，本工程资料由项目资料员专门负责收集与整理。

2. 主要质量通病的防治

主要质量通病的防治措施见表 5-6。

表5-6　主要质量通病的防治措施

部位	质量通病	防治措施
基础工程	轴线偏移较大	1. 严格对照测量方案，严把测量质量关 2. 用 J-2 光学经纬仪，并用盘左盘右法提高测角精度 3. 用精密量距法提高主控轴线方格网精度 4. 切实保护主控点不受扰动
	基底持力层受扰	1. 严格进行浇垫层前隐蔽验收土质 2. 预留挖土厚度，浇混凝土前清底 3. 及时抽降坑内积水 4. 认真处理异常土质

续表

部位	质量通病	防治措施
主体工程	轴线偏移较大	1. 对照测量方案，严把测量质量关 2. 及时将下部轴线引到柱上，并复核好 3. 对柱、预留孔洞均实施轴线控制，按墨斗线施工 4. 严控柱垂直度和主筋保护层，防止纵筋位移
	结构混凝土裂缝	1. 加强商品混凝土质量控制，提供混凝土性能，满足设计和施工现场要求 2. 切实防止混凝土施工冷缝产生 3. 严格控制结构钢筋位置和保护层偏差 4. 做好混凝土二次振捣和表面收紧压实，及时进行有效覆盖养护 5. 严格控制施工堆载，严禁冲击荷载损伤结构 6. 严格按《混凝土结构工程施工质量验收规范》（GB 50204—2015）进行拆模，当施工效应比使用荷载效应更为不利时，进行核对，采取临时支撑
	结构梁视觉下挠	1. 主次梁支模时均应按规范保持施工起拱 2. 仔细检查梁底起拱标高数据
屋面工程	防水渗漏	1. 及时检查混凝土结构有无，修好全部空洞、露筋、裂缝，达到蓄水无渗漏 2. 做好防水各道工序，保证施工质量，尤其是节点质量 3. 做好各道工序成品保护 4. 做好落水斗等部位的细部处理
门窗工程	门窗四周渗水	1. 处理好节点防水设计 2. 窗四周应先打发泡剂后做粉刷面层，提高嵌缝质量 3. 严格控制窗四周打胶质量
装饰工程	粉刷和地面脱壳、开裂	1. 严格进行基层处理验收制度，包括清理、毛化、湿润 2. 控制首层粉刷厚度，不得超过 10mm 3. 严格控制黄砂细度模数，严禁用细砂粉刷 4. 加强施工后养护和成品保护
水电安装工程	略	略

三、夏、雨季施工技术措施

5.5 季节性
施工措施

1. 夏季施工

① 夏季施工应加强对混凝土的养护，应由专人负责浇水。

② 对砖要隔夜浇水湿润，已完成的砖砌体和混凝土结构应加强浇水养护。

③ 夏季施工作业时，作业班组尽量避开烈日当空酷暑的条件下进行施工，宜安排早晚或晚间气候条件较适宜的情况下施工。

2. 雨季施工

（1）现场应存放一定数量的草包，以作覆盖用。

（2）混凝土浇捣时，必须事先密切注意天气预报，尽可能避开雨天，若遇不得已情况，必须及时做好防雨措施。对于来不及覆盖而经雨淋的混凝土应及时覆盖，雨停后再用同配合比细砂浆结面。

（3）基坑开挖时应设一定数量的水泵及时抽水排出场外至厂区下水道内。

（4）基坑施工时应及时挖好，并及时浇筑垫层。如不能及时浇筑垫层时，应留置 20cm 土层不挖。

四、保证工程施工安全的措施

1. 安全管理目标

实行现场标准化管理、实现安全无事故。

2. 确保施工安全的管理措施

（1）建立健全施工现场安全管理体系（图5-2），在项目经理的领导下，各有关管理人员参加安全管理保证体系，现场设专职安全员一名，负责监督施工现场和施工过程中的安全，发现安全问题，及时处理解决，杜绝各种隐患。

（2）本着抓生产就必须先抓安全的原则，由项目经理主持制定本项目管理人员的安全责任制和项目安全管理奖罚措施，并将奖罚措施张挂到工地会议室，同时发放到每一个管理人员和操作工人。

（3）由项目经理负责组织安全员、工长和班组长每天进行一次安全大检查，每天由专职安全员带领现场架子工不停地对工地进

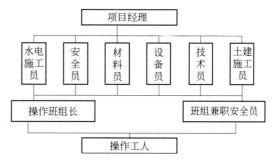

图5-2　施工现场安全管理体系图

行巡回检查，对不合格的安全设施，违章指挥的管理人员，违章操作的工人，由安全员及时发出书面整改通知，并落实到责任人，由安全员监督整改。

（4）由项目安全员负责，对每一个新进场的操作工人进行安全教育，并作好安全交底记录，由安全员负责按规定收集整理好项目的安全管理资料。

3. 确保施工安全的技术措施

① 严格执行公司制定的安全管理方法，加强检查监督。

② 施工前，应逐级做好安全技术交底，检查安全防护措施。

③ 立体交叉作业时，不得在同一垂直方向上下操作。如必须上下同时进行工作时，应设专用的防护栅或隔离措施。

④ 高处作业的走道，通道板和登高用具，应随时清扫干净，废料与余料应集中，并及时清理。

⑤ 遇有台风暴雨后，应及时采取加设防滑条等措施。并对安全设施与现场设备逐一检查，发现异常情况时，立即采取措施。

4. 高空作业劳动保护

（1）从事高处作业的职工，必须经过专门安全技术教育和体检检查，合格才能上岗，凡患有高血压、心脏病、癫痫病、眩晕症等不适宜高处作业的人，禁止从事高处作业。

（2）从事高处作业的人员，必须按照作业性质和等级，按规定配备个人防护用品，并正确使用。

（3）在夏季施工时须采取降温与预防中暑措施。

5. 基槽边坡安全防护

（1）基槽四周设置钢管栏杆，并设置醒目标志。

（2）土方堆放必须离开坑边 1m，堆高不超过 1.5m。

6. 脚手架安全要求

① 搭设脚手架所采用的各种材料均需符合规范规定的质量要求。

② 脚手架基础必须牢固，满足载荷要求，按施工规范搭设，做好排水措施。

③ 脚手架搭设技术要求应符合有关规范规定。

④ 必须高度重视各种构造措施：剪刀撑、拉结点等均应按要求设置。

⑤ 水平封闭：应从第二步起，每隔 10m 脚手架均满铺竹笆，并在立杆与墙面之间每隔一步铺设统长木板。

⑥ 垂直封闭：二步以上除设防护栏杆外，应全部设安全立网；脚手架搭设应高于建筑物顶端或操作面 1.5m 以上，并加设围护。

⑦ 搭设完毕的脚手架上的钢管、扣件、脚手板和连接点等不得随意拆除。施工中必要时，必须经工地负责人同意，并采取有效措施，工序完成后，立即恢复。

⑧ 脚手架使用前，应由工地负责人组织检查验收，验收合格并填写交验单后方可使用，在施工过程中应有专人管理，检查和保修，并定期进行沉降观察，发现异常应采取加固措施。

⑨ 脚手架拆除时，应先检查与建筑物连接情况，并将脚手架上的存留材料、杂物等清除干净，自上而下，按先装后拆，后装先拆的顺序进行，拆除的材料应统一向下传递或吊运到地面，一步一清。严禁采用踏步拆法，严禁向下抛掷或用推（拉）倒的方法拆除。

⑩ 搭拆脚手架，应设置警戒区，并派专人警戒。遇有六级以上大风和恶劣气候，应停止脚手架搭拆工作。

7. 防火和防雷设施

施工工地有很多用材都是易燃品，加之施工过程中用火、用电、用气的环节也很多，所以施工平面图在防火方面显得尤为重要。消防车道是否畅通；是否设置与施工进度相适应的临时消防水源、消火栓在哪里安装，配备水带位置是不是合理等等，是需要重点考虑的问题。

2009 年 2 月 9 日中央电视台新址工地发生特大火灾，被冻裂的喷淋管件及喷淋头未修复，无法使用；北配楼消防栓系统管道内水被放掉尚未灌满，一场大火损失了 1.6 亿元。由此可见，施工图设计得再好，也需要严谨的贯彻执行！

① 建立防火责任制，将消防工作纳入施工管理计划。工地负责人向职工进行安全教育的同时，应进行防火教育。定期开展防火检查，发现火险隐患及时整改。

② 严禁在建筑脚手架上吸烟或堆放易燃物品。

③ 在脚手架上进行焊接或切割作业时，氧气瓶和乙炔发生器放置在建筑物内，不得放在走道或脚手架上。同时，应先将下面的可燃物移走或采用非燃烧材料的隔板遮盖，配备灭火器材，焊接完成后，及时清理灭绝火种，没有防火措施，不得在脚手架上焊接或切割作业。

五、降低工程成本的措施

① 提高机械设备利用率，降低机械费用开支，管好施工机械，提高其完好率、利用率，充分发挥其效能，不但可以加快工程进度，完成更多的工作量，而且可以减少劳动量，从而降低工程成本。

② 节约材料消耗，从材料的采购、运输、使用以及竣工后的回收环节，认真采取措施，同时要不断地改进施工技术，加强材料管理，制定合理的材料消耗定额，有计划地、合理地、积极地进行材料的综合利用和修旧利废，这样就能从材料的采购、运输、使用三个环节上节约材料的消耗。

③ 钢筋集中下料，降低钢材损耗率，合理利用钢筋。钢筋竖向接头采用电渣压力埋弧焊连接技术，以节约钢材。

④ 砌筑砂浆、内墙抹灰砂浆用掺加粉煤灰的技术，以节约水泥并提高砂浆的和易性。粉煤灰具体掺入比例根据试验室提供的配合比而定。

⑤ 土方开挖应严格按土方开挖技术交底进行，避免超挖、增加土方量和混凝土量。合理的调配土方，节约资金。利用挖出的土方作工区场地整平回填，在计划上要巧作安排，使其就近挖土和填土，减少车辆运输或缩短运距。

⑥ 加强平面管理、计划管理，合理配料，合理堆放，减少场内二次搬运费用。

⑦ 对所有材料做好进场、出库记录，并做好日期标识，掌握场内物资数量及质保日期，减少不必要浪费。

六、现场文明施工的措施

执行《建设工程施工现场环境与卫生标准》（JGJ 146—2013）。

1. 文明施工的管理措施

（1）管理目标 在施工中贯彻文明施工的要求，推行标准化管理方法，科学组织施工，做好施工现场的各项管理工作。本工程将以施工现场标准化工地的各项要求严格加以管理，创文明工地。

（2）文明工地的一般要求

① 本着管理施工就必须管安全，抓安全就必须从实施标准化现场管理抓起的原则，本工程的文明现场管理体系同安全管理体系，所有对安全负有职责的管理人员和操作工人对文明现场的管理也负有相同的职责。

② 在施工现场的临设布置、机械设备安装和运行、供水、供电、排水、排污等硬件设备的布置上，严格按公司有关规定执行。

③ 为保证环境安静，同时考虑到施工区域在建设单位厂区内，工人宿舍不设在施工现场，工人宿舍安排在本公司基地。

④ 按照施工平面图设置各项临时设施，堆放大宗材料、成品、半成品和机具设备，堆放整齐，挂号标牌，不得侵占场内道路及安全防护等设施。

⑤ 施工现场设置明显的标牌［六牌一图：工程概况牌、管理人员名单及监督电话牌、消防保卫（防火责任）牌、安全生产牌、文明施工牌、农民工权益告知牌和施工现场平面图］，标明工程项目名称、建设单位、设计单位、施工单位、项目经理和施工现场甲方代表的姓名、开工及竣工日期等。施工现场的主要管理人员在施工现场佩带证明其身份的证卡。

⑥ 施工现场的用电线路，用电设施的安装和使用必须符合安装规范和安全操作规程，严禁任意拉线接电。施工现场必须设有保证施工安全要求的夜间照明。

⑦ 施工机械按照施工平面布置图规定的位置和线路设置，不得任意侵占场内道路。

⑧ 施工场地的各种安全设施和劳动保护器具，必须定期进行检查和维修。

⑨ 保证施工现场道路畅通，排水系统处于良好的使用状态；保持场容场貌的整洁，随时清理建筑垃圾。

⑩ 职工生活设施符合卫生、通风、照明等要求。职工的膳食、饮水应当符合卫生要求。

⑪ 做好施工现场安全保卫工作，现场治安保卫措施：该工程建设要严格按照工厂的有关规定，服从业主管理，加强安全治理、防火等管理，进场前应对全体职工进行安全生产、文明施工、防火等管理教育，不得随便进入周围厂区生产场所（车间），保障厂区正常的工作。

设专职安全员落实做好防火、防盗、防肇事工作，认真查找隐患，及时解决问题。

对门卫经常进行教育，落实防范措施，严格按公司和甲方的有关规定执行，杜绝外来闲散人员进入工地，引导职工团结友爱，互相帮助，杜绝肇事。

监督安全设施，脚手架搭设、临边洞口防护设施的规范化施工，制止和纠正进入工地施工人员赤膊、赤脚和不戴安全帽的违章行为，不服从者逐出工地。

严格落实各级文明管理责任制，做到谁管理的范围由谁负责文明施工，谁负责的范围文明存在问题由谁负责，层层分解落实，环环相扣，做到事事有人问。

⑫ 严格依照《中华人民共和国消防条例》的规定，在施工现场建立和执行防火管理制度，设置符合消防要求的消防设施，并保证完好的备用状态。在容易发生火灾的地区施工或储存，使用易燃易爆器材时，施工单位应当采取特殊的消防安全措施。

⑬ 遵守国家有关环境保护的法律规定，采取措施控制施工现场的各种粉尘、废气、废水、固体废弃物以及噪声、振动对环境的污染和危害。

⑭ 采取下列防止环境污染的措施。

采用沉淀池处理搅拌机清洗浆水，未经处理不得直接排入厂区排水管网。

不在现场熔融沥青或者焚烧油毡、油漆以及其他会产生有害烟尘和恶臭气体的物质。

采取有效措施控制施工过程中的扬尘，如覆盖等。

厕所设在施工现场西北角离污水站附近，以便直接接入厂区污水管网。

⑮ 搞好公共关系的协调工作，由专人负责此项工作，使工程顺利进行。

2. 文明施工现场管理的技术措施

（1）现场临时供电系统的设计

① 执行《施工现场临时用电安全技术规范》（JGJ 46—2005）。

② 施工用电量的计算（建筑工地临时供电，包括动力用电、照明用电两方面）。

a. 全工地所使用的机械动力设备，其他电器工具及照明用电的数量。

b. 施工进度计划中施工高峰阶段同时用电的机械设备最高数量。

c. 各种机械设备在工作中需用的情况。

d. 总用电量的计算：

$$P=1.05\sim1.10\ (K_1\times\sum P_1/\cos\varphi+K_2\sum P_2+K_3\sum P_3+K_4\sum P_4)$$

式中，$\cos\varphi$ 为电动机的平均功率因素；K_1、K_2、K_3、K_4 为需要系数；$\sum P_1$（电动机施工时避开施工最高峰）为电动机额定功率之和；$\sum P_2$ 为电焊机额定容量之和；$\sum P_3$ 为室内照明容量之和；$\sum P_4$ 为室外照明容量之和。

③ 电力变压器、电线截面的选择。

a. 主要技术数据（额定容量，高压额定电压，低压额定电压）。

b. 具体的线径选择。

④ 电路排设注意事项。

a. 凡过道路线均需在地下埋设钢管，电线从地下穿管过路。

b. 向上各层用电线沿钢管脚手架架设，并设分配电箱。

c. 采用三相五线制，立电杆、横杆、瓷瓶固定。

d. 电源的选择：由已建工具车间仓库接到现场装表计量使用。

⑤ 线路布置：详见施工平面布置图。

（2）现场排水排污系统　现场排水排污系统的好坏，直接影响到其文明施工现场能否达标。因此，排水排污系统采用：在搅拌机一侧设沉淀池一个，污水经沉淀池沉淀后就近排入厂区下水道。

（3）现场临时供水　本工程现场施工用水由厂区西侧已建污水处理站就近接入现场装表计量使用。

任务二

制定框架结构单位工程施工技术组织措施

任务提出

根据附录二的总二车间扩建厂房工程设计图纸、施工方案提出施工技术组织措施。

任务实施

一、质量保证体系及控制要点

1. 质量控制措施

（1）质量目标　确保工程按照国家验收规范合格；工程质量保证项目 100% 符合设计要求和施工规范规定；全部技术资料齐全，符合施工规范和验评标准。

（2）工程质量保证措施

① 质量管理组织机构

a. 建立经验丰富的质量管理小组直接抓质量，明确质量管理岗位责任制。配备专职检查小组，树立质量第一的观念，负责制定工程施工的总体计划、方针和产品质量的总目标；监督检查各职能部门有关质量的工作；组织编制管理制度，施工工艺卡，质量标准的贯彻执行。

b. 公司工程部落实人员制定措施，具体负责整个工程质量和质量检查，其职责范围为检查各项质量措施的实施，深入施工现场，以预防为主，认真做好对每道工序的质量复评，督促施工班组做好"自检、互检"，认真开展"班组级质量管理活动"，参加技术交底、工序交底、质量大检查、质量事故处理，对不按图施工、违反操作规程、违反验收规范的班组和个人，责令停工，并及时进行纠正。

c. 由公司总工程师办公室主持本工程在各施工阶段的图纸会审和自审制度，对班组进行技术交底；督促班组质量自检、工序互检，参加质量检查，协助质量管理。

d. 由具有丰富施工实践经验的专职质量员负责施工现场管理工作，对施工质量负直接把关的责任，并负责处理日常一般的质量事故。

e. 单位工程施工负责人负责整个工程施工的事前管理，贯彻质量规划和各种技术措施，负责主持各道工序的复评工作，负责处理各种质量事故，严格按照施工规范和公司技术标准施工，对各种班组的施工情况进行总结，并及时汇报情况。

f. 确立各班组长为兼职质量员，加强施工工序和操作规程及验收规范的执行力度，主持本工序质量检查工作，组织本班组内的施工活动，制止违章操作。

g. 充分发挥广大职工创优积极性和创造性，以经济责任制作为经济杠杆和工作基础，把企业和职工的经济利益同承担的经济责任和实现效果联系在一起，统筹责、权、利三者密切结合的经营管理制度，使广大职工的积极性得以发挥，同时积极开展质量管理教育和 TQC 小组活动，把质量管理工作深入到每一个职工当中。

② 施工准备阶段的质量管理　施工前的准备工作很重要，它贯穿工程施工的全过程，

施工准备阶段的质量管理直接影响工程质量，这个阶段的质量控制主要如下。

a. 实行图纸会审制度：图纸是施工的依据，要保证工程的质量必须认真熟悉图纸，并及时组织自审和会审，开好设计交底会议，对有可能影响质量和施工难度的问题尽量预先与设计沟通，取得共识，为创优创造基础。

b. 分阶段、分部位、分工种地编制施工组织设计和施工方案，合理安排施工顺序，工种交接，以免工序搭接不合理而产生质量问题。

c. 材料和半成品的质量验收：保证材料质量是保证工程产品质量的前提，也是保证整个工程质量的关键。要按照设计图纸和规范、规程，使用材料、半成品和设备等分型号分别堆放，并标出标色，各种构件及原材料要有出厂合格证，且按规定进行复试，合格后方可使用。

d. 施工机具、设备仪器的检修和检验：对不符合要求的各类机具仪器，及时做好修理校正。

③ 施工过程的质量管理　在施工员的指导下进行控制，各施工班组严格按照规范和公司《公司技术标准》进行施工，施工员、质量员对施工过程的质量管理起到全面把关的作用。

a. 做好施工的技术交底和技术复核工作：监督工程是否按照设计图纸、规范和规程施工。

b. 进行工程质量检查和验收：为保证本工程质量，坚持质量检查和验收制度，加强对施工过程各个环节的检查，对已完工的分项工程，特别是隐蔽工程，及时进行检查验收，并组织工人参加自检、互检和交接检查。

c. 各次放样后，均经工程负责人、公司技术部门的检查验收和建设方的认可。

d. 轴线控制放样用经纬仪，标高用水准仪测量。

e. 防水工作要抓好屋面防水做法的各个环节。如防水混凝土屋面，外墙与屋面连接点处理等。防水细部做法严格按规范认真仔细处理。

f. 水、电安装部门与土建密切配合好，做好孔洞预留、预埋工作。

g. 实行模板拆除通知制度，技术负责人根据同条件养护试块强度值填写拆模通知书，否则任何人不得松动和拆模。

h. 加强成品保护教育，贯彻成品保护规定，由专人负责成品保护，加强监督并建立完善的质量管理网络。

④ 实行"PDCA"循环管理

a. 运用科学管理方法进行计划。本工程的质量目标为合格。因此，必须按标准对各分项工程进行严格验收。

b. 建立 TQC 全面质量管理体制，在施工过程中进行全面管理，使工程成本、效益、质量的指标达到预期的效果。

c. 在每道工序结束后，及时进行验收。各分项工程的验收由质量检查员负责，主要分部工程包括基础分部、主体分部、装饰分部，质量验收由公司工程部负责。

d. 对不符合要求的分部工程，由技术负责人制定切实可行的处理方案，经监理单位认可后付诸实施，并重新检验工程质量，直至达到预期效果。

（3）质量管理措施

① 全面提高全体施工人员的质量意识和信念。

② 加强技术质量管理监控能力，认真学习和执行国家验收规范、规程及上级主管部门颁发的建筑法规、规定及文件，认真学习施工图纸，为确保工程质量打下良好的基础。

③ 加强质量管理的宣传教育力度，使每一个施工操作人员牢固树立"质量第一"的思想，推动全面质量管理，层层落实，道道把关，重点抓好施工工艺和工序的质量控制。

④ 择优挑选施工班组，选择技术素质高、能吃苦、信誉好的队伍进行施工，并对操作人员进行技术测试，使他们在竞技中提高质量。

⑤ 提高人员素质，加强技术培训，经常组织施工员、质量员及有关操作人员进行业务学习，成立由技术人员和操作人员组成的技术质量小组，不定时地研究施工技术及质量保证措施，切实有效地开展 QC 小组活动。

⑥ 保证机械设备、操作工具的质量，经常检查、保养机械设备、操作工具的质量。

⑦ 为保证混凝土的质量，尽量采用新模板，并在施工过程中建立模板保养制度。

⑧ 对图纸错误及难以保证质量的地方，做到及时解决。认真搞好各工种图纸的综合放样，画好钢筋翻样图和模板翻样图。

⑨ 按照质量目标要求，对每个分项工程事先组织有关人员进行讨论，制定切合实际的操作工艺卡，由施工员对班组在现场进行技术交底，必要时进行一次现场演习。

⑩ 严格按图纸、施工验收规范、规定、质量检验标准和施工组织设计要求组织施工。

⑪ 根据各种材料、成品、半成品、试块等试验标准、规范、规定，做好试验工作，及时准确提供试验数据、报告。

⑫ 认真做好施工工程的定位、轴线与高程的传递与测试、沉降观测等测量工作，确保工程按规划批准的范围内建造，按工程图所规定的尺寸、标高建造。

⑬ 项目部质量员对工程同步进行质量检查、监督，每月组织两次大检查，发现问题及时通知整改，做好技术资料的收集整理和自查工作。

⑭ 对重点部位进行经常性跟踪检查与督促，定期组织质量大检查，对检查中发现的质量问题及时通知施工员进行整改。

⑮ 及时进行技术复核工作，对重点分项工程进行重点复核（见表5-7）。组织好隐蔽工程验收及各道工序前交接检查，在上道工序的质量问题未处理好前，决不进行下道工序的施工（见表5-8）。

表5-7　技术复核计划表

复核项目	自复人	技术复核人	依据
建筑物轴线定位	施工员	技术负责人	总平面图
预埋件、预留孔	木工班长	施工员	施工图
钢筋翻样	钢筋班长	施工员	施工图
砌体轴线、皮数杆	瓦工班长	施工员、质检员	施工图

表5-8　隐蔽工程验收制度

验收项目	自检、抽检	验收签证
各部位钢筋制作、安装	班组长、施工员、质检员、技术负责人	
各部位模板制作、安装	班组长、施工员	
预埋件、预留孔	班组长、施工员	建设单位、工程师
墙、柱拉结筋	班组长、施工员、质检员	
屋面防水层	施工员、质检员	

⑯ 对装饰工程中的主要部位和量大面广的装饰工序，均应先做样板或样板间，并及时改进样板间质量，制定样板间操作工艺特点。

⑰ 大量装饰工作开始后，花一定的人力、物力加强成品的保护工作，制定切实有效的成品保护措施，并进行交底，对破坏成品者予以罚款。

（4）质量体系控制措施

① 质量体系要素：质量体系要素是构成质量体系的基本单元。它是工程质量生产和形成的主要因素。质量体系是由若干相互关联、相互作用的基本要素组成。

② 项目质量保证体系图（图5-1）。

③ 工序质量管理网络图（图5-3）。

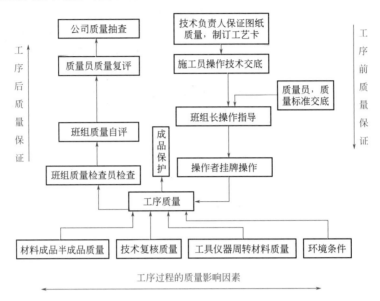

图5-3　工序质量管理网络图

2. 材料质量保证措施

为了保证工程质量，对材料的采购，在贯彻建设方要求的同时，根据 ISO 9002 质量认证体系及贯标要求，逐一对工程材料供货厂家的材料质量、信誉、供货能力进行评估，以确保采购材料的质量。

（1）材料质量控制保证措施

① 加强材料检查验收，严把材料质量关：对用于工程的材料、设备必须符合设计文件和国家有关质量标准的规定，持有与材料、设备相符合的标牌、合格证书或质量检验报告。

② 工程中所有各种构件，必须具有厂家批号和出厂合格证方可使用。

③ 凡标志不清或认为质量有问题的材料，对质量保证资料有怀疑或与合同规定不符的一般材料，应进行一定比例试验的材料，应进行追踪检验以控制和保证其材料的质量等，均应进行抽检。

④ 进场材料和设备到达施工现场后应保持其原有的外观、内在质量和性能，在运输和中转过程中发生外观质量和性能损坏的材料、设备不用于工程。

⑤ 无生产厂名和厂址或牌证不符的设备，不用于本工程。

⑥ 进场的材料，包括钢材、水泥、防水、保温材料等，均按有关规定分批抽样进行质量检验，材料质量抽样和检验的方法应符合《建筑材料质量标准与管理规范》，要能反映该批材料的质量性能，对于重要或非匀质的材料，还应酌情增加采样的数量，检验不合格的材料不得用于工程。

⑦ 重视材料的使用认证，以防错用或使用不合格的材料。

⑧ 对主要装饰材料及建筑配件，在订货前要求厂家提供样品或看样订货，进货时按规

范及样品进行验收。

⑨ 对材料性能、质量标准、适用范围和对施工要求须充分了解，以便慎重选择使用材料。

⑩ 凡是用于重要结构、部位的材料，使用时必须仔细核对、认证其材料的品种、规格、型号、性能有无错误，是否适合工程特点和满足设计要求。

⑪ 材料认证不合格时，不允许用于工程中。

⑫ 在现场配制的材料，如砂浆的配合比，先提出试配要求，经试配检验合格后才能使用。

（2）材料试验

① 钢筋：每批钢筋进场，必须有质保书，数量以不超过 60t 为一批，在每批钢筋中任选 2 根钢筋，在距端部 50cm 处各取 1 套（2 根）试样，长 45cm，每套中取 1 根送试验室做拉力试验，另 1 根做冷弯试验，合格后方可用于工程上。

② 钢筋焊接：焊工必须经考核合格，持证上岗；正式焊接前，应做试焊，并按规定批数抽样送试验室检验，合格后方可用于工程上。

③ 水泥：每批水泥进场，检查其出厂合格证，并抽样进行安定性试验。每批水泥 28d 后必须要有 28d 强度报告单。

④ 烧结普通砖、空心砖：砖块进场时，检查其有无技术监督局发的产品检验合格证，有效期应与使用期相符，同时进行外观质量检查；抽样进行力学性能试验，对不同部位的设计强度等级及不同批次进场分别抽取，同部位、同批、同设计强度等级的砌块，烧结普通砖按规范进行检测。

⑤ 砂浆、混凝土试块：按每一工作班留置一组，检查商品混凝土坍落度须不少于两次，标养和同条件试块须及时送样。

3. 主要分项工程质量控制措施

（1）基础工程　基础混凝土工程质量保证措施见表 5-9。

表 5-9　基础混凝土工程质量保证措施

	相　关　措　施	执行人
技术	制定施工工艺，贯彻规范规程监督执行，发现问题及时解决	技术负责人
材料	水泥、砂、石等必须符合要求，工具要满足要求	材料员
施工	贯彻规范规程和工艺要求，监督施工中合理安排人、材料和机械	施工员
试验	水泥、砂、石、砖抗压试验	技术员
班组	严格按工艺标准进行操作、养护和成品保护	全体操作者

（2）模板工程　模板工程质量保证措施见表 5-10。

表 5-10　模板工程质量保证措施

	相　关　措　施	执行人
技术	制定施工方案、分项工程作业指导书，制定纠正和预防措施	技术负责人
材料	模板及支撑构件进场须经检查，不符合质量要求者退场	材料员
施工	监督施工，协调配合，验收时严格按工艺标准，令不合格者返工	施工员
配合	钢筋：不偏移；放线：线位无误；预埋件：位置安放正确牢固	施工员

（3）钢筋工程　钢筋绑扎、钢筋焊接的质量控制程序分别见附录四附表 4-3 和附表 4-4。

（4）混凝土工程

① 混凝土工程质量管理点设置（表 5-11）。

表5-11 混凝土工程质量管理点的设置

管理点内容	对 策 措 施
蜂窝、孔洞、露筋、缝隙夹渣	①混凝土搅拌时严格控制配合比；②混凝土自由倾落高度不超过2m，掌握好每点的振捣时间；③浇筑前，检查钢筋位置及其保护层是否准确，注意垫块须分布均匀、合理；④严禁振捣棒撞击钢筋，操作时不得踩踏钢筋；⑤模板拼缝必须严密
位移、平整度、垂直度、截面尺寸	①模板固定要稳定牢固，拼接严密，无松动，浇筑过程中专人检查，以防发生位移；②位置线要弹准确，认真将吊线找直，及时调整误差；③模板应有足够的刚度和强度，检查混凝土浇筑前、浇筑时、浇筑后支撑体系有无变化；④仔细检查尺寸和位置是否正确；⑤混凝土浇筑12h内，及时浇水养护，强度达到1.2MPa后，方可上人

② 混凝土工程质量保证措施（表5-12）。

表5-12 混凝土工程质量保证措施

	相 关 措 施	执行人
技术	制定施工工艺，编制施工方案并在实际施工中监督贯彻执行，经常深入施工现场，发现问题及时解决	技术负责人
材料	合理选用企业信誉好的搅拌站生产的商品混凝土	材料员
施工	监督施工，合理安排人力，安排好各工种的配合	施工员

（5）砌体工程 砌体工程质量保证措施见表5-13。

表5-13 砌体工程质量保证措施

	相 关 措 施	执行人
技术	制定施工工艺，在实际施工中监督贯彻执行	技术负责人
材料	所用材料必须进行入场检验，质量标准须符合设计与规范要求	材料员
施工	合理安排施工，在操作过程中严把质量关	施工员
质检	认真执行国家规范和质量检验评定标准	质检员
班组	严格遵守施工工艺，在实际操作中认真执行	全体操作者

4. 消除质量通病措施（表5-6）

5. 成品保护措施

（1）建立健全成品保护制度

① 要求经常性地开展对职工的成品保护意识教育，做到尊重他人的劳动成果，不得在已完成品或半成品上乱涂、乱画、乱刻。

② 对各分包单位进场施工前做好相互间的移交接收工作，否则不得擅自开工。自接收日起负责对已成成品和半成品的保护工作。

③ 遵循合理的施工程序，严禁野蛮施工，避免施工不当造成已完成成品的破坏。

④ 各分包单位之间加强联系，多碰头，在进入下道工序之前，通知上道工序施工单位、监理单位、建设单位进行验收，符合要求签字盖章后方可进入下道工序施工。

⑤ 安装施工计划与装饰施工计划相互协调配合，不得各自为政，杜绝多次开槽，反复修补，破坏成品的不良情况。

（2）原材料、成品、半成品的保护措施

① 进场砂、石料、钢材、砌块应按品种、规格分类堆放，以便按不同工程对象取用，减少不必要的代换使用，以充分发挥各种经济效益。

② 散装水泥进场应挂牌，标明水泥进场日期、货源及品种强度等级。

③ 所有木制品进场均入库房保管，以免遭受雨雪浸蚀，日光暴晒而造成弯曲、变形。

④ 进场铁件按规格、种类分别堆放整齐，及时做好除锈刷油工作。

（3）结构、主体工程产品的保护措施

① 挖土至设计标高后，加强基坑降、排水工作，以免地基被水浸泡。

② 在常温条件下，混凝土浇捣达到终凝后，及时派人浇水养护，覆盖草包，不少于14d。

③ 拆模时间应严格按模板操作工艺的有关要求进行，以免人为地造成混凝土结构的损坏。拆模时应谨慎小心，选择适当部位撬动模板，以防损坏混凝土的边角棱面。

（4）装修和装饰工程的产品保护措施

① 在进行装饰工程时，结构上已安装好的钢、木配件和小五金均不得任意碰撞，以免造成错位和损坏。凡能待粉刷结束后安装或进行的装修工程，应尽可能在后期施工，保证装修质量的一次成优和减少不必要的返修工作量。

② 地面施工后保证有充分的养护期，一般规定在常温条件下，48h 以后进行洒水养护，3d 内不准让人行走，7d 内不准进行有拖拉摩擦和有振动的施工。先做地坪，后做粉刷时，应随时将落地灰清扫回收，以免日后结硬，造成铲除困难，甚至损坏地坪。

③ 水泥抹灰工程，严格仔细地清理抹灰基底，严禁在软底子上做水泥粉刷，以免造成粉刷开裂，脱脚和空鼓。

④ 做好的抹灰面均应注意保护，搬动物件和施工时应避免碰撞，特别是线角和边棱处更要当心。楼梯的每级踏步口严禁用器件碰撞和敲扎，必要时可采取护角技术措施（如采取钢木条外贴护角）。

⑤ 所有的内外墙不必要留置的孔洞应在刷浆前一次性修补，修补处与原抹灰面高低平整应一致，然后再施行刷浆工序，以保证抹灰面美观和色泽一致。

⑥ 安装施工与结构、装修施工交叉作业时，应按照批准的计划安排作业顺序，以杜绝多次开凿、反复修补的不良情况。

6. 技术资料、工程档案管理

（1）工程技术资料主要内容

① 质量保证资料：钢材出厂合格证、试验报告；焊接试（检）验报告、焊条（剂）合格证；水泥出厂合格证或试验报告；砂、石试验报告；砖出厂合格证或试验报告；混凝土试块试验报告；砂浆试块试验报告；砂浆、混凝土配比单；地基验槽记录；结构验收记录；混凝土施工日记；钢筋隐检记录；技术复核记录；沉降观测记录。

② 施工管理资料：工程图纸会审记录；工程定位放线记录；施工组织设计；开、竣工报告；停复工报告；工程设计变更记录；施工日记；质量事故处理报告；技术交底书；工程交工验收证书。

③ 质量检验评定资料：单位工程质量综合评定表；质量保证资料核查表；单位工程观感质量评定表；各分部分项工程质量检验评定表。

（2）管理措施

① 严格控制设计变更和材料代用，凡工程变更及材料代用一律由设计院发正式变更通知单及材料代用证明书。

② 认真做好技术交底工作，主要技术问题及主要分项工程施工前，应由项目经理、技术负责人会同有关人员组织技术交底并有书面记录。

③ 施工组应有专人组织负责测量，对标高及主要轴线统一由测量小组测设并做标记。土建安装均统一标高、轴线施工，施工中做好各阶段观测记录。

④ 加强对原材料质量的管理工作，对进场的材料、设备及时收集质保书等资料，对于无质保书或产品合格证及质保书、性能不符合要求的材料不准进场。

⑤ 加强对混凝土（砂浆）的质量控制及管理，加强对混凝土的坍落度、运输时间及浇捣时的质量控制。按规定现场制作试块，正确养护，并及时送试验室试压。

⑥ 加强现场质量监督检查工作，施工组成立质量监督小组，以专业检查为主，同时展开自检互检和工序交验工作，特别应加强对技术复核和隐蔽工程验收工作，并做好记录。

⑦ 随时对各分包的单项工程进行质量检查，及时收集分包单项工程技术资料，统一归档。

⑧ 以上各项必须按技术档案建档要求及时填报、审核、签证、收集、整理归档，竣工时，交送建设方及企业工程部存档。

7. 质量保修与回访

① 工程竣工后，公司将严格按《建设工程质量管理条例》、住房和城乡建设部有关规定进行保修。

② 在签订《建设工程施工合同》同时，向建设单位出具质量保修书。

③ 每年定期二次进行工程质量回访工作，并请建设方在回访单上签署意见，发现工程质量问题，及时进行维修。

④ 工程质量保修，由公司工程部具体负责。

⑤ 设立工程质量保修电话。

⑥ 对建设单位任何时间、任何形式提出的质量问题，公司将在接到通知 48h 内进行处理。由公司工程部立刻调派人员进行踏勘，制定修补方案，再立即组织人员维修。

⑦ 保修后，由工程部派人员进行质量检查，符合质量标准及要求后，请建设方在保修单上签署保修意见。

⑧ 特殊情况的质量问题，会同建设方、设计方统一保修方案后，再实施。

二、保证工程进度的措施

1. 组织保证

① 本工程将按公司较成熟的项目法管理体制，实行项目经理责任制，实施项目法施工，对本工程行使计划、组织、指挥、协调、实施、监督六项基本职能，并在公司系统内选择成建制的，能打硬仗的，并有施工过大型建筑业绩的施工队伍组成作业层，承担本施工任务。

② 根据建设单位的使用要求及各工序施工周期，科学合理地组织施工，形成各分部分项工程在时间、空间上充分利用而紧凑搭接，打好交叉作业仗，从而缩短工程的施工工期。

③ 建立施工工期全面质量管理领导小组，针对主要影响工期的工序进行动态管理，实行 PDCA 循环，找出影响工期的原因，决定对策，不断加快工程进度。

④ 选派施工经验丰富、管理能力较强的同志担任本工程的项目经理，并直接驻现场抓技术、进度。技术力量和设备由公司统一调配，统一协调指挥现场工作。

⑤ 决定选派具有施工经验丰富的、技术力量雄厚的专业作业层参加该工程的施工任务，在建设及有关单位的密切配合下，对施工进度也有较大的促进作用。

⑥ 加强对各专业作业队伍的管理培训、教育工作，有良好思想作风的队伍，是提高工

程质量、保证工期的关键。

2. 制度保证

建立生产例会制度，利用电脑动态管理实行周滚动计划，每星期至少 1 次工程例会，检查上一次例会以来的计划执行情况，布置下一次例会前的计划安排，对于拖延进度计划要求的工作内容找出原因，并及时采取有效措施保证计划完成。举行与监理、建设、设计、质监等部门的联席办公会议，及时解决施工中出现的问题。

3. 计划保证

① 采用施工进度总计划与月、周计划相结合的各级网络计划进行施工进度计划的控制与管理。在施工生产中抓主导工序、找关键矛盾、组织流水交叉、安排合理的施工程序，做好劳动组织调动和协调工作，通过施工网络切点控制目标的实现来保证各控制点工期目标的实现，从而进一步通过各控制点工期目标的实现来确保工期控制进度计划的实现。

② 倒排施工进度计划，编制总网络进度计划及各子项网络进度计划，月旬滚动计划及每日工作计划，每月工作计划必须 25 号内完成，以确保计划落实。

③ 根据各自的工作，编制更为详尽的层、段施工进度计划，制订旬、月工作计划，以每一个小的层、段为单体进行组织，保证其按计划完成，以层、段小单体计划的落实组成整体工程计划的顺利完成。

④ 在确定工期总目标的前提下，分项目、分班组、分工种地编制施工组织和方案，并力求工程施工的科学性、规范性、专业性。

⑤ 在开工前期应组织有关工种班组进行图纸预审工作，认真做好图纸会审方面的准备工作，把差错等消灭在施工前，对加快施工进度有相应的作用。

⑥ 公司各职能科室对该工程的一切问题全力以赴，及时调整不合理因素，并对各专业施工班组落实质量、进度奖罚制度，强调系统性管理和综合管理；施工力量和技术力量由现场项目部统一调度，确保每一个施工组的施工进度，控制在计划工期内竣工。

⑦ 为保证工期在计划内竣工，实现主体分层，各分部分项工程在时间上、空间上紧密配合。

4. 经济手段保证

① 实行合理的工期目标奖罚制度，根据工作需要，主要工序采取每日两班制度，即 12h 一班连续工作，如浇筑混凝土等作业。

② 整个工程计划目标进行细化，层层落实，实行内部重奖重罚制度，严格执行奖罚兑现，以经济手段保工期。

5. 作风保证

① 做好施工配合及前期施工准备工作，建立完整的工程档案，及时检查验收。拟定施工准备计划，专人逐项落实，做到人、财、物合理组织，动态调配，做到后勤保障的优质、高效。

② 发扬公司保持历年来在重大工程建设中体现出来的企业精神、高度的集体荣誉感、责任感，发挥职工最大潜在能力，以优良的作风保工期，强化职工质量意识，各道检验手续严格把关，做到检验一次性通过验收，减少返工造成的工期损失。

6. 装备保证

最大限度地提高机械化施工程度，以精良的技术装备保工期。

7. 准备工作保证

施工前，及时掌握近期天气动态，合理组织部署劳动力和机械设备配置，以确保工程顺利进行。

8. 部署保证

① 加强现场管理机构计划管理和公司监督管理力度，由项目部编制切实可行的施工计划总网络控制图。根据总进度，编制月、旬、周作业计划、材料供应计划、安装配合计划。由项目经理亲自抓，亲自检查落实情况。

② 充分合理调动所有财力、物力、人力的各种积极因素，确保施工作业面获得全面铺开。统一安排劳动力，保证现场施工人数，保持连续施工，确保部位计划的完成。

③ 施工过程中项目部要按总体计划和分项计划的要求，明确每天所需的劳动人数、各种材料的进场日期、机械拆装时间及装配合部位等，避免停、窝工等现象。

④ 本工程在施工过程中实行承包责任制，职责分明、责任到人，每月实行部位考核，以分项工程来控制进度，实行奖罚分明的制度，尤其是基础、主体及装饰阶段必须严格控制，鼓励和督促全体职工为工期目标的实现而更加努力地工作。

⑤ 施工过程中充分配备、调度好塔吊及周转材料。内装饰除增加劳动力投放外，保证进度的重点放在合理安排、穿插施工上，科学地安排好立体交叉平面流水作业，内部装饰应在主体施工时穿插进行塌饼、护角、冲筋的施工。主体验收后便可开展大面积施工。

⑥ 及时做好每道工序的复核、验收工作，防止因工程质量造成的返、停工现象。合理安排雨天、夜间施工。定期检查机械设备运转情况，避免因机械故障造成停、待工现象，确保工程施工顺利进行。

⑦ 做好土建与安装之间的配合工作，各专业安装工程负责人应参加现场协调会，每天碰头解决土建与安装之间的协调配合工作，以免影响工程进度。

三、季节性施工措施

1. 冬期施工措施

① 成立由项目经理、技术、质量、安全负责人参加的领导小组，该领导小组指挥协调季节性施工工作，对季节性施工期间的质量进度、安全文明生产负责。

② 施工前，对有关人员进行系统专业知识的培训和思想教育，使其增加对有关方面重要性的认识，根据具体施工项目的情况编制季节性施工方案，根据季节性施工项目的需要，备齐季节性施工所需物资。

③ 现场施工用水管道、消防水管接口要用管道保温瓦进行保温，防止冻坏。

④ 通道要采取防滑措施，要及时清扫通道、马道、爬梯上的霜冻及积雪，防止滑倒出现意外事故。

⑤ 冬期风大，物件要作相应固定，防止被风刮倒或吹落伤人，机械设备按操作规程要求，5级风以上时应停止工作。

⑥ 冬期施工的工程商品混凝土，应加入适量早强剂、高效减水防冻剂。

⑦ 钢筋在负温条件下焊接，应尽量安排在室内进行，如必须在室外焊接，其室外环境温度不宜低于 $-15℃$，同时应有防风挡雪措施。焊接后的接头应覆盖炉渣或石棉粉，使其

温度缓慢冷却。

⑧ 冰雪天气钢筋应采取覆盖措施，防止表面结冰瘤，在混凝土浇筑之前应清除钢筋表面的积雪、冰层，钢筋绑扎完毕后应尽快进行下道工序施工。

2. 雨期施工措施

（1）一般措施

① 雨期施工前认真组织有关人员分析雨期施工生产计划，根据雨期施工项目编制雨期施工措施，所需材料要在雨期施工前储备好。

② 夜间设专职值班人员，保证昼夜有人值班并做好值班记录，同时项目部指定专人负责收听和发布天气情况。

③ 应做好施工人员的雨期施工培训工作，组织相关人员进行一次全面检查，施工现场的准备工作，包括临时设施、临时用电、机械设备防护等项工作。

④ 检查施工现场及生产生活基地的排水设施，疏通各种排水渠道，清理雨水排水口，保证雨天排水通畅。

⑤ 现场道路两旁设排水沟，保证路面不积水，随时清理现场障碍物，保持现场道路畅通。道路两旁一定范围内不要堆放物品，保证视野开阔，道路畅通。

⑥ 检查脚手架，立杆底脚必须设置垫木或混凝土垫块，并加设扫地杆，同时保证排水良好，避免积水浸泡。所有马道、斜梯均应钉防滑条。

⑦ 在雨期到来前做好防雷装置，雨期前要对避雷装置作一次全面检查，确保防雷安全。

⑧ 针对现场制定合理有效的排水措施，准备好排水机具，保证现场无积水，施工道路畅通。

⑨ 维护好现场的运输道路，对现场道路均进行马路硬化，对主要场地，比如砂、石场地、钢筋场地要进行场地硬化，并做好排水处理，使雨水顺利排走，不存积水。

⑩ 工地使用的各种机械设备，如钢筋对焊机、钢筋弯曲机、卷扬机、混凝土搅拌机等应提前做好防雨措施，搭防护棚，机械安置场地高于自然地坪，并做好场地排水。

⑪ 为保证雨期施工安全，工地临时用电的各种电线、电缆应随时检查是否漏电，如有漏电应及时处理，各种电缆该埋设的埋设，该架空的架空，不能随地放置，更不能和钢筋及三大工具混在一起，以防电线受潮漏电。

⑫ 脚手架、井架在雨期施工中做好避雷装置，在施工期间遇雷击，高空作业人员应立即撤离施工现场。

⑬ 装修期间，排水系统应在雨期前完成，并作完屋面临时防水，并把雨水管一次安装到底，以便及时排水。

（2）原材料储存和堆放

① 水泥全部存入仓库，保证不漏、不潮，下面应架空通风，四周设排水沟，避免积水，现场可充分利用结构首层堆放材料，砂石料一定要有足够储备，以保证工程的顺利进行，场地四周要有排水出路，防止淤泥渗入，空心砖应在底部用木方垫起，上部用防雨材料覆盖，模板堆放场地应碾平压实，防止因地面下沉造成倒塌事故。

② 雨期所需材料、设备和其他用品，如水泵、抽水软管、草袋、塑料布、苫布等。材料部门提前准备，及时组织进行，水泵等设备应提前检修，雨期前对现场配电箱、闸箱、电缆临时支架等仔细检查，需加固的及时加固，缺盖、罩、门的及时补齐，确保用电安全。

③ 加强天气预报工作，防止暴雨突然袭击，合理安排每日的工作，现场临时排水管道

均要提前疏通，并定期清理。

（3）脚手架工程

① 脚手架等做好避雷工作，接地电缆一定要符合要求。

② 雨期前对所有脚手架进行全面检查，脚手架立杆底座必须牢固，并加扫地杆，外用脚手架要与墙体拉接牢固。

③ 外架基础应随时观察，如有下陷或变形，应立即处理。

四、保证工程施工安全的措施

参见本项目任务一相应内容。

五、降低工程成本的措施

参见本项目任务一相应内容。

六、现场文明施工的措施

参见本项目任务一相应内容。

小 结

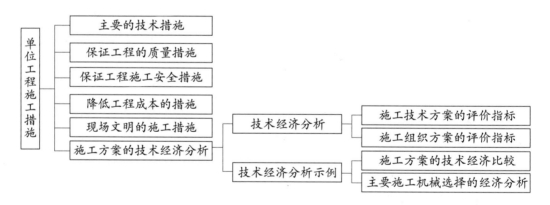

综合训练

训练目标：编制单位工程施工措施。

训练准备：见附录三柴油机试验站辅房及浴室工程图纸。

训练步骤：

① 保证工程质量的措施；

② 保证工程施工安全的措施；

③ 现场文明施工的措施。

能力训练题

一、单项选择题

1. 建筑业企业必须按照工程设计图纸和施工技术标准施工，不得偷工减料。工程设计的修改由（　　）负责。

　　A. 建设单位　　　　　B. 原设计单位　　　　　C. 施工技术管理人员　　　D. 监理单位

2. 在正常使用条件下，房屋建筑工程中屋面防水工程的最低保修期限为（　　）。

　　A. 10 年　　　　　　B. 8 年　　　　　　　　C. 5 年　　　　　　　　D. 3 年

3.（　　）全面负责施工过程的现场管理，他应根据工程规模、技术复杂程度和施工现场的具体情况，建立施工现场管理责任制，并组织实施。

　　A. 项目经理　　　　　B. 技术人员　　　　　　C. 总工程师　　　　　　D. 法人代表

4. 以下各选项说法不正确的是（　　）。

　　A. 堆放大宗材料、成品、半成品和机具设备，不得侵占场内道路及安全防护等设施

　　B. 施工机械应当按照施工总平面布置图规定的位置和线路设置，不得任意侵占场内道路

　　C. 施工单位应该保证施工现场道路畅通，排水系统处于良好的使用状态，保持场容场貌的整洁，随时清理建筑垃圾

　　D. 施工现场的主要管理人员在施工现场可以不佩戴证明其身份的证卡

5. 施工成本受多种因素影响而发生变动，作为项目经理应将成本分析的重点放在（　　）的因素上。

　　A. 外部市场经济　　　B. 业主项目管理　　　　C. 项目自身特殊　　　　D. 内部经营管理

6. 施工单位应当采取防止环境污染的措施中不包括（　　）。

　　A. 妥善处理泥浆水，未经处理不得直接排入城市排水设施和河流

　　B. 采取有效措施控制施工过程中的扬尘

　　C. 不要将含有碎石、碎砖的土用作土方回填

　　D. 对产生噪声、振动的施工机械，应采取有效控制措施，减轻噪声扰民

7. 项目经理全面负责施工过程的现场管理，他应根据工程规模、技术复杂程度和施工现场的具体情况，建立（　　），并组织实施。

　　A. 安全管理责任制　　　　　　　　　B. 质量管理责任制

　　C. 施工现场管理责任制　　　　　　　D. 材料质量责任制

8. 质量缺陷，是指房屋建筑工程的质量不符合（　　）以及合同的约定。

　　A. 质量保证体系认证　　　　　　　　B. 工程建设强制性标准

　　C. 安全标准　　　　　　　　　　　　D. 质量保修标准

9. 构件跨度大于 2m，小于等于 8m 的板的底模拆除时，混凝土强度应大于等于设计的混凝土立方体抗压强度标准值的（　　）。

　　A. 30%　　　　　　B. 50%　　　　　C. 75%　　　　　D. 85%

10. 当室外日平均气温连续（　　）稳定低于（　　）时，即进入冬期施工。

　　A. 3 天，5℃　　　B. 3 天，0℃　　　C. 5 天，5℃　　　D. 5 天，0℃

二、多项选择题

1. 施工现场必须设置明显的标牌，标明工程项目名称、建设单位、设计单位、施工单位、（　　）的姓名、开工及竣工日期、施工许可证批准文号等。

　　A. 技术质量负责人　　　　　B. 施工单位技术质量负责人

　　C. 施工现场总代表人　　　　D. 勘察、设计单位工程项目负责人

　　E. 项目经理

2. 建筑业企业必须按照（　　）对建筑材料、建筑构配件和设备进行检验，不合格的不得使用。

　　A. 工程设计要求　　　　　B. 施工技术标准　　　　　C. 合同的约定

　　D. 监理单位要求　　　　　E. 业主要求

3. 项目经理全面负责施工过程的现场管理，他应根据（　　），建立施工现场管理责任制，并组织实施。

　　A. 工程规模　　　　　　　B. 工程投资　　　　　　　C. 设备配置

　　D. 技术复杂程度　　　　　E. 施工现场的具体情况

4. 建设单位和施工单位应当在工程质量保修书中约定（　　）等，必须符合国家有关规定。

　　A. 保修责任人　　　　　　B. 保修范围　　　　　　　C. 保修单位

　　D. 保修期限　　　　　　　E. 保修责任

5. 总监理工程师组织分部工程质量验收时应参加的人员有（　　）。

　　A. 施工单位项目负责人　　　B. 施工单位技术、质量负责人

　　C. 具体施工人员　　　　　　D. 勘察、设计单位工程项目负责人

　　E. 上级主管部门的领导

项目六

BIM技术在建筑工程施工组织设计中的应用

在互联网时代，随着建筑施工行业对信息化建设的探索和不断深入，信息化建设也越来越趋向具体工程项目的落地应用，通过信息技术的集成用于改变传统的管理方式，实现传统施工模式的变革，使施工现场更加智慧化。近年来，随着 BIM 技术、大数据技术、物联网技术、云计算等信息技术的不断发展，施工现场管理逐渐由人工方式转变为信息化、智能化管理。极大地提高工程质量、进度、安全等管理效率，显著提升了管理效率和效果，节省了工程管理成本。

目前 BIM 技术已经被广泛应用在施工组织中，在施工方案制定环节，利用 BIM 技术可以进行施工模拟，分析施工组织、施工方案的合理性和可行性，排除可能的问题，例如管线碰撞问题、施工方案（深基坑、脚手架）模拟等的应用，这对于结构复杂和施工难度高的项目尤为重要。在施工过程中将成本、进度等信息要素与模型集成，形成完整的 5D 施工模拟，帮助管理人员实现全过程的物料管理、动态造价管理、计划与实施的动态对比等，实现施工过程的成本、进度和质量的数字化管控。

一、BIM技术的特点

由于建筑工程的规模不断增大，施工工艺日渐复杂，使得建筑工程施工技术、施工管理难度越来越大。施工实施阶段作为整个建设项目的一个重要环节，由于传统的建筑施工存在设计与施工信息过程传递过程的信息偏差、进度计划的抽象性以及施工过程中管理不到位等，必将导致施工过程中浪费大、工期长、效率低等问题的产生，甚至会严重影响工程质量。而 BIM 技术具备可视化、集成性、关联性等优势，通过整合三维模型基础，可以在任意维度看到进度、资源、资金、成本的情况，方便进行技术方案推演，提前规避问题，合理协调劳动力和工作面资源，实现项目的动态精细化管理。使得施工得以简单快捷，从而使施工成本大幅降低、施工程序简化、施工质量提高、工期缩短。

二、BIM技术在建筑工程施工组织设计中的价值

BIM技术能够集成多类型BIM软件产生的模型，并以集成模型为载体，关联施工过程中的进度、合同、成本、质量、安全、图纸、物料等信息，为项目提供数据支撑，实现有效决策和精细管理，最终达到减少施工变更、缩短工期、控制成本、提升质量的目的。

传统的施工组织设计及方案优化流程是由项目人员熟悉设计施工图纸、进度要求、现场资源情况，进而编制工程概况、施工部署以及施工平面布置，并根据工程需要编制工程投入的主要施工机械设备和劳动力投入等内容，在完成相关工作之后提交监理单位审核，审核通过后，相关工作按照施工组织设计执行。

BIM技术在施工组织设计优化了施工组织设计的流程，提高了施工组织设计的表现力。其在施工组织设计中的价值主要体现在以下几个方面。

（1）通过BIM平台，在对相关施工方案进行比选时，通过创建相应的三维模型对不同的施工方案进行三维模拟，并自动统计相应的工程量，为施工方案选择提供参考。

（2）通过结合三维模型对施工进度相关控制节点进行施工模拟，直观展示不同进度的控制节点以及工程各专业的施工进度。

（3）通过BIM平台为劳动力计算、材料、机械、加工预制品等统计提供了新的解决方法。在施工组织设计时，只需将资金以及相关材料资源数据录入到模型中，就可在施工模拟时查看在不同的进度节点相关资源的投入情况。

三、BIM在建筑工程施工组织设计中的具体应用

1. BIM技术在编写工程概况时的应用

通过BIM技术的支持，只需将拟建工程的工程概况、开竣工日期、参建各单位等信息全部录入系统平台，各参建方可以直接登录BIM技术平台进行查阅，就可获取各自所需的包括建筑设计，结构设计，合同文件，本地区的地形、地质、水文和气象情况，施工单位施工能力、管理能力以及资源供应情况等有关数据，如图6-1所示。

2. BIM技术在施工部署时的应用

施工部署指根据工程概况、施工现场条件和周围环境，结合劳动力、材料、机械、资金以及施工方法等条件，合理地对拟建工程进行施工部署，严格遵循施工工艺顺序，并确定主要工程的施工方案的过程。

在施工部署应用方面，BIM技术平台主要从组织管理、模型集成数据准备等方面进行管理。具体内容如下。

（1）组织管理　BIM技术平台主要是从组织机构、权限分配方面来进行现场人员职能及职责的管理，清晰明了的页面管理和授权管理使拟建工程项目进行有效的运转。拟建工程项目可利用BIM技术搭建数据与信息共享平台，各部门各岗位只要通过平台积累并调用过程数据，便能获取多维度信息，辅助业务管理决策；同时各部门数据互通共享，大大提升信息获取的效率和准确性，从而提高管理效率和质量，实现多部门多岗位的协同管理机制。

（2）模型集成数据准备　BIM技术平台可将土建算量软件（土建模型）、钢筋算量软件（钢筋模型）、施工场地布置软件（场地模型）等BIM工具软件建立的模型数据加载，并将斑马梦龙进度计划软件编制的进度文件，以及其他图纸、质量安全、成本等业务数据

与模型挂接，形成拟建工程的 BIM 数据中心与协同应用平台，保证了多部门、多岗位协同应用，为工程精细化管理提供支撑。某工程项目整合模型如图 6-2 所示。

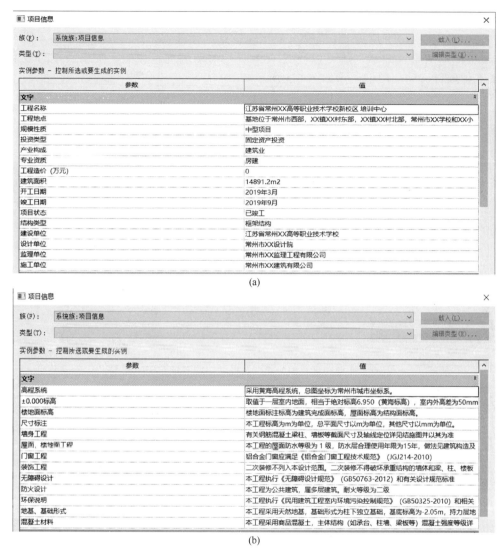

(a)

(b)

图6-1　工程概况及工程设计概况

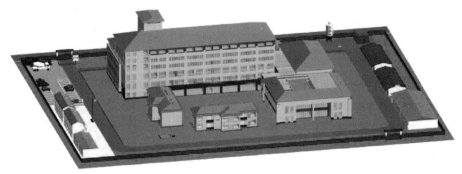

图6-2　某工程项目整合模型

3. BIM 技术在确定施工方案时的应用

BIM 技术平台主要从可视化展示、深化设计前后对比展示、复杂部位工序模拟、重要部位筛查等方面进行管理，具体内容如下。

（1）可视化展示 利用 BIM 模型可视化的特点进行直观立体的感官展示，不仅可以在 PC 端浏览模型全景及细节，还可以通过 Web 端、移动端进行查阅，实现模型的多手段展示。某工程项目移动端模型展示如图 6-3 所示。

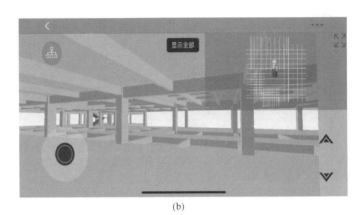

(a)　　　　　　　　　　　　(b)

图6-3　移动端查看BIM模型及移动端漫游查看BIM模型

（2）深化设计前后对比展示 BIM 技术平台可以利用 BIM 模型进行深化设计模型的版本应用管理，在管综模型的基础上进行深化设计，并以动画形式展示深化前后模型的对比，利用深化后的模型有效指导现场施工。某工程项目深化前后模型对比如图 6-4 所示。

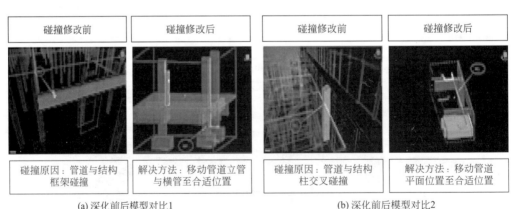

(a) 深化前后模型对比1　　　　　　　(b) 深化前后模型对比2

图6-4　某工程项目深化前后模型对比

（3）复杂部位工序模拟 在 BIM 技术平台中通过施工模拟手段预演项目复杂部位的施工过程，交底形象生动，提高技术交底质量的同时有效指导现场工人施工，减少现场的返工问题，有效保证质量。某工程项目复杂部位工序模拟如图 6-5 所示。

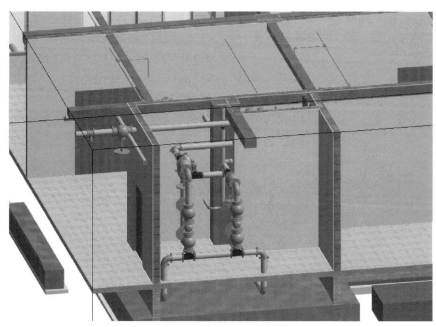

图6-5　某工程项目复杂部位工序模拟

（4）重要部位表现形式　对于大跨度梁，利用 BIM 技术平台可以轻松通过专项方案查询功能快速筛选出项目中需要关注的梁的个数、位置，通过利用导出的具体数据信息，便于相关单位进行沟通，并及时制定有效的方案，正确指导施工。某工程项目中的大跨度梁方案查询如图 6-6 所示。

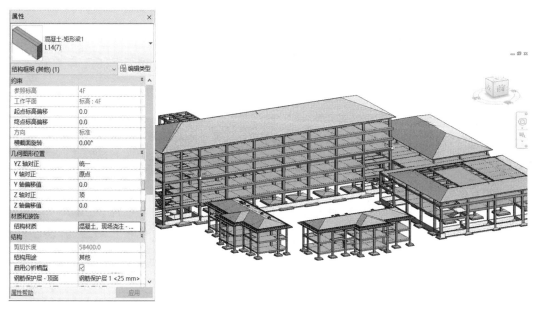

图6-6　某工程项目中的大跨度梁方案查询

4. BIM 技术在编制施工进度计划时的应用

施工进度计划反映了工程的施工方案在时间上的安排。通过 BIM 技术对计划调整使工期、成本、资源等方面满足最优配置，以确保工程质量，达到工程项目目标的要求。

BIM 技术平台主要从进度模拟、进度校核、进度优化等方面进行管理，具体内容如下。

（1）进度模拟　BIM 技术平台具备可视化和集成化的特点，在已经生成的进度计划前提下利用 BIM 系列软件可进行精细化施工模拟。从基础到上部结构，对所有的工序都可以提前进行预演，提前找出施工方案和施工组织设计中的问题，对其进行优化，实现效率高、效益好的目的。某工程项目的进度模拟如图 6-7 所示。

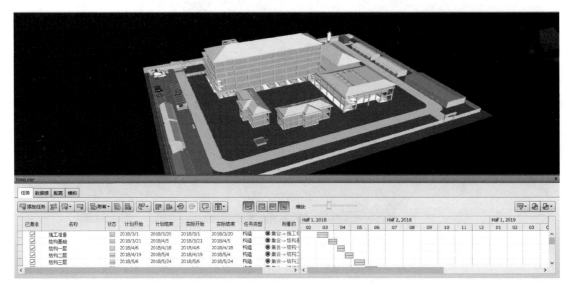

图6-7　某工程项目的进度模拟

（2）进度校核　BIM 技术平台可以实现工程项目计划时间与实际时间的清晰对比，以三维模型进度模拟过程中不同颜色展示滞后情况，方便直接对现场进度情况进行分析诊断，警示技术人员采用有效措施，及时调整进度安排，有效进行进度管控。在实际施工过程中，可以利用 PC 端录入进度计划，移动端更新现场进度情况，实现现场数据与模型数据的有效对接，保证数据的真实有效性。某工程项目进度校核如图 6-8 所示。

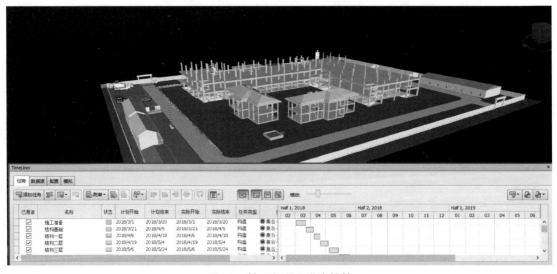

图6-8　某工程项目进度校核

（3）进度优化　针对 BIM 技术平台进度校核发现的进度问题，可以采取多种方案进行过程纠偏，比如将进度对接到斑马梦龙网络计划中，通过分析形象进度计划及所涉及的相关资源信息，可快速对现场进度进行最优的处理方案，并快速反馈到 BIM 技术平台，实现模拟的联动修改。基于此流程对现场进度情况可实现多次高效快捷的实时把控和纠偏。某工程项目进度优化如图 6-9 所示。

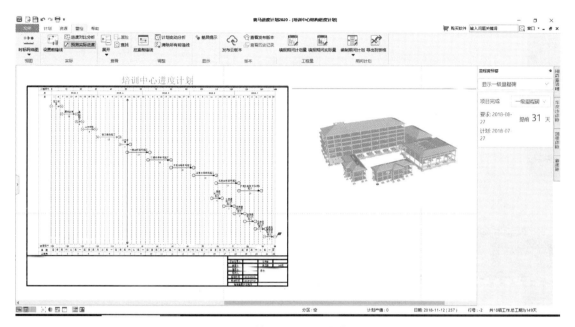

图6-9　某工程项目进度优化

5. BIM 技术在编制资源需要量计划时的应用

为确保工序有效地进行，使工期、费用、资源等通过优化达到既定目标，需在此基础上编制相应的劳动力、材料和机械等资源需要量计划。

在资源需要量应用方面，BIM 技术平台可以从多维度物资查询、资金资源分析、阶段报量核量等方面进行管理，具体内容如下。

（1）多维度物资查询　BIM 技术平台中的三维数字模型，可以根据时间范围，进度计划、楼层和构件类型等多种维度生成项目工程量信息，生成的物资量表可以与现场反馈的数据进行对比分析，为项目提供及时、准确的工程基础数据，为工程造价、项目管理以及进度款管理的精细化决策提供可能。最后物资部门可根据提供的各施工区段原材用量及市场行情制定采购计划，在低价位时综合考虑储存成本，尽可能多地采购原材，做到市场原材处在高价位时所存原材满足施工需求，避免高价采购原材。某工程项目项目物资查询如图 6-10 所示。

（2）资金资源分析　将 BIM 技术平台中的模型与进度计划、成本文件相关联，形成数字化的 5D 模型，利用可视化模拟的直观性展示项目 5D 的成本分析，针对形成的资源资金曲线可清晰地获知项目各阶段的投入和需用资料。最后针对获取的数据进行优化分析，实现项目资源的合理分配，最终实现目的集约管理，控制项目成本。某工程项目项目资金资源分析如图 6-11 所示。

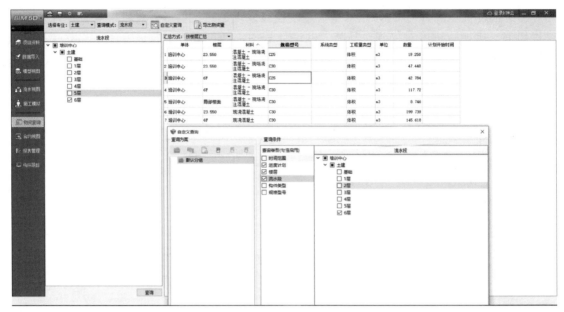

图6-10　某工程项目项目物资查询

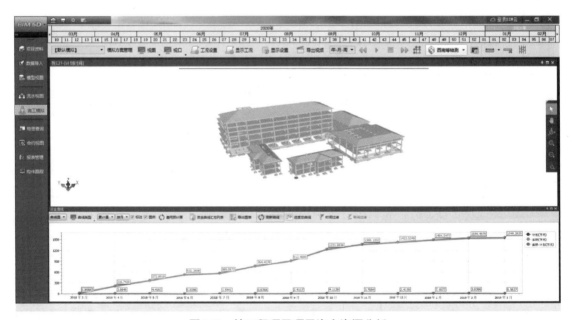

图6-11　某工程项目项目资金资源分析

（3）阶段报量核量　在 BIM 技术平台中，可以根据现场实际施工情况来划分流水段，对需要施工的流水段在相应的模型中提取出混凝土工程量，进行混凝土浇筑申请，可严格控制混凝土工程量，减少混凝土的浪费；提取出钢筋工程量可以指导钢筋采购计划，保证物资丰富。某工程项目阶段报量核量如图 6-12 展示。

6. BIM 技术在绘制施工现场布置图时的应用

施工现场布置图是施工方案及施工进度计划在空间上的全面安排，它把塔吊、材料、构件、临时设施、道路、水电等合理地布置到施工现场，使整个施工现场能有组织地进行文明施工。

图6-12 某工程项目阶段报量核量展示

在施工现场布置图布置应用方面，BIM 技术平台主要从可视化漫游展示、模拟现场生产环境等方面进行管理，具体内容如下。

（1）可视化漫游展示　BIM 技术平台可将场地模型与实体模型进行整合，在此基础上进行整体的漫游展示，可以及时发现施工现场存在的安全问题或现场布置不到位、不合理的问题，提醒现场人员及时整改，避免危险发生。某工程项目可视化漫游展示如图 6-13 所示。

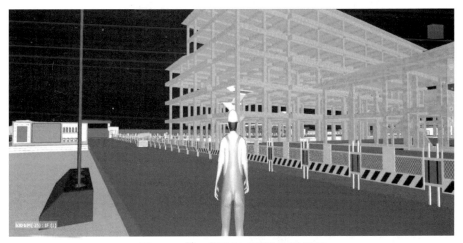

图6-13 某工程项目可视化漫游展示

（2）模拟现场生产环境　BIM 技术平台可将场地模型与施工现场机械设备进行有机结合，模拟现场塔吊、卡车、挖掘机、施工电梯等机械设备运行的情况（施工现场生产环境模拟展示如图 6-14 所示），并能展现不同施工阶段施工现场布置图，以此判断施工现场布置的合理性。某工程项目不同施工阶段施工平面布置图如图 6-15～图 6-17 所示。

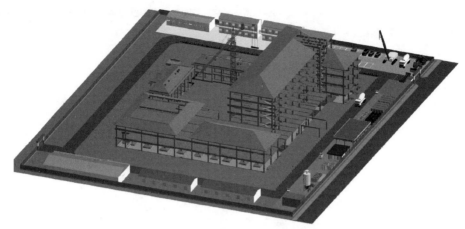

图6-14   施工现场生产环境模拟展示

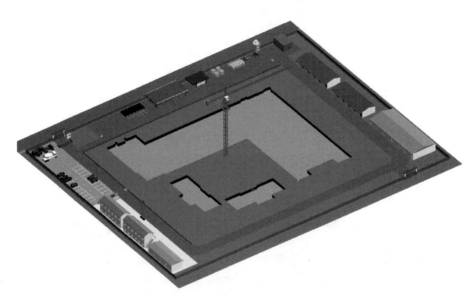

图6-15   基础工程施工阶段平面布置图

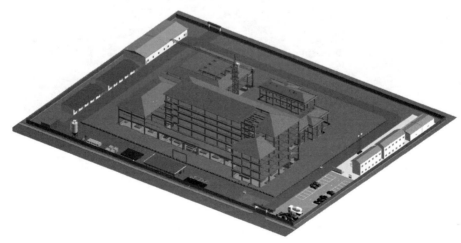

图6-16   主体工程施工阶段平面布置图

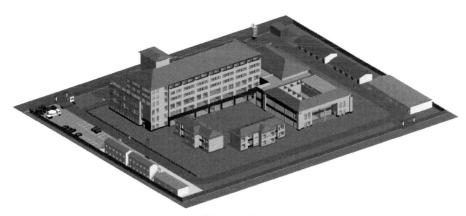

图6-17　屋面、装修工程施工阶段平面布置图

由此可见，BIM 技术对施工企业的管理而言将是一个划时代的变革，它彻底改变了施工企业生产管理的理念和方式。在保证工程质量、合理降低工程成本、有效缩短施工工期、确保安全生产、文明施工、保护环境等方面的优势不容忽视。

小　结

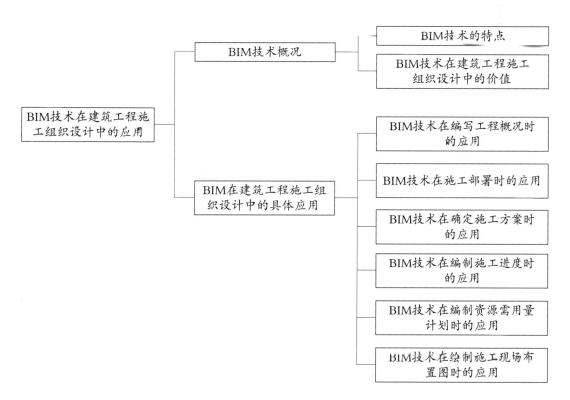

综合训练

训练目标：基于 BIM 技术编制单位工程施工进度计划。

训练准备：见附录三柴油机试验站辅房及浴室工程图纸、工程预算书、合同。

训练步骤：

① 根据施工图建立工程 BIM 模型，包括建筑模型、结构模型；

② 根据 BIM 模型导出项目工程量；

③ 划分施工过程及施工段；

④ 计算工程量（或套用工程量）；

⑤ 计算劳动量、确定机械台班，确定流水节拍、流水步距、工期；

⑥ 基于 PROJECT 软件绘制施工进度计划横道图；

⑦ 基于 BIM 模型设置工程进度，进行模拟施工。

能力训练题

一、单项选择题

1. 以下关于 BIM 概念的表述，正确的是（　　）。

A. BIM 是一类系统　　　　　　　　B. BIM 是一套软件

C. BIM 是一个平台　　　　　　　　D. BIM 是一种解决方案的集合

2. BIM 是以建筑工程项目的（　　）作为模型的基础，进行建筑模型的建立，通过数字信息仿真模拟建筑物所具有的真实信息。

A. 各项相关信息数据　　　　　　　B. 设计模型

C. 建筑模型　　　　　　　　　　　D. 设备信息

3. 让人们将以往的线条式的构件形成一种三维的立体实物图形展示在人们的面前，这体现了 BIM 的（　　）特点。

A. 可视化　　　　B. 协调性　　　　C. 优化性　　　　D. 可出图性

4. BIM 在施工阶段应加入的信息有（　　）。

A. 空间　　　　B. 构件　　　　C. 费用　　　　D. 材料

5. 实现 BIM 全生命周期的关键在于 BIM 模型的（　　）。

A. 信息内容详细程度　　　B. 信息传递　　　C. 信息处理　　　D. 信息容量

二、多项选择题

1. BIM 的全生命周期应用主要包括（　　），建筑从立项、策划到规划、设计、施工，再到运维管理的全过程。

A. 项目立项　　　　B. 项目策划　　　　　　C. 施工

D. 规划设计　　　　E. 运维管理

2. 以下关于 BIM 标准的描述，正确的是（　　）。

A. BIM 标准是一种方法和工具

B. BIM 标准是对 BIM 建模技术、协同平台、IT 工具以及系统优化方法提出一个统一的规定

C. BIM 标准能够使跨阶段、跨专业的信息传递更加有效率

D. BIM 标准等同于 BIM 技术

E. 为建筑全生命周期中 BIM 应用提供更有效的保证

3. 实现 BIM 技术的三个重要方面是（　　）。

A. BIM 的建立　　　　B. BIM 的应用　　　　　C. BIM 的管理

D. BIM 的粒度　　　　B. BIM 的概念

4. BIM技术主要由（　　　）组成。

A. 计算机软件开发技术　　　　　B. 计算机硬件技术

C. BIM模型应包含的中国工程建设专业标准技术及技术法律法规

D. 模型信息交换内容　　　　　E. 模型信息交换格式

5. 场地建立的方式有（　　　）。

A. 拾取点方式　　　　　B. 三维数据导入方式　　　　C. 二维数据导入方式

D. 点文件创建方式　　　　　E. 三维绘制方式

附　录

附录一　实例一　新建部件变电室

一、新建部件变电室工程设计图纸

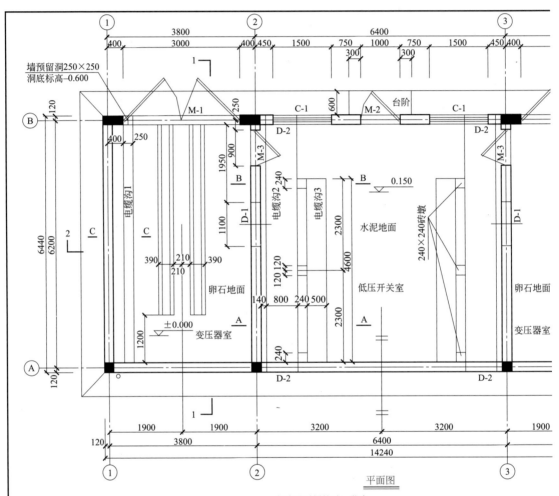

平面图

门窗及过梁统计一览表

类别	编号	洞口尺寸/mm		数量	门窗选用标准图集及其编号		过梁选用标准图集及其编号	
		宽度	高度		标准图集	编号	标准图集	编号
门	M-1	3000	3300	2	17J610-1	M110-3033	17J610-1	ML3024-2
	M-2	1000	2200	1	成品金属防盗门		13G322-1	GL-4102
	M-3	900	2200	2	成品实木门		13G322-1	GL-4102
窗	C-1	1500	1950	2	现配塑料窗		13G322-1	GL-4152
洞	D-1	1100	300	2				MK-1
	D-2	800	300	4				地圈梁代替

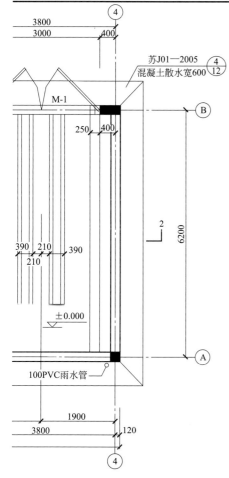

备 注

MT3324断面240×250改为240×520,纵筋增加4Φ10,ML以上改为GZ

80系列5厚白玻

洞底标高3.800

洞底标高-0.600

施工设计总说明

一、设计依据

国家现行的有关设计规范及强制性标准条文。

二、工程概况

1.本工程为新建部件变电室,建设地点位于新建南厂污水处理厂北侧,具体位置由相关人员现场放线确定。

2.变电室室内地面标高为±0.000,其基准点现场由工艺人员现场确定。

三、建筑做法

1.防潮层:选用钢筋混凝土防潮层,由地圈梁代替,详见基础施工图。

2.地面做法——A.水泥地面:80厚C20混凝土随捣随抹,表面洒1:1水泥黄砂压实抹光,100厚碎石夯实,素土夯实。

B.卵石地面:250厚粒径50～80mm卵石,80厚C20混凝土,素土夯实。

3.内墙面做法——乳胶漆墙面:刷白色乳胶漆,5厚1:0.3:3水泥石灰膏砂浆粉面压实抹光,12厚1:1:6水泥石灰膏砂浆打底。

4.外墙面做法——乳胶漆墙面:刷外墙乳胶漆,6厚1:2.5水泥砂浆压实抹光,水刷带出小麻面,12厚1:3水泥砂浆打底,颜色见立面图所示。

5.屋面做法——刚性防水屋面:40厚C20细石混凝土内配 Φ12@150双向钢筋,粉平压光,洒细砂一层,再干铺纸胎油毡一层,20厚1:3水泥砂浆找平层,现浇钢筋混凝土屋面板。

6.平顶做法——板底乳胶漆顶:刷白色乳胶漆,6厚1:0.3:3水泥石灰膏砂浆粉面,6厚1:0.3:3水泥石灰膏砂浆打底扫毛,刷素水泥浆一道(掺水重5%建筑胶),现浇板。

7.油漆做法——防锈漆一度,刮腻子,海蓝色调和漆二度。

四、基础工程

1.基础按地基承载力特征值f_{ak}=150kPa设计,基础开挖至设计标高须验槽以调整设计参数。

2.构造柱应伸入基础混凝土内。

五、钢筋混凝土工程

1.混凝土强度等级除注明外均为C20。

2.钢筋—— Φ为HPB300级钢,Φ为HRB335级钢。

3.钢筋保护层:板:20mm,梁:30mm,柱:30mm。

4.钢板及型钢为Q235级钢,焊条为E43型。

六、砌体工程

1.墙体——±0.000以下用MU10黏土实心砖M5水泥砂浆砌筑,余用MU10KP1多孔砖M5混合砂浆砌筑,砌体砌筑施工质量控制等级为B级。

2.抗震节点构造见图集苏G02—2011。

七、其他

1.施工图中除标高以米(m)为单位外,余均以毫米(mm)为单位。

2.所有预留孔洞及预埋件施工时应与各工种配合,不得遗漏。

3.未尽事项均按现行设计、施工及验收规范等有关规定执行。

工 程 名 称				图名	建施
新建部件变电室				图号	01
总工程师		设 计			
室 主 任		制 图		图纸	平面图 施工设计总说明 门窗及过梁统计一览表
审 核		校 对		内容	
专业负责人		复 核			

刚性防水屋面，建筑找坡
水泥焦渣找坡层最薄处20

2%

苏J03—2006 ①/20

苏J03—2006 ①/20

苏J03—2006 ①/20

苏J03—2006 ③/20

120
6440
6200
120

120 3800 6400 3800 120
14240

① ② ③ ④

屋面平面图

17J610-1-C2-3015

17J610-1-C2-3015

3.800

3.800

4.300

3.300

±0.000

−0.150

300

300

1950

2200

1200

600

1000

3300

150

0.150

0.200

200

YM-1

250

3800 6400 3800

① ② ③ ④

2—2剖面图

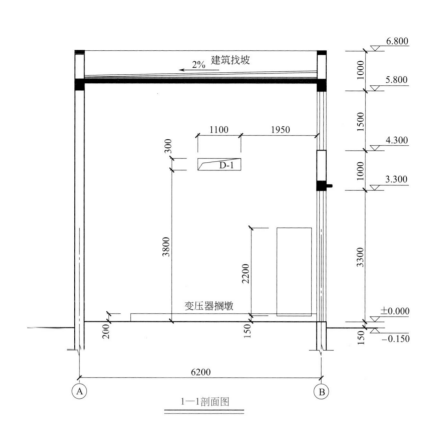

1—1剖面图

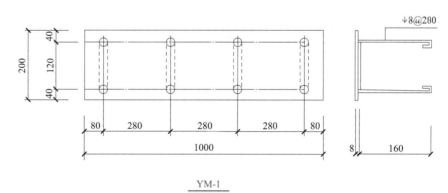

YM-1

钢板面标高0.200,共16块均匀设置

工 程 名 称		图名	建施
新建部件变电室		图号	02
总工程师		设　计		图纸内容	屋面平面图
室 主 任		制　图			1—1剖面图
审　　核		校　对			2—2剖面图
专业负责人		复　核			

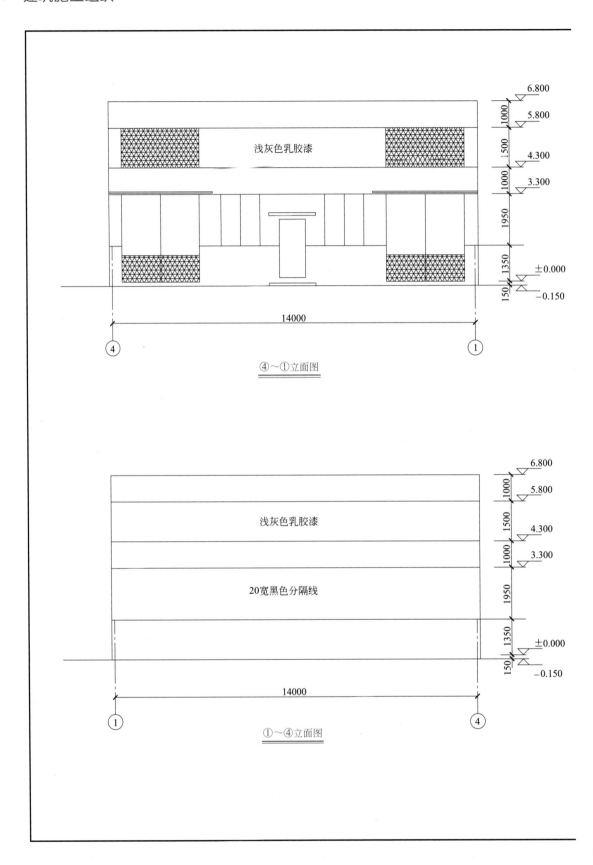

④~①立面图

①~④立面图

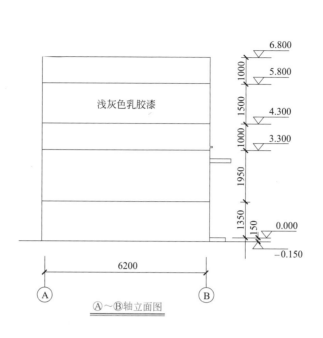

Ⓐ～Ⓑ轴立面图

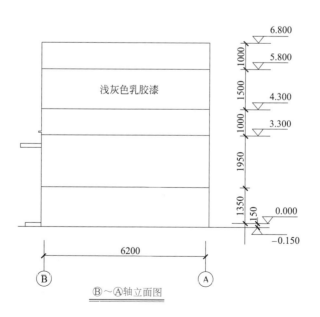

Ⓑ～Ⓐ轴立面图

工 程 名 称			图名	建施		
新建部件变电室			图号	03		
总工程师		设　计			图纸内容	④～①立面图
室 主 任		制　图				①～④立面图
审　核		校　对				Ⓐ～Ⓑ轴立面图
专业负责人		复　核				Ⓑ～Ⓐ轴立面图

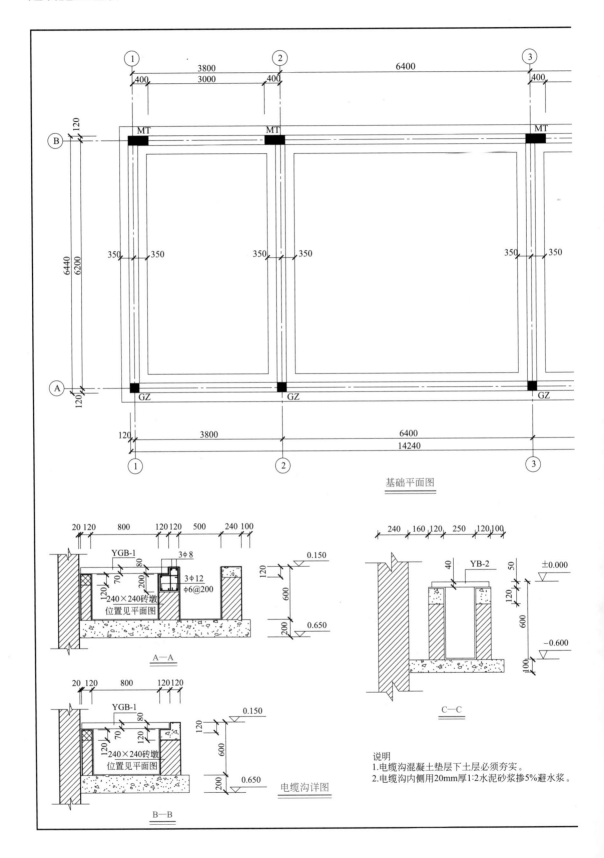

基础平面图

YGB-1
3φ8
3φ12
φ6@200
240×240砖墩
位置见平面图
A—A

YGB-1
240×240砖墩
位置见平面图
B—B

电缆沟详图

YB-2
C—C

说明
1.电缆沟混凝土垫层下土层必须夯实。
2.电缆沟内侧用20mm厚1:2水泥砂浆掺5%避水浆。

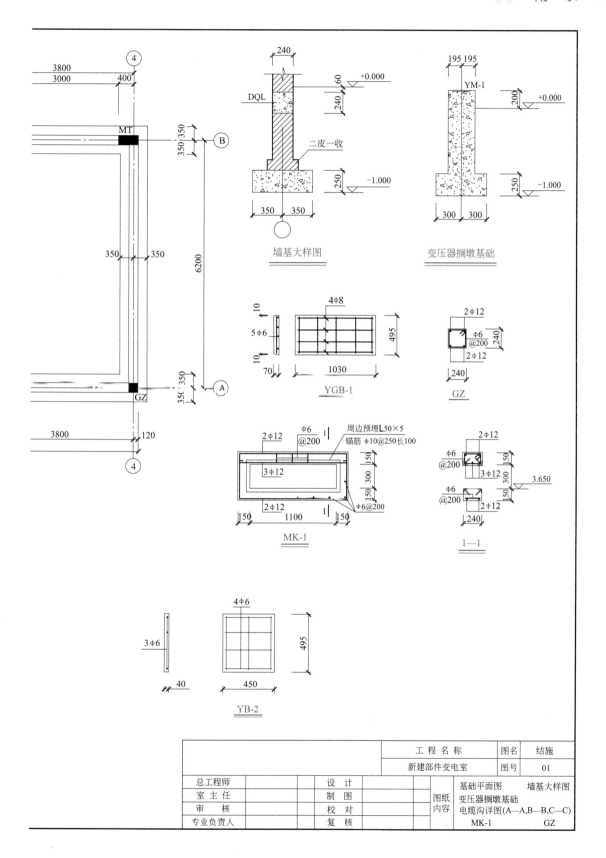

墙基大样图

变压器搁墩基础

YGB-1

GZ

MK-1

1—1

YB-2

工 程 名 称		图名	结施
新建部件变电室		图号	01
总工程师	设 计	图纸内容	基础平面图　墙基大样图
室 主 任	制 图		变压器搁墩基础
审 核	校 对		电缆沟详图(A—A,B—B,C—C)
专业负责人	复 核		MK-1　　　GZ

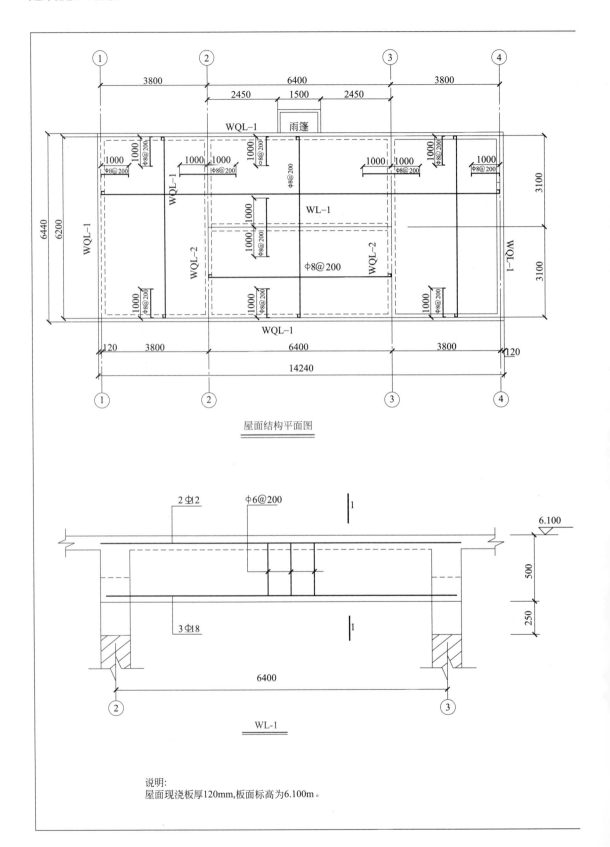

屋面结构平面图

WL-1

说明:
屋面现浇板厚120mm,板面标高为6.100m。

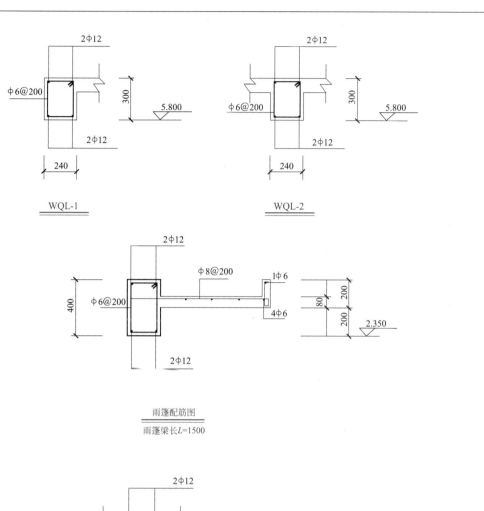

WQL-1   WQL-2

雨篷配筋图

雨篷梁长L=1500

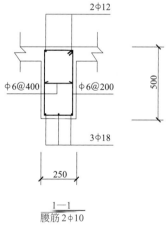

1—1

腰筋2Φ10

工 程 名 称		图名	结施
新建部件变电室		图号	02
总工程师		设 计		图纸 内容	屋面结构平面图 WQL-1 WQL-2 WL-1 雨篷配筋图
室主任		制 图	
审 核		校 对	
专业负责人		复 核	

二、新建部件变电室工程预算书

1. 分部分项工程量清单计价表

附表1-1　分部分项工程量清单计价表（实例一）

序　号	项目编号	项目名称	计量单位	工程数量	金额/元	
					综合单价	合　价
	MJ	建筑面积	m²	91.71	0.00	0.00
一		十石方工程	m³			5800.89
1	1-23	人工挖三类土地槽、地沟，深度在1.5m以内	m³	55.47	25.27	1401.73
2	1-92+95×2	单双轮车运土，运距在150m	m³	55.47	14.73	817.07
3	1-98	平整场地	10m²	19.043	32.01	609.57
4	1-100	基槽坑原土打底夯	10m²	6.526	8.96	58.47
5	1-104	基槽坑夯填回填土	m³	33.6	17.22	578.59
6	1-1	人工挖一类土，深度在1.5m以内	m³	33.6	6.74	226.46
7	1-92+95×2	单双轮车运土，运距在150m	m³	33.6	14.73	494.93
8	1-23	人工挖三类土地槽、地沟，深度在1.5m以内	m³	26.97	25.27	681.53
9	1-100	基槽坑原土打底夯	10m²	4.814	8.96	43.13
10	1-104	基槽坑夯填回填土	m³	5.77	17.22	99.36
11	1-212	装载机（斗容量1.0m³以内）铲装松散土	1000m³	0.04307	2322.26	100.02
12	1-240	自卸汽车运土，运距3km以内	1000m³	0.04307	16021.13	690.03
二		砌筑工程				21183.86
1	3-1	M5水泥砂浆砌直形砖基础	m³	9.46	307.49	2908.86
2	3-22	M5混合砂浆砌KP1黏土多孔砖墙（240mm×115mm×90mm）一砖墙	m³	47.59	275.55	13113.42
3	3-22	M5混合砂浆砌KP1黏土多孔砖墙（240mm×115mm×90mm）一砖墙	m³	15.16	275.55	4177.34
4	3-46.1	M5水泥砂浆砌标准砖地沟	m³	3.19	308.54	984.24
三		混凝土工程				53794.36
1	5-285	C20非泵送商品混凝土现浇无梁式混凝土条形基础	m³	9	383.88	3452.02
2	5-302	C20非泵送商品混凝土现浇地圈梁	m³	3.01	417.80	1257.58
3	5-303	C20非泵送商品混凝土现浇过梁	m³	0.92	441.36	406.05
4	5-302	C20非泵送商品混凝土现浇圈梁	m³	2.26	417.80	944.23
5	5-298	C20非泵送商品混凝土现浇构造柱	m³	2.92	465.37	1358.88
6	5-295	C20非泵送商品混凝土现浇矩形柱	m³	2.16	404.15	872.96
7	5-314	C20非泵送商品混凝土现浇有梁板	m³	11.63	391.75	4556.06
8	5-310	C20非泵送商品混凝土现浇依附于梁墙上的混凝土线条	10m	0.808	103.59	83.70
9	5-322	C20非泵送商品混凝土现浇复式雨篷	10m²（水平投影）	0.12	467.95	56.15
10	5-331	C20非泵送商品混凝土现浇压顶	m³	1.79	429.81	769.36
11	5-341	C20非泵送商品混凝土现场预制过梁	m³	0.08	403.13	32.25
12	5-351	C20非泵送商品混凝土现场预制平板、隔断板	m³	1.07	442.83	473.83

续表

序 号	项目编号	项目名称	计量单位	工程数量	综合单价	合 价
					金额/元	
13	5-332	C20非泵送商品混凝土现浇小型构件	m³	0.24	434.86	104.37
14	2-122	C20非泵送无筋商品混凝土垫层	m³	5.31	372.87	1979.94
15	5-293	C20非泵送商品混凝土现浇设备基础，混凝土块体20m³以内	m³	9.91	381.82	3783.84
16	4-27	铁件制作安装	t	0.24	13744.24	3298.62
17	5-301	C20非泵送商品混凝土现浇异形梁（地沟上）	m³	0.53	388.18	205.74
18	5-302	非泵送商品混凝土现浇圈梁	m³	1	417.80	417.80
19	4-1换	现浇混凝土构件钢筋12mm以内	t	1.2049	7545.67	9091.78
20	4-2换	现浇混凝土构件钢筋25mm以内	t	2.8052	7198.29	20192.64
21	4-9	现场预制混凝土构件钢筋，20mm以内	t	0.0606	7486.34	453.67
四		构件运输及安装工程				185.61
1	7-93	安装小型构件，塔式起重机	m³	1.07	98.36	105.25
2	7-106	构件接头灌缝，平板	m³	1.07	75.10	80.36
五		门窗工程				10361.00
1	8-9	厂库房板钢大门（平开式）门扇制作	10m²	1.98	3415.53	6267.75
2	8-10	厂库房板钢大门（平开式）门扇安装	10m²	1.98	232.45	460.25
3	0-0换	成品闪门	樘	2	350.00	700.00
4	0-0换	防盗门	樘	1	800.00	800.00
5	0-0换	塑钢窗	m²	5.85	280.00	1638.00
六		屋面防水保温隔热工程				3682.78
1	9-73	刚性防水细石混凝土屋面，无分隔缝，40mm厚	10m²	8.201	264.48	2169.00
2	9-188	PVC落水管100mm	10m	1.25	301.28	376.60
3	9-190	PVC水斗100mm	10只	0.2	266.39	53.28
4	9-201	女儿墙铸铁弯头落水口	10只	0.2	968.81	193.76
5	12-15	1:3水泥砂浆找平层（厚30mm）混凝土	10m²	8.201	108.54	890.14
七		楼地面工程				6495.80
1	12-9	碎石干铺	m³	2.01	142.50	286.43
2	12-13.2	C20非泵送商品混凝土垫层，不分隔	m³	3.91	385.56	1507.54
3	1-99	地面原土打夯底	10m²	4.882	6.97	34.03
4	11-30	地沟壁抹灰	10m²	4.969	183.05	909.58
5	12-26	1:1水泥砂浆面层厚5mm，加浆抹光随捣随抹	10m²	2.013	60.96	122.71
6	0-0换	卵石地面	m²	28.69	75.00	2151.75
7	12-25	1:3水泥砂浆台阶面层	10m²（水平投影）	0.096	294.77	28.30
8	12-27	1:2水泥砂浆踢脚线面层	10m	6.232	42.18	262.87
9	12-172	C15混凝土散水	10m²（水平投影）	2.53	471.38	1192.59
八		墙柱面工程				12503.92
1	13-20	阳台雨篷抹水泥砂浆	10m²（水平投影）	0.12	669.57	80.35
2	13-11	砖外墙面，墙裙抹水泥砂浆	10m²	29.904	187.77	5615.07

续表

序　号	项目编号	项目名称	计量单位	工程数量	金额/元	
					综合单价	合　价
3	13-21	单独门窗套、窗台、压顶抹水泥砂浆	10m²	3.377	492.40	1662.83
4	13-25	混凝土装饰线条抹水泥砂浆	10m²	0.291	515.34	149.96
5	13-31	砖内墙面抹混合砂浆	10m²	32.899	151.85	4995.71
九		天棚工程				1132.71
1	14-115	现浇混凝土混合砂浆面	10m²	8.383	135.12	1132.71
十		油漆工程				15372.84
1	16-53	刷底油、油色、清漆两遍，单层木门	10m²	0.792	156.17	123.69
2	16-259	调和漆两遍，单层钢门窗	10m²	3.96	88.84	351.81
3	16-263	红丹防锈漆一遍，单层钢门窗	10m²	3.96	49.99	197.96
4	16-308	内墙抹灰面上批，刷两遍乳胶漆，801胶白水泥腻子	10m²	33.319	103.40	3445.18
5	16-308 换	内墙抹灰面上批，刷两遍乳胶漆，801胶白水泥腻子	10m²	8.383	110.03	922.38
6	0-0 换	外墙乳胶漆	m²	271.89	38.00	10331.82
十一		签证加角铁				5497.70
1	4-27	铁件制作安装	t	0.4	13744.24	5497.70
总计						136011.47

附表1-2　单价措施项目工程量清单计价表（实例一）

序号	项目编号	项目名称	计量单位	工程数量	金额/元	
					综合单价	合价
一		混凝土、钢筋混凝土模板及支架				17371.28
1	21-4	现浇无梁式带形基础，复合木模板	10m²	0.666	545.34	363.20
2	21-42	现浇圈梁，地坑支撑梁复合木模板	10m²	5.223	562.77	2939.35
3	21-44	现浇过梁，复合木模板	10m²	1.104	729.41	805.27
4	21-32	现浇构造柱，复合木模板	10m²	3.241	742.95	2407.90
5	21-27	现浇矩形柱，复合木模板	10m²	1.728	616.33	1065.02
6	21-59	现浇板厚20cm内，复合木模板	10m²	9.385	567.37	5324.77
7	21-89	木模板，现浇依附于梁上的混凝土线条	10m	0.808	729.06	589.08
8	21-78	现浇复式雨篷，复合木模板	10m²	0.120	1136.07	136.33
9	21-94	现浇压顶，复合木模板	10m²	1.987	620.11	1232.16
10	21-118	现浇预制矩形梁，复合木模板	10m²	0.070	466.39	32.65
11	21-141	现浇预制隔断板，木模板	10m²	0.439	246.35	108.15
12	21-89	现浇檐沟、小型构件，木模板	10m²	0.432	729.06	314.95
13	21-1	现浇混凝土垫层基础组合模板	10m²	0.706	558.01	393.96
14	21-14	现浇块体设备基础（单体20m³以内）复合木模板	10m²	2.210	548.16	1211.43
15	21-40	现浇异形梁，复合木模板	10m²	0.567	788.46	447.06
二		脚手架工程				11751.88
1	20-42	电梯井字架，搭设高度20m以内	座	1.000	1303.29	1303.29
2	20-21	满堂脚手架，基本层，高8m以内	10m²	7.915	196.8	1557.67

续表

序号	项目编号	项目名称	计量单位	工程数量	综合单价	合价
					金额/元	
3	20-21	满堂脚手架，基本层，高 8m 以内	10m²	7.915	196.8	1557.67
4	20-18	斜道，高 2m 以内	座	1.000	1842.69	1842.69
5	20-11	砌墙脚手架，双排外架子，高 12m 以内	10m²	28.745	185.31	5326.74
6	20-10	砌墙脚手架，单排外架子，高 12m 以内	10m²	1.192	137.43	163.82
三		垂直运输工程				961.8
1	23-30	建筑物垂直运输费，卷扬机施工，砖混机构，檐高 20m 以内（6 层）	10 工日	20.000	48.09	961.8
		总　计				30084.96

2. 工程量计算书

附表1-3　工程量计算书（实例一）

序号	编号	项目名称、计算表达式	单位	数量
一		临时设施费	项	1.000
	费用	（分部分项工程费＋单价措施项目费）×1%［算式：（136011.47+30084.96）×1%］	项	1.000
二		混凝土、钢筋混凝土模板及支架	项	1.000
1	21-4	现浇无梁式带形基础，复合木模板	10m²	0.666
2	21-42	现浇圈梁、地坑支撑梁复合木模板	10m²	5.223
3	21-44	现浇过梁，复合木模板	10m²	1.104
4	21-32	现浇构造柱，复合木模板	10m²	3.241
5	21-27	现浇矩形柱，复合木模板	10m²	1.728
6	21-59	现浇板厚 20cm 内，复合木模板	10m²	9.385
7	21-89	木模板，现浇依附于梁上的混凝土线条	10m	0.808
8	21-78	现浇复式雨篷，复合木模板	10m²	0.120
9	21-94	现浇压顶，复合木模板	10m²	1.987
10	21-118	现浇预制矩形梁，复合木模板	10m²	0.070
11	21-141	现浇预制隔断板，木模板	10m²	0.439
12	21-89	现浇檐沟、小型构件，木模板	10m²	0.432
13	21-1	现浇混凝土垫层基础组合模板	10m²	0.706
14	21-14	现浇块体设备基础（单体 20m³ 以内）复合木模板	10m²	2.210
15	21-40	现浇异形梁，复合木模板	10m²	0.567
三		脚手架工程费	项	1.000
1	20-42	电梯井字架，搭设高度 20m 以内	座	1.000
2	20-21	满堂脚手架，基本层，高 8m 以内	10m²	7.915
		（6.2-0.24）×（14-0.24×3）	m²	79.150
		合计	m²	79.150
3	20-21	满堂脚手架，基本层，高 8m 以内	10m²	7.915
4	20-18	斜道，高 2m 以内	座	1.000
5	20-11	砌墙脚手架，双排外架子，高 12m 以内	10m²	28.745
		（6.44+14.24）×2×（6.8+0.15）	m²	287.450
		合计	m²	287.450

续表

序号	编号	项目名称、计算表达式	单位	数量
6	20-10	砌墙脚手架，单排外架子，高 12m 以内	10m²	1.192
		（6.2-0.24）×2	m²	11.92
		合计	m²	11.92
四		垂直运输机械费	项	1.000
1	23-30	建筑物垂直运输费，卷扬机施工，砖混机构，檐高 20m 以内（6层）	10 工日	20.000

3. 乙供材料表

附表1-4 乙供材料表（实例一）

序 号	材料编码	材 料 名 称	规格型号等特殊要求	单 位	数 量
1	C000000	其他材料费		元	15621.570
2	C101022	中砂		t	58.758
3	C102011	道砟 40～80mm		t	2.859
4	C102040	碎石 5～16mm		t	4.283
5	C102041	碎石 5～20mm		t	2.009
6	C102042	碎石 5～40mm		t	3.317
7	C105012	石灰膏		m³	2.130
8	C201008	标准砖 240mm×115mm×53mm		百块	76.355
9	C201016	多孔砖 KP1 240mm×115mm×90mm		百块	210.840
10	C206038	磨砂玻璃 3mm		m²	2.851
11	C301002	白水泥		kg	220.604
12	C301023	水泥 32.5 级		kg	12357.485
13	C303064.2	商品混凝土 C20（非泵送）粒径≤20mm		m³	28.540
14	C303064.3	商品混凝土 C20（非泵送）粒径≤31.5mm		m³	2.679
15	C303064.4	商品混凝土 C20（非泵送）粒径≤40mm		m³	24.678
16	C303066.1	商品混凝土 C20（非泵送）粒径≤16mm		m³	1.097
17	C401029	普通成材		m³	0.060
18	C401035	周转木材		m³	0.523
19	C405015	复合木模板 18mm		m²	57.971
20	C406002	毛竹		根	5.317
21	C406007	竹笆片		m²	9.408
22	C501014	扁钢		t	0.014
23	C201074	角钢		t	0.412
24	C501114	型钢		t	0.679
25	C502018	钢筋（综合）		t	4.152
26	C503101	钢板厚度 1.5mm		t	0.210
27	C504098	钢支撑（钢管）		kg	122.026
28	C504177	脚手钢管		kg	263.205
29	C505655	铸铁弯头出水口		套	2.020
30	C507042	底座		个	1.168
31	C507108	扣件		个	44.613
32	C209006	电焊条 E422		kg	113.317
33	C510122	镀锌铁丝 8#		kg	59.025

续表

序 号	材料编码	材 料 名 称	规格型号 等特殊要求	单 位	数 量
34	C510127	镀锌铁丝 22#		kg	15.016
35	C210142	钢丝弹簧 L=95mm		个	1.584
36	C511076	带帽螺栓		kg	0.772
37	C511205	对拉螺栓（止水螺栓）		kg	6.829
38	C511366	零星卡具		kg	35.510
39	C511533	铁钉		kg	26.847
40	C511565	专用螺母垫圈 3 型		个	1.426
41	C513105	钢珠规格 32.5		个	6.138
42	C513287	组合钢模板		kg	3.817
43	C601031	调和漆		kg	8.910
44	C601036	防锈漆（铁红）		kg	7.720
45	C601041	酚醛清漆各色		kg	2.028
46	C601043	酚醛无光调和漆（底漆）		kg	0.071
47	C601057	红丹防锈漆		kg	6.534
48	C601106	乳胶漆（内墙）		kg	143.038
49	C603045	油漆溶剂油		kg	3.515
50	C604038	石油沥青油毡 350#		m²	86.111
51	C605014	PVC 管直径 20mm		m	10.166
52	C605024	PVC 束接直径 100mm		只	5.465
53	C605154	塑料抱箍（PVC）直径 100mm		副	15.290
54	C605155	塑料薄膜		m²	120.675
55	C605291	塑料水斗（PVC 水斗）直径 100mm		只	2.040
56	C605291	塑料弯头（PVC）直径 100mm 135 度		只	0.713
57	C605356	增强塑料水管（PVC 水管）直径 100mm		只	12.750
58	C506138	橡胶板 2mm		m²	3.465
59	C606139	橡胶板 3mm		m²	0.792
60	C607018	石膏粉		kg	27.085
61	C608003	白布		m²	0.063
62	C608049	草袋子 1m×0.7m		m²	0.344
63	C608101	麻绳		kg	0.011
64	C608144	砂纸		张	18.374
65	C608191	纸筋		kg	0.233
66	C609032	大白粉		kg	26.689
67	C609041	防水剂		kg	28.231
68	C610029	玻璃密封胶		kg	0.475
69	C613003	801 胶		kg	107.086
70	C613098	胶水		kg	0.279
71	C613206	水		m³	114.412
72	C613249	氧气		m³	32.158
73	C613253	乙炔气		m³	13.979
74	C901030	场地运输费		元	29.714
75	C901114	回库修理、保养费		元	38.533
76	C901167	其他材料费		元	983.798

三、新建部件变电室工程施工合同（GF-2018-001）

第一部分　合同协议书

合同验证码：_____

发包人（全称）：常州×××有限公司

承包人（全称）：常州×××建设工程有限公司

根据《中华人民共和国合同法》、《中华人民共和国建筑法》及有关法律规定，遵循平等、自愿、公平和诚实信用的原则，双方就新建部件变电室工程施工承包工程施工及有关事项协商一致，共同达成如下协议。

一、工程概况

1. 工程名称：新建部件变电室

2. 工程地点：常州市武进区×××新建南厂污水处理厂北侧

3. 工程立项批准文号：武行审备[2018]×××号

4. 资金来源：自筹

5. 工程内容：请参见补充条款：合同协议书

6. 工程内容：群体工程应附《承包人承揽工程项目一览表》（附件1）

7. 工程承包范围：根据招标文件约定范围内设计图纸的全部地基、土建、安装装饰等所有内容承包管理（总建筑面积约92平方米）。

8. 计划开工日期：2018年03月02日

9. 计划竣工日期：2018年05月13日

10. 工期总日历天数：73天。工期总日历天数与根据前述计划开竣工日期计算的工期天数不一致的，以工期总日历天数为准。

二、质量标准

工程质量符合 合格 标准。

三、签约合同价与合同价格形式

1. 签约合同价为：

人民币（大写）：约拾捌万元　　（￥约180000元）

其中：

（1）安全文明施工费：

人民币（大写）_____（￥_____元）

（2）材料和工程设备暂估价金额：

人民币（大写）_____（￥_____元）

（3）专业工程暂估价金额：

人民币（大写）_____（￥_____元）

（4）暂列金额

人民币（大写）_____（￥_____元）

2. 合同价格形式：套用施工期江苏省现行相关专业计价表与费用定额，工程量清单按实结算。

四、项目经理

承包人项目经理：×××　。

五、合同文件构成

本协议书与下列文件一起构成合同文件：

（1）中标通知书（如果有）；

（2）投标图及其附录（如果有）；

（3）专用合同条款及其附件；

（4）通用合同条款；

（5）技术标准和要求；

（6）图纸；

（7）已标价工程量清单或预算书；

（8）其他合同文件。

在合同订立及履行过程中形成的与合同有关的文件均构成合同文件组成部分。

上述各项合同文件包括合同当事人就该项合同文件所作出的补充和修改，属于同一类内容的文件，应以最新签署的为准。专用合同条款及其附件须经合同当事人签字或盖章。

六、承诺

1. 发包人承诺按照法律规定履行项目审批手续、筹集工程建设资金并按照合同约定的期限和方式支付合同价款。

2. 承包人承诺按照法律规定及合同约定组织完成工程施工，确保工程质量和安全，不进行转包及违法分包，并在缺陷责任期及保修期内承担相应的工程维修责任。

3. 发包人和承包人通过招投标形式签订合同的，双方理解并承诺不再就同一工程另行签订与合同实质性内容相背离的协议。

七、词语含义

本协议书中词语含义与第二部分通用合同条款中赋予的含义相同。

八、签订时间

本合同于 2018 年 02 月 28 日签订。

九、签订地点

本合同在 常州市武进区 ×× 公司签订。

十、补充协议

合同未尽事宜，合同当事人另行签订补充协议，补充协议是合同的组成部分。

十一、合同生效

本合同自 双方盖章后经建设主管部门备案、鉴证后 生效。

十二、合同份数

本合同一式 壹拾贰 份，均具有同等法律效力，发包人执 陆 份，承包人执 陆 份。

发包人：（公章）　　　　　　　　　　承包人：（公章）

法定代表人或其委托代理人：（签字）　　法定代表人或其委托代理人：（签字）

组织机构代码：×××××××××××　　组织机构代码：×××××××××××
地　　址：常州市武进区 ×× 路 × 号　　地　　址：常州市 ×× 区 ×× 路
邮政编码：213000　　　　　　　　　　邮政编码：213000
法定代表人：×××　　　　　　　　　　法定代表人：×××
委托代理人：　　　　　　　　　　　　委托代理人：
电　　话：×××××××　　　　　　　电　　话：×××××××
传　　真：　　　　　　　　　　　　　传　　真：×××××××
电子信箱：　　　　　　　　　　　　　电子信箱：
开户银行：××××××××××　　　　开户银行：××××××××××
账　　号：×××××××××××　　　账　　号：×××××××××××

附录二　实例二　总二车间扩建厂房

一、总二车间扩建厂房工程设计图纸

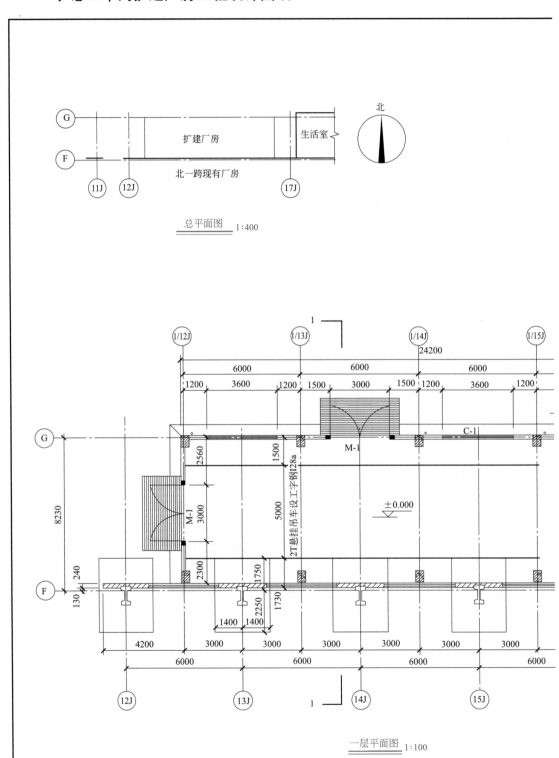

总平面图　1:400

一层平面图　1:100

门窗表

类别	编号	洞口尺寸/mm		数量	过梁选用		备　　注
		洞口宽度	洞口高度		标准图集	编　号	
洞	D-1	1500		1	见结构图		
窗	C-1	3600	3000	2	见结构图		塑钢窗,上封闭下推拉
	C-2	1500	900	2	13G322-1	GL-4152	塑钢窗,上封闭下推拉
	C-3	3600	1800	4	见结构图		塑钢窗,上封闭下推拉
	C-4	1800	1800	4	13G322-1	GL-4182	塑钢窗,上封闭下推拉
	C-5	900	1800	1	13G322-1	GL-4102	塑钢窗,上封闭下推拉
门	M-1	3000	4420	2	02J611-1	ML4A-302A	平开钢大门,参见02J611-1,M11-3339,门樘参MT4-42A
	M-2	1800	2100	1	02J611-1	ML4A-1824A	平开钢大门,参见02J611-1,M11-2124,门樘参MT4-21A

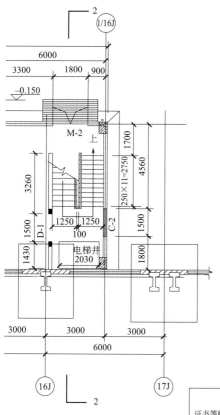

建筑施工说明

一、本工程为××厂内机分厂总二车间扩建厂房工程,采用钢筋混凝土框架结构,本工程耐久等级按二级设计,结构设计使用耐久年限为50年。抗震设防类别为丙类,设防烈度为7度。

二、建筑物室内地坪标高为±0.000,相当于北一跨车间地面标高。

三、施工图中除标高以m为单位外,其余均以mm为单位,所用轴线编号均根据所靠老厂房编号标注。

四、建筑用料
1.墙基防潮　20厚1∶2水泥砂浆掺5%避水浆,位置在-0.06标高处。
2.砌体:±0.000以下:MU10标准实心黏土砖,M5水泥砂浆砌筑。
　±0.000以上:除注明外均为200厚KP1空心砖,M5混合砂浆砌筑。
　当图纸无专门标明时,一般轴线位于各墙厚的中心。
3.地面:(1)耐磨地坪,下铺150厚C25混凝土。
　　(2)人行道:耐磨地坪,道两边铺120mm宽黄色地砖。
4.楼面:选用水磨石楼面,见苏J01—2005,3-5。
　　楼梯:选用水泥砂浆,见苏J01—2005,3-2。
5.屋面:(1)屋面采用Ⅲ级防水屋面:做法见图集苏J01—2005,7-12,54页。
　　(2)屋面板底喷白色涂料(二度)。
6.内墙:采用混合砂浆粉面(包括Ⓕ轴老墙体):15厚1∶6∶6水泥石灰砂浆打底,5厚1∶0.3∶3水泥石灰砂浆粉面,刷白色内墙涂料。
7.外墙:外墙面采用乳胶漆墙面:12厚1∶3水泥砂浆打底,6厚1∶2.5水泥砂浆粉面压实抹光,水刷带划小麻面。刷外墙用乳胶漆,位置及颜色见立面图。
8.门窗:本工程窗采用90系列塑料窗,白色框料,5mm白色玻璃;所有门窗洞口尺寸及数量均请施工单位现场核实。
9.落水管:采用白色UPVC管,规格φ100,屋面落水口见屋面平面图。
10.坡道:选用水泥防滑坡道,见图集苏J01—2005,11-8。
11.所有埋入墙内构件均需作防腐处理,木构件涂满柏油油毡构件刷红丹二度。
12.新旧建筑物交接缝处用沥青麻丝填充,26#白铁皮盖缝。

五、其他说明
1.设计图中采用标准图、通用图,重复使用图纸时均应按相应图集图纸的要求施工。
2.所有预留孔及预埋件(水、电、暖)施工时应与各工种密切配合,避免遗漏。
3.本工程所有材料及施工要求除注明外,请遵行《建筑安装工程施工验收规范》执行。
4.所有涉及颜色的装修材料,施工单位应先提供样品及小样,待设计人员认可后方能施工。
5.建筑物地面、楼面、屋面荷载取值见国家现行的《建筑结构荷载规范》。

	工　程　名　称		图名	建施
证书等级:	总二车间扩建厂房		图号	1/3
证书编号:				
总工程师	设计计算			
室主任	制　图		图纸内容	一层平面图　总平面图
审　核	校　对			建筑施工说明　门窗表
专业负责人	复　核			

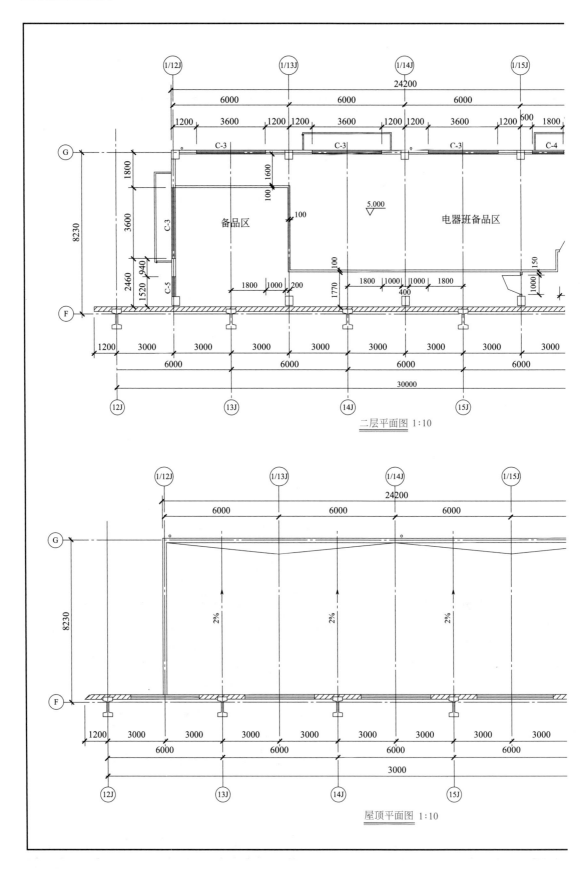

二层平面图 1:10

屋顶平面图 1:10

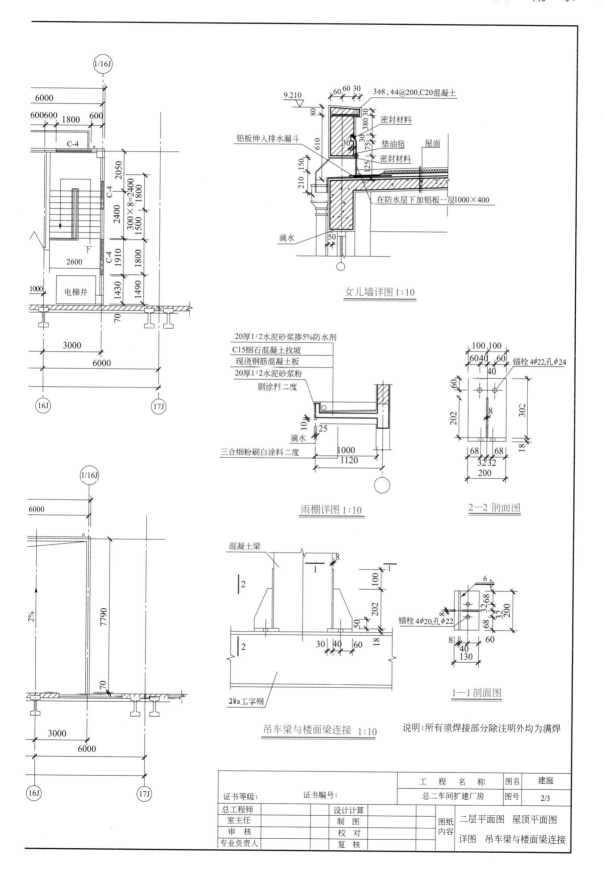

女儿墙详图 1:10

雨棚详图 1:10

2—2 剖面图

吊车梁与楼面梁连接 1:10

1—1 剖面图

说明:所有须焊接部分除注明外均为满焊

工 程 名 称		图名	建施
总二车间扩建厂房		图号	2/3

证书等级:		证书编号:	
总工程师		设计计算	
室主任		制 图	
审 核		校 对	
专业负责人		复 核	

图纸内容：二层平面图 屋顶平面图 详图 吊车梁与楼面梁连接

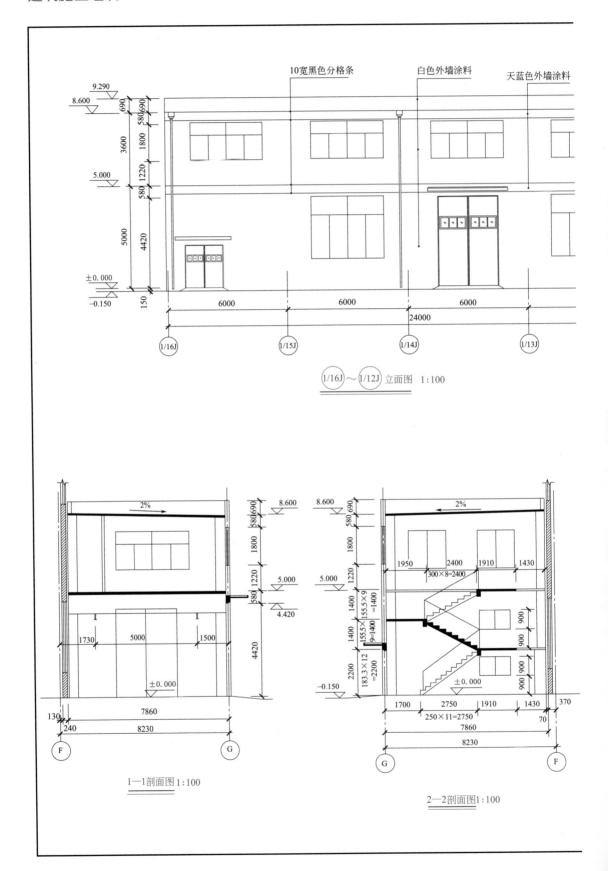

10宽黑色分格条　白色外墙涂料　天蓝色外墙涂料

$\widehat{1/16J}$～$\widehat{1/12J}$立面图　1:100

1—1剖面图 1:100

2—2剖面图 1:100

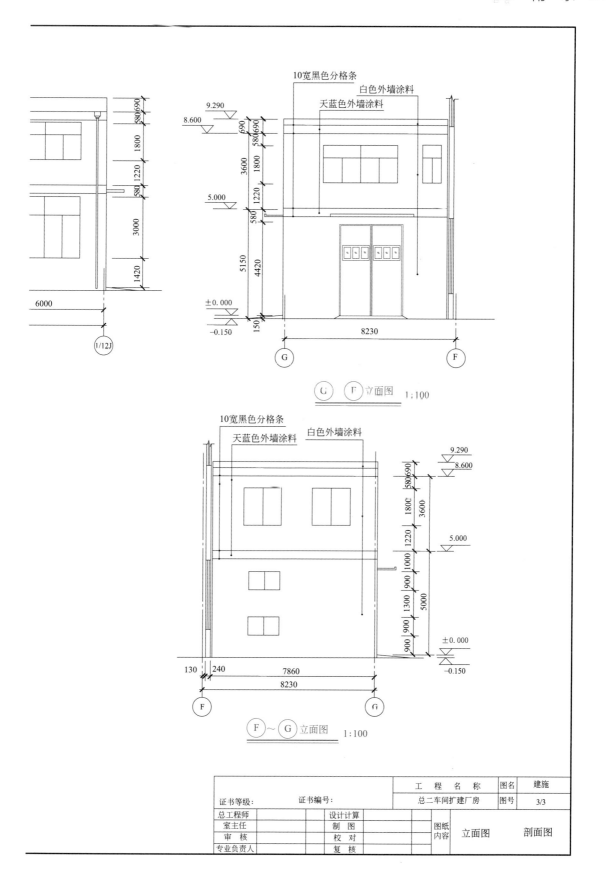

10宽黑色分格条

白色外墙涂料

天蓝色外墙涂料

G F 立面图 1:100

10宽黑色分格条

天蓝色外墙涂料 白色外墙涂料

F ～ G 立面图 1:100

证书等级：		证书编号：		工 程 名 称		图名	建施
总工程师		设计计算		总二车间扩建厂房		图号	3/3
室主任		制 图				图纸内容	立面图 剖面图
审 核		校 对					
专业负责人		复 核					

结构设计总说明

一、一般说明

1. 本工程设计按现行的国家标准及国家行业标准进行。
2. 本工程所用的材料、规格、施工要求及验收标准等,除注明者外,均按国家现行的有关施工及验收规范、规程执行。
3. 本工程施工图按《混凝土结构施工图平面整体表示方法制图规则和构造详图》进行设计。
4. 除注明者外,标高以米(m)为单位,其余所有尺寸均以毫米(mm)为单位。
5. 本工程±0.000相当于北一跨室内地面标高。
6. 本工程为框架结构,按7度抗震设防,属丙类建筑,(0.10g第一组)建筑物安全等级为二级,框架抗震等级为3级,场地类别为Ⅲ类,结构混凝土临十临水面抗渗基本要求按环境二a类控制。其余按一类控制。
7. 本工程结构的合理使用年限为50年。
8. 本工程设计基本风压为:W_o=0.40kN/m^2,地面粗糙度为B类。部分活荷载标准值按下表采用不得超载,未注部分按国家荷载规范取用。

项　目	荷载标准值 /(kN/m^2)	项　目	荷载标准值 /(kN/m^2)
楼　面	5.0	不上人屋面	0.7
楼　梯	2.5		

9. 本工程采用的标准图有

图　集　名　称	图集编号	备　注
混凝土结构施工图 平面整体表示方法制图规则和构造详图	16G101-1,-2	
砖墙建筑、结构构造	15J101—15G612	
建筑物抗震构造详图	苏G02—2011	
混凝土小型空心砌块墙体建筑与结构构造	19J102-1—19G613	
变形缝建筑构造	14J936	
建筑结构常用节点图集	苏G01—2003	

10. 未经技术鉴定或设计许可,不得改变结构的用途和使用环境。
11. 本工程采用的结构设计规范

规　范　名　称	规范编号	备　注
建筑结构荷载规范	GB 50009—2012	
砌体结构设计规范	GB 50003—2011	
混凝土结构设计规范	GB 50010—2010(2015年版)	
建筑地基基础设计规范	GB 50007—2011	
建筑抗震设计规范	GB 50011—2010(2016年版)	

二、地基基础工程

1. 本工程基础因无岩土工程勘察报告,故参照相临内机联合车间接长工程地质资料,按地基承载力特征值为f_{ak}=200kPa设计。
2. 本工程地基基础设计等级为丙级。
3. 基坑开挖至设计标高未到老土时,开挖至老土后用C10混凝土回填至设计标高。基坑开挖时要特别注意对相临厂房柱基的保护,在开挖前请施工单位做好有效保护措施,并建议该区域吊车暂停使用。
4. 基础施工时,应使基础下的土层保持原状,避免挠动。若采用机械挖土,应在基底以上留300厚土用人工挖除。
5. 在基坑施工过程中,应及时做好基坑排水工作。开挖过程中应注意边坡稳定。
6. 室内地坪回填土(基础底面标高以上至地坪垫层以下)必须分层回填压实,压实系数不小于0.94。
7. 其余说明见本工程"基础平面布置图"。

三、钢筋混凝土工程

1. 混凝土强度等级
   (1)凡选用标准图的构件按相应图集要求施工。
   (2)基础混凝土:C25;除特别注明外所有梁、板、柱均为C25。
2. 本工程混凝土坍落度≤120mm。混凝土浇筑后二周内必须充分保水养护,宜用薄膜养护的方法。
3. 受力钢筋最小保护层厚度
   (1)基础为40mm。
   (2)混凝土结构的环境类别:基础及室外露天构件为二类a,其余均为一类。
   (3)板、墙、梁、柱受力钢筋最小保护层厚度详见图集16G101—1第56页。
4. 钢筋交叉时的钢筋排放位置
   (1)楼板板底筋:沿板跨短向的钢筋置于下排。
   (2)梁顶面平齐时,梁上主筋置于上排的优先顺序为①～③。
   (3)梁顶面平齐时,梁底纵筋置于下排的优先顺序为①～③。
     ①该梁为框架梁;②该梁为悬挑梁;③主梁或较大断面梁。
   (4)梁与柱边平齐时,梁纵筋放置如图1所示。
5. 钢筋设计强度
   钢材质量标准应符合冶金部标准,符号及钢筋强度表示如下:
   (1)Φ 表示HPB300级钢筋,f_y=270N/mm^2; Φ 表示HRB335级钢筋,f_y=300N/mm^2。
   (2)为保证现浇板负钢筋及板厚到位保证钢筋质量,本工程的现浇板负筋优先采用焊接钢筋网片。
   (3)施工过程中,未经设计人员同意,不得擅自更改钢筋规格,也不得随意增减钢筋。
6. 钢筋接头,钢筋弯折详见图集16G101—1中有关构造详图。
7. 钢筋的锚固长度及搭接长度
   (1) 钢筋的锚固长度L_a

钢筋种类	C20	C25	C30	C35	C40
Φ	31d	27d	24d	22d	20d
⊈	39d	34d	30d	27d	25d

注: 1. 直径大于25mm时,锚固长度应乘1.1。 2. 锚固长度不应小于250mm,对一、二级抗震L_{aE}=1.15L_a; 三级L_{aE}=1.05L_a; 四级L_{aE}=L_a。

(2) 钢筋的锚固长度L_l

锚固长度	同一混凝土截面搭接25%	同一混凝土截面搭接50%
$L_l = \xi L_a$	ξ=1.2	ξ=1.4

注: 抗震时搭接长度为$L_{lE}=\xi L_{aE}$。

(3) 其余见图集16G101—1。

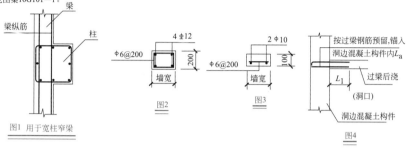

图1 用于宽柱窄梁

图2

图3

图4

8. 梁

(1) 当梁腹板高度大于450mm时,梁两侧放置2⊈12构造钢筋,间距不大于200mm。

(2) 梁配筋平面图中,当示出<2⊈12(或其他规格)时,表示该筋一端(或两端)伸到梁端并弯入支座L_a或表示与支座负钢筋搭接,搭接长度为0.85L_a。

四、砌体工程(砌体工程施工质量控制等级为B级)

1. 墙体规格

(1) 墙体材料及其材料强度及相关指标应符合国家有关规定。

(2) ±0.000以下采用MU10标准实心黏土砖、M5水泥砂浆砌筑。±0.000以上采用KM1型非承重多孔砖200厚M5混合砂浆砌筑。

2. 墙体与周边构件的拉结

(1) 所有内外非承重砖墙均应后砌。墙与梁底或板底的连接节点详见苏G01—2003第22页。

(2) 凡钢筋混凝土柱(包括构造柱)及梁与填充墙连接处做法详见苏G01—2003第20页。

(3) 墙高度超过4m时于墙腰处增设圈梁,墙腰圈梁遇门窗时,一般通过门窗洞顶。墙体长度超过8m时,应每隔3~4m增设构造柱,构造柱纵筋锚入上下梁内L_a,且应后浇。圈梁截面及配筋见图2。构造柱见结构平面布置。

(4) 外墙通长窗台压顶做法详见图3,窗台墙长超过4m时应增设构造柱,构造柱见结构平面布置。

3. 除黏土空心砖外,其余轻质墙体上不应悬挂重物。

五、现浇板配筋

1. 凡图中未表示的支座负筋的分布筋均采用Φ6@200。

2. 板底钢筋锚入梁内至梁中心线,且不少于5d。板面钢筋锚入混凝土梁或墙内L_a,I级钢末端加弯钩。

3. 现浇板跨中有轻质墙时,应在墙底部位的板底放置附加钢筋。若未注明,则均放2⊈16。

4. 电线管在现浇板中应在上下两层钢筋中穿行,且应避开板负筋密集区。

六、过梁

混凝土墙柱边的过梁做法详见图4。

七、埋件及钢构件

1. 所有预埋件的钢板及其他型钢均采用Q235。

2. 角钢型号按热轧等边和不等边角钢品种GB/T 706—2016选用;槽钢按GB/T 706—2016选用。

3. 钢结构的钢材抗拉强度实测值与屈服强度实测值的比值不应小于1.2,应有明显的屈服台阶,伸长率应大于20%,且应有良好的可焊性和冲击韧性。

4. 采用普通电弧焊时,若设计末作说明,HPB300,HRB335级钢筋之间及与钢板、型钢之间焊接采用E4303焊条;HRB400级钢筋之间采用E5003焊条。三种钢材的坡口焊、塞焊等分别用E4303、E5003、E5503。

5. 未注明焊缝长度者,均为满焊。未注明焊缝高度者,不小于5mm。

6. 所有外露钢构件必须认真除锈,焊缝处须先除去焊渣,并涂防锈漆二度,面漆二度。

八、其他

1. 凡悬挑部分的梁、板,当混凝土强度达到100%设计强度,并在稳定荷载作用下,方可拆模。当以结构构件为施工脚手支撑点时,必须经过验算,在采取相应措施后方可进行。

2. 各层楼面,当施工堆载超过设计荷载时,应先征得设计单位的同意并采取有效的支撑措施。

3. 电梯坑底、设备管井、电梯机房等所有预埋铁件、管线、孔洞等详见相应设备图,结构施工时应与其他各专业施工图密切配合,避免结构的后凿洞。

4. 大体积混凝土浇筑时,应采取有效措施以减小混凝土的内外温差(<25℃),防止产生温度裂缝。且应尽量避免在气温高于35℃时浇筑混凝土。

			工 程 名 称		图名	结施
证书等级:		证书编号:	总二车间扩建厂房		图号	1/5
总工程师		设计计算				
室主任		制 图		图纸内容	结构设计总说明	
审 核		校 对				
专业负责人		复 核				

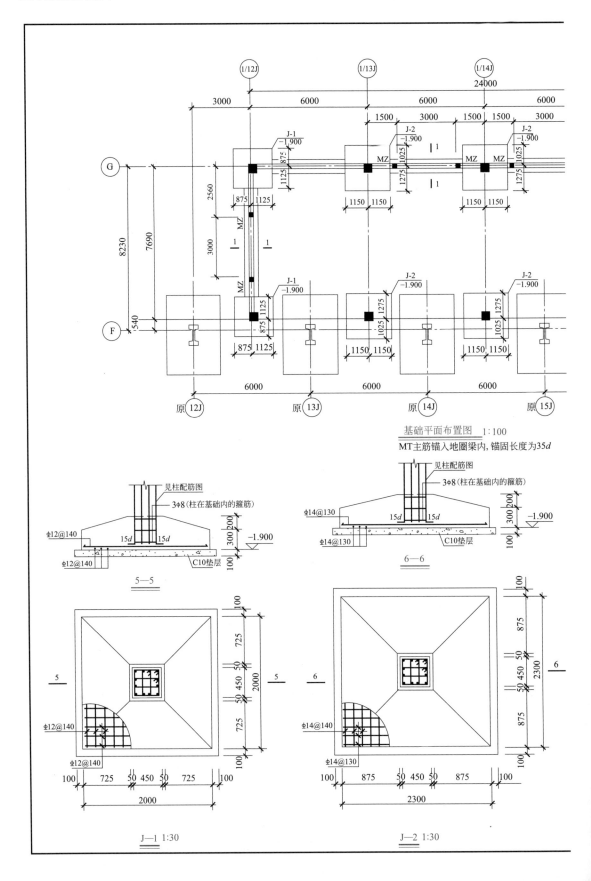

基础平面布置图 1:100

MT主筋锚入地圈梁内,锚固长度为35d

5—5

6—6

J—1 1:30

J—2 1:30

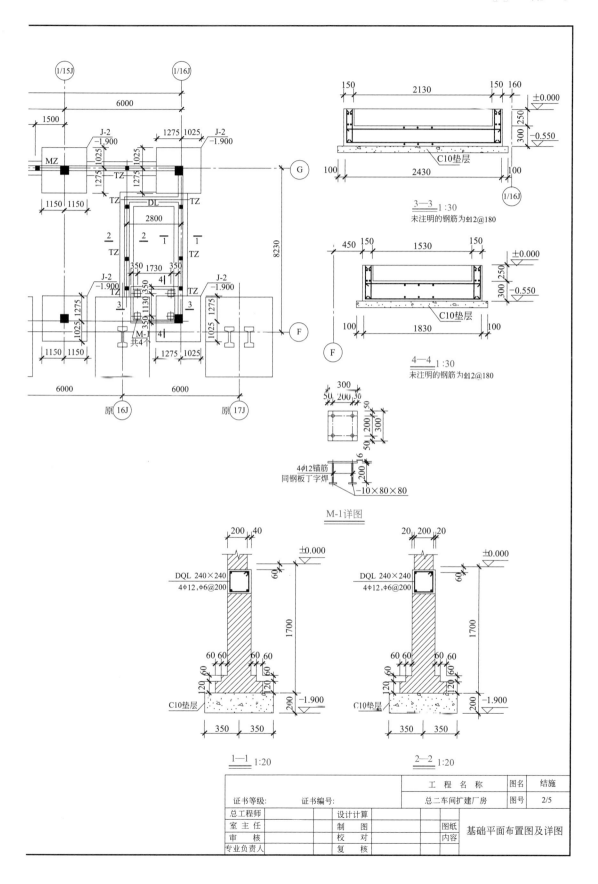

3—3 1:30
未注明的钢筋为⊥12@180

4—4 1:30
未注明的钢筋为⊥12@180

M-1详图

4φ12锚筋
同钢板丁字焊
—10×80×80

DQL 240×240
4φ12,φ6@200

C10垫层

1—1 1:20

DQL 240×240
4φ12,φ6@200

C10垫层

2—2 1:20

工 程 名 称		图名	结施
总二车间扩建厂房		图号	2/5

证书等级:		证书编号:		设计计算				
总工程师				设 计			图纸	基础平面布置图及详图
室 主 任				制 图				
审 核				校 对		内容	
专业负责人				复 核			

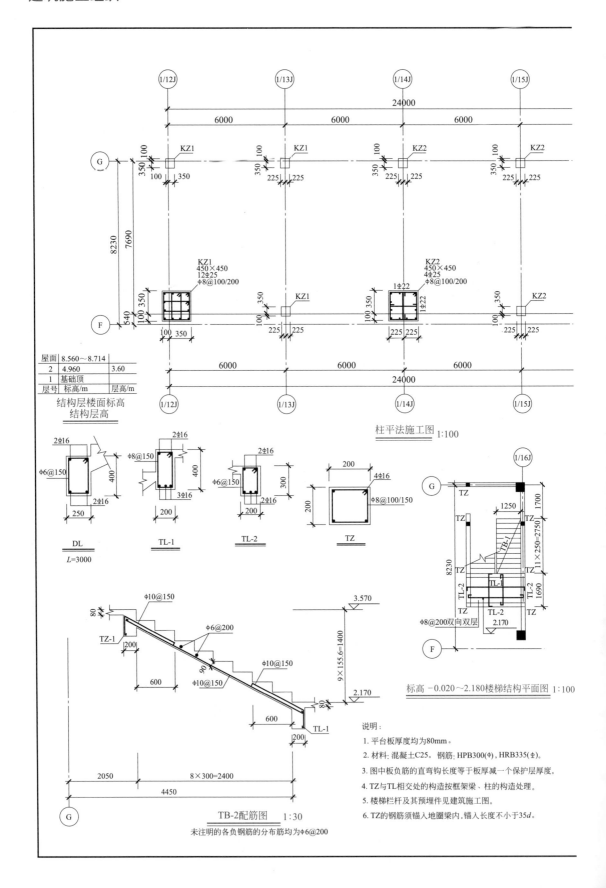

屋面	8.560～8.714	
2	4.960	3.60
1	基础顶	
层号	标高/m	层高/m

结构层楼面标高
结构层高

柱平法施工图 1:100

DL
L=3000

TL-1

TL-2

TZ

标高 -0.020～2.180楼梯结构平面图 1:100

TB-2配筋图 1:30
未注明的各负钢筋的分布筋均为φ6@200

说明:
1. 平台板厚度均为80mm。
2. 材料: 混凝土C25。 钢筋: HPB300(φ), HRB335(Φ)。
3. 图中板负筋的直弯钩长度等于板厚减一个保护层厚度。
4. TZ与TL相交处的构造按框架梁、柱的构造处理。
5. 楼梯栏杆及其预埋件见建筑施工图。
6. TZ的钢筋须锚入地圈梁内,锚入长度不小于35d。

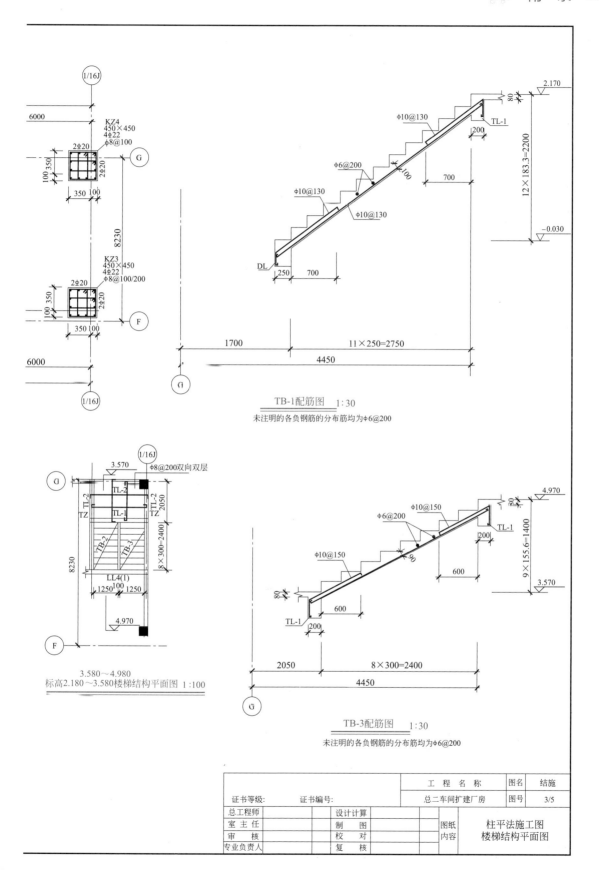

TB-1配筋图 1:30

未注明的各负钢筋的分布筋均为φ6@200

3.580~4.980
标高2.180~3.580楼梯结构平面图 1:100

TB-3配筋图 1:30

未注明的各负钢筋的分布筋均为φ6@200

工 程 名 称		图名	结施
证书等级: 证书编号:	总二车间扩建厂房	图号	3/5
总工程师	设计计算		
室 主 任	制 图	图纸	柱平法施工图
审 核	校 对	内容	楼梯结构平面图
专业负责人	复 核		

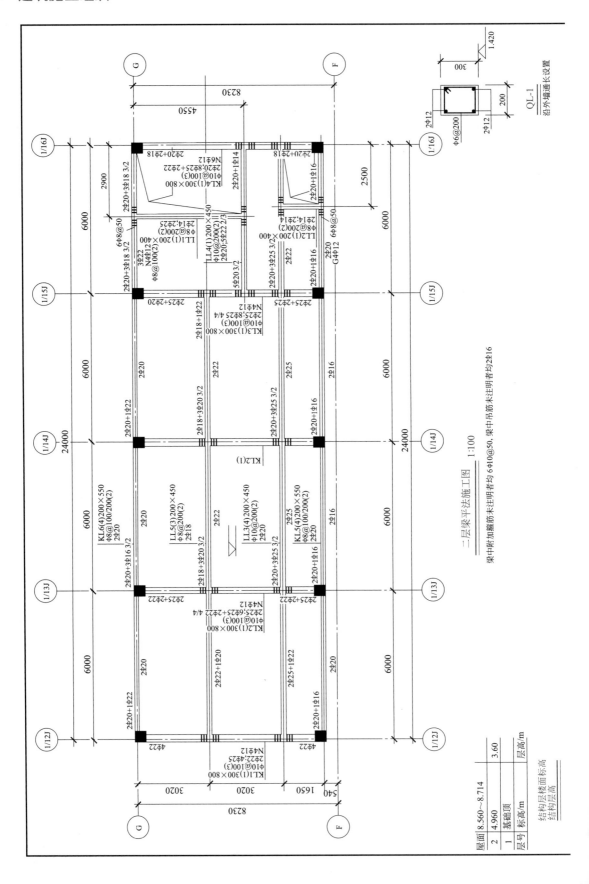

二层梁平法施工图 1:100

梁中附加箍筋未注明者均 6φ10@50，梁中吊筋未注明者均2φ16

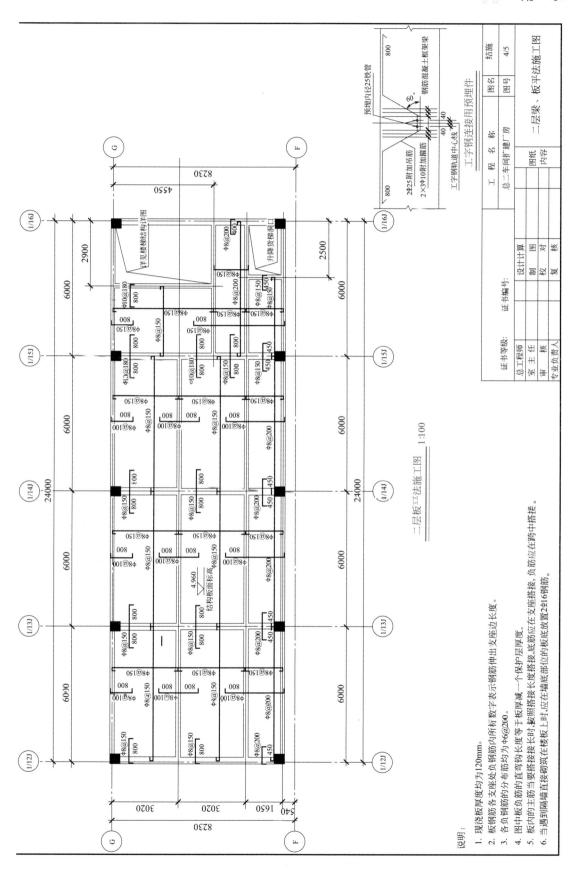

二层板平法施工图 1:100

工字钢连接用预埋件

工程名称 总二车间扩建厂房

图名 二层梁、板平法施工图

图号 结施 4/5

说明：
1. 现浇板厚度均为120mm。
2. 板钢筋各支座处负钢筋内所标数字表示钢筋伸出支座边长度。
3. 各负钢筋的分布筋均为Φ6@200。
4. 图中板负筋的直弯钩长度等于板厚减一个保护层厚度。
5. 板内柱主筋当需要搭接长度时，按照搭接长度搭接。底筋应在支座搭接，负筋应在跨中搭接。
6. 当遇到隔墙直接砌筑在楼板上时，应在墙底部位的板底放置2Φ16钢筋。

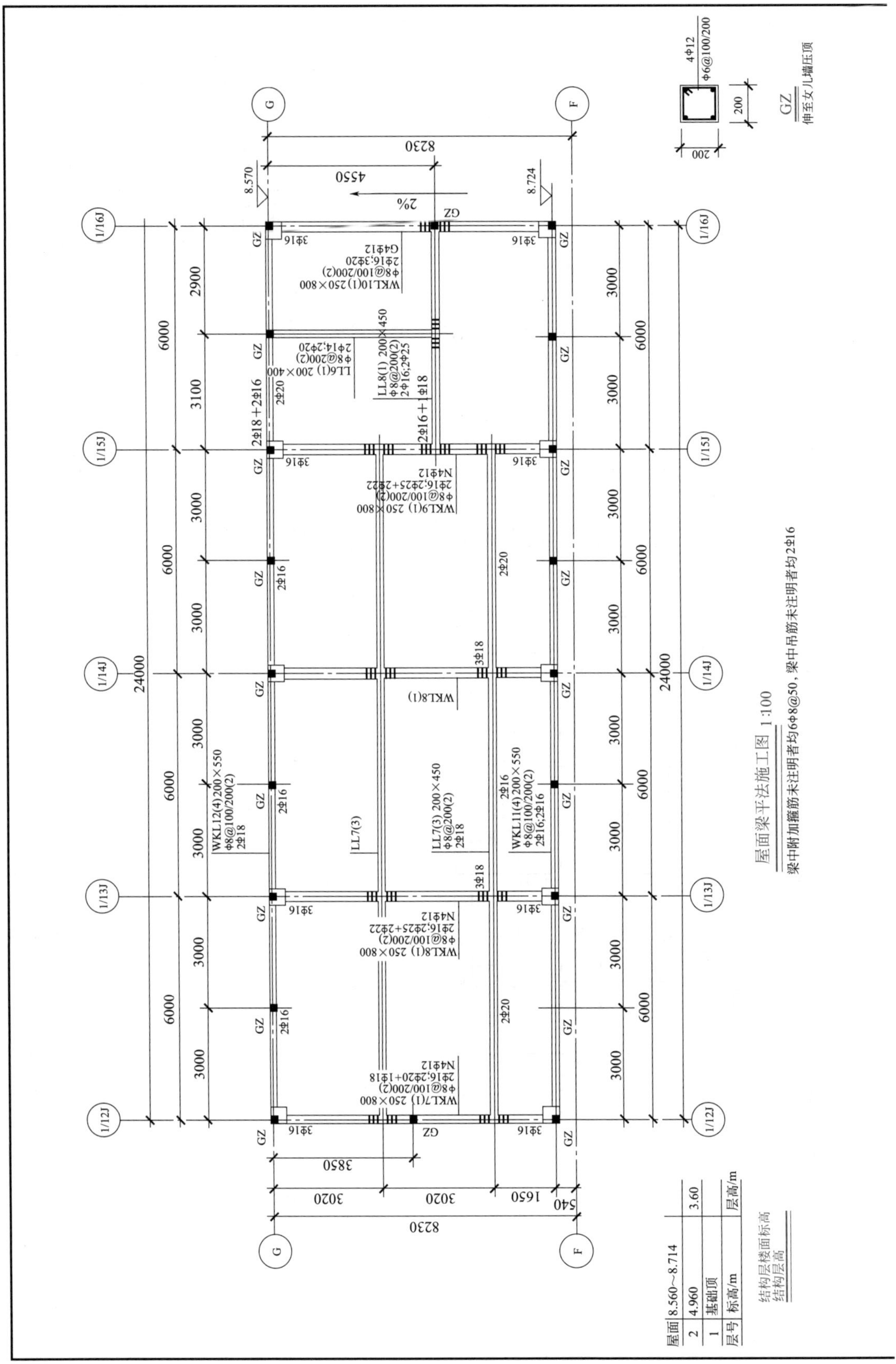

屋面梁平法施工图 1：100

梁中附加箍筋未注明者均6Φ8@50，梁中吊筋未注明者均2Φ16

层号	标高/m	层高/m
屋面	8.560～8.714	
2	4.960	3.60
1	基础顶	
	结构层楼面标高	
	结构层高	

GZ
伸至女儿墙压顶

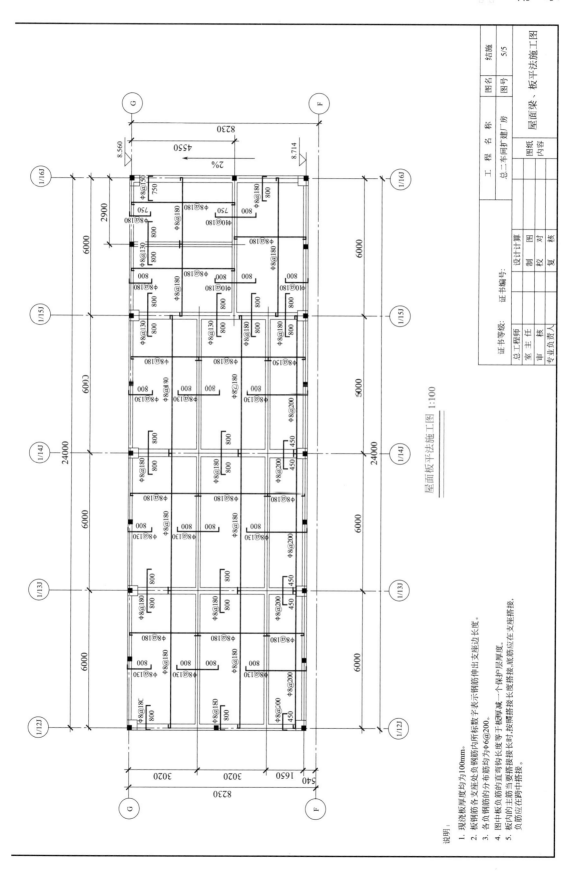

屋面板平法施工图 1:100

说明：
1. 现浇板厚度均为100mm。
2. 板钢筋在各支座处负钢筋内所标数字表示钢筋伸出支座边长度。
3. 各负钢筋的分布筋均为φ6@200。
4. 图中板负筋的直弯钩长度等于板厚减一个保护层厚度。
5. 板内的主筋当要搭接接长时，按搭接接长度搭接，底筋应在支座搭接，负筋应在在跨中搭接。

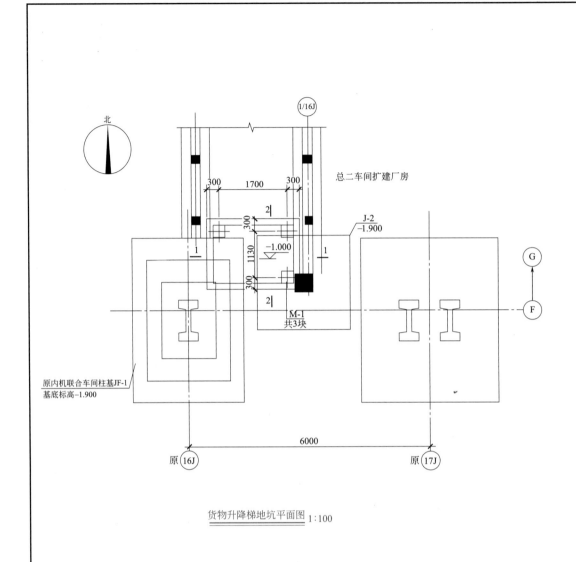

货物升降梯地坑平面图 1:100

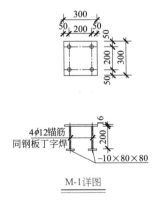

M-1详图

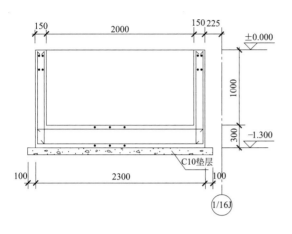

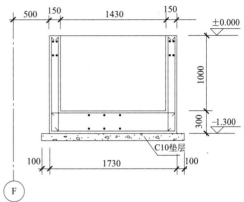

$\dfrac{1-1}{}$ 1:30
未注明的钢筋为$\pm$12@180

$\dfrac{2-2}{}$ 1:30
未注明的钢筋为$\pm$12@180

施工说明:

1. 本工程为总二车间辅助厂房货物升降梯地坑基础。
2. 基础设计依据为车间工艺师提供的相关资料。
3. 本工程±0.000为车间室内地坪面标高。
4. 基础用材:基础混凝土强度等级采用C25,垫层采用C10。
   Φ—HPB300级钢筋,$\pm$—HPB335级钢筋,保护层厚度为40mm。
   钢筋搭接长度48d,锚固长度为34d。须考虑抗渗,抗渗等级为S6,不得有渗水现象。
5. 二层楼面升降货梯洞口靠北一侧设置安全护栏,具体做法详见钢梯图集15J401中的LG1-12。
6. 地坑坑壁内侧四周预埋L70×7角钢护边,锚筋ϕ6@300,长150mm。
7. 原老地坑凿除,凿除时须轻敲轻凿。基础开挖至设计标高未到老土时,开挖至老土后用C10混凝土回填至
   设计标高。基础开挖时要特别注意对临近厂房柱基的保护,在开挖前请施工单位做好有效保护措施,并建
   议该区域吊车暂停使用。厂房柱基础与本基础基底高差部分用C10混凝土回填捣实。
8. 基础施工放线时请车间工艺师现场复核其准确位置。
9. 地坑如遇老厂房柱基时,严禁破坏老柱基,在保证地坑内壁尺寸的情况下直接从老柱基上浇筑。基础混凝
   土表面浇筑要平整,坑壁垂直,坑底水平,坑底高差不得超过3mm,预埋件位置必须准确。
10. 所有钢构件均须除锈,表面涂刷油漆:防锈漆一度;刮腻子;灰色调和漆二度。
11. 基础施工过程中破损地面按原样恢复。
12. 与其他各专业施工图配合预埋管线。

工 程 名 称		图名	设施
总二车间扩建厂房		图号	1/1

总工程师		设　计		图纸 内容	货物升降梯地坑基础图
室主任		制　图			
审　核		校　对			
专业负责人		复　核			

二、总二车间扩建厂房工程预算书

1. 分部分项工程量清单计价表

附表2-1　分部分项工程量清单计价表（实例二）

序号	项目编号	项 目 名 称	计量单位	工程数量	金额 / 元	
					综合单价	合价
一		土石方工程				
1	010101001001	场地平整	m²	380.81		
2	010101003001	挖基础土方：土壤类别为三类土，基础类型为基坑，挖土深度 -1.75m，弃土运距 3000m	m³	484.34		
3	010103001001	土（石）方回填	m³	446.46		
二		混凝土及钢筋混凝土工程				
1	010401002001	现浇独立基础：垫层材料种类、厚度为100mm，混凝土强度等级C10，混凝土拌和材料要求浇筑、振捣、养护	m³	13.71		
2	010401002001	现浇独立基础：混凝土强度等级C25，混凝土拌和材料要求浇筑、振捣、养护	m³	19.47		
3	010401001001	现浇带形基础：垫层材料种类、厚度为700mm×200mm，混凝土强度等级C10，混凝土拌和材料要求为浇筑、振捣、养护	m³	4.58		
4	010403004001	地圈梁：截面积204mm×204mm，混凝土强度等级C25	m³	2.53		
5	0104	现浇满堂基础	m³	1.33		
6	010404001001	现浇直形墙	m³	0.36		
7	010402001001	现浇矩形柱：柱高度为8.677m，柱截面尺寸450mm×450mm，混凝土强度等级C25，混凝土拌和材料要求为浇筑、振捣、养护	m³	20.41		
8	010402001002	现浇矩形柱：柱截面尺寸240mm×240mm，混凝土强度等级C25，混凝土拌和材料要求为浇筑、振捣、养护	m³	3.59		
9	010403004002	现浇圈梁：梁截面240mm×240mm，混凝土强度等级C25，混凝土拌和材料要求为浇筑、振捣、养护	m³	2.36		
10	010604002001	钢吊车梁	t	1.65		
11	010405001001	现浇有梁板：板厚度120mm/100mm，混凝土强度等级C25	m³	66.29		
12	010405008001	现浇雨篷、阳台板：混凝土强度等级C25	m³	1.2		
13	010406001001	现浇直行楼梯：混凝土强度等级C25	m²	17.36		
14	010407002001	现浇散水：面层20mm厚1:2水泥砂浆，混凝土强度等级C15	m²	18.31		
15	010407002002	现浇坡道：面层20mm厚1:2水泥砂浆，混凝土强度等级C15	m²	19.36		
16	010606008001	钢梯：钢梯形式为爬梯	t	0.23		
17	010417002001	预埋铁件	t	0.3428		
18	010606012001	钢盖板	t	0.2912		
19	010416001001	现浇混凝土钢筋：钢筋种类、规格为φ12mm以内	t	6.33		
20	010416001002	现浇混凝土钢筋：钢筋种类、规格为φ25mm以内	t	12.67		

续表

序号	项目编号	项 目 名 称	计量单位	工程数量	金额／元	
					综合单价	合价
21	010416001003	现浇混凝土钢筋	t	0.214		
三		砌筑工程				
1	010301001001	砖基础：M10.0 水泥砂浆，MU10 基础	m³	17.16		
2	010302001001	实心砖墙：砖品种、规格、强度等级为 KP1，墙体厚度 240mm，砂浆强度等级、配合比为 M5 混合砂浆	m³	59.74		
3	010302001002	实心砖墙：砖品种、规格、强度等级 KP1，墙体厚度 120mm，砂浆强度等级、配合比为 M5.0 混合砂浆	m³	11.94		
4	010407001001	现浇其他构件：构件类型为压项，混凝土强度等级 C25，混凝土拌和料要求为浇筑、浇捣、养护	m³	0.33		
5	010703004001	变形缝：26# 镀锌铁皮	m	18.88		
四		楼地面工程				
1	020105003001	水泥砂浆楼地面：垫层材料种类、厚度为 150mm 厚 C25 混凝土，面层厚度、砂浆配合比为耐磨地坪	m²	246.17		
2	020105003001	块料踢脚线：踢脚线高度 200mm，面层材料品种、规格、品牌、颜色为 300mm×300mm 以上	m²	6.66		
3	020101002001	现浇水磨石地面	m²	163.76		
4	020105003002	块料踢脚线：踢脚线高度 200mm，面层材料品种、规格、品牌、颜色为 300mm×300mm 以上	m²	206.8		
5	020108003001	水泥砂浆楼梯面	m²	17.36		
五		墙、柱面工程				
1	020201001001	外墙面抹灰	m²	283.63		
2	020201001002	内墙面抹灰：底层厚度、砂浆配合比为 15mm 厚 1∶1∶6，面层为 5mm 厚 1∶0.3∶3 水泥砂浆，装饰面材料种类为内墙	m²	741.26		
3	020202001001	柱梁面一般抹灰	m²	260.92		
4	020301001001	天棚抹灰	m²	369.38		
5	020507001001	外墙乳胶漆	m²	283.63		
6	020507001002	内墙涂料	m²	741.126		
7	020507001003	天棚涂料	m²	381.86		
8	020507001004	柱、梁涂料	m²	260.92		
9	020203001001	雨篷抹灰	m²	12		
10	020107001001	楼梯栏杆	m	11.69		
11	020401002001	企口木板门	樘	3		
12	020406007001	塑钢窗	樘	13		
13	020604002001	木质装饰线	m	110.7		
六		屋面及防水工程				
1	020101001002	屋面找平线	m²	184.56		
2	010702003001	屋面刚性防水 40mm	m²	184.56		

续表

序号	项目编号	项 目 名 称	计量单位	工程数量	金额/元	
					综合单价	合价
3	010802001001	隔离层	m²	184.56		
4	010801005001	聚氯乙烯板面层（30mm）	m²	184.56		
5	010703004001	屋面排水管、落水斗、落水口	m	26.25		
6	010703004002	变形缝	m	24.2		
7	040501002001	混凝土管道铺设	m	30.48		
8	010303003001	窨井：ϕ700mm，铸铁盖板	座	4		
七		厂库房大门，特种门，木结构工程				
1	010501003001	全钢板大门	樘	3		
2	修缮 1-147 换	拆除混凝土地板混凝土垫层	10m²	27.677		
3	修缮 1-148 换	拆除混凝土地坪　碎石垫层	10m²	27.677		
4	0-0 换	签证人工	工日	4		

2. 乙供材料、设备表

附表2-2　乙供材料、设备表（实例二）

序号	材料编码	材料名称	规格型号等特殊要求	单位	数量
1	C000000	其他材料费		元	23418.710
2	C101021	细沙		t	0.572
3	C101022	中砂		t	235.886
4	C102003	白石子		t	3.910
5	C102011	道砟 40～80mm		t	2.069
6	C102039	碎石 5～31.5mm		t	25.492
7	C102040	碎石 5～16mm		t	9.542
8	C102041	碎石 5～20mm		t	147.927
9	C102042	碎石 5～40mm		t	56.513
10	C105012	石灰膏		m³	3.448
11	C201008	标准砖 240mm×115mm×53mm		百块	116.271
12	C201016	多孔砖 KP1 240mm×115mm×90mm		百块	220.408
13	C204054P1	人行道标志线地砖 100mm×100mm		块	582.645
14	C204056	同质地砖 600mm×600mm		块	85.995
15	C206002	玻璃 3mm		m²	6.807
16	C206038	磨砂玻璃 3mm		m²	4.363
17	C207040	聚氯乙烯胶泥		kg	20.159
18	C208004	金刚石（三角形）75mm×75mm×50mm		块	49.128
19	C208005	金刚石 200mm×75mm×50mm		块	4.913

续表

序号	材料编码	材料名称	规格型号等特殊要求	单位	数量
20	C301002	白水泥		kg	639.706
21	C301023	水泥 32.5 级		kg	101016.536
22	C302055	混凝土管 ϕ250mm		m	33.223
23	C401029	普通木材		m³	0.389
24	C401031	硬木成材		m³	0.111
25	C401035	周转木材		m³	0.698
26	C402005	圆木		m³	0.009
27	C405015	复合木模板 18mm		m²	193.736
28	C405054	红松阴角线 60mm×60mm		m	121.770
29	C405098	木砖与拉条		m³	0.241
30	C406002	毛竹		根	7.283
31	C407007	锯（木）屑		m³	0.232
32	C407012	木材		kg	133.102
33	C501009	扁钢 -30mm×4mm～50mm×5mm		kg	55.878
34	C501014	扁钢		t	0.021
35	C501074	角钢		t	0.630
36	C501114	型钢		t	2.810
37	C502018	钢筋（综合）		t	19.380
38	C502047	钢丝绳		kg	0.038
39	C502112	圆钢 ϕ15～ϕ24mm		kg	63.582
40	C502120	成型冷轧扭钢筋（弯曲成型）		t	0.214
41	C503079	镀锌铁皮 26#		m²	19.529
42	C503101	钢板 1.5mm		t	0.321
43	C504098	钢支撑（钢管）		kg	507.312
44	C504177	脚手钢管		kg	287.106
45	C505655	铸铁弯头出水口		套	3.030
46	C507042	底座		个	1.602
47	C507108	扣件		个	47.977
48	C508238	铸铁盖板 ϕ700mm		套	4.000
49	C509006	电焊条　结 422		kg	333.494
50	C509015	焊锡		kg	0.611
51	C510049	插销 100mm		百个	0.030
52	C510122	镀锌铁丝 8#		kg	120.946
53	C510124	镀锌铁丝 12#		kg	0.352
54	C510127	镀锌铁丝 22#		kg	73.582
55	C510142	钢丝弹簧 L=95mm		个	2.424

续表

序号	材料编码	材料名称	规格型号等特殊要求	单位	数量
56	C510165	合金钢切割锯片		片	0.103
57	C510220	拉手 150mm		百个	0.030
58	C510358	折页 100mm		百个	0.060
59	C511076	带帽螺栓		kg	1.182
60	C511205	对拉螺栓（止水螺栓）		kg	2.095
61	C511366	零星卡具		kg	147.725
62	C511421	木螺钉		百只	1.216
63	C511441	木螺钉 19mm		个	39.000
64	C511443	木螺钉 25mm		个	12.000
65	C511448	木螺钉 38mm		个	48.000
66	C511533	铁钉		kg	85.870
67	C511565	专用螺母垫圈 3 型		个	2.182
68	C513041	垫铁		kg	0.511
69	C513105	钢珠 32.5		个	9.393
70	C513109	工具式金属脚手		kg	3.468
71	C513199	铁搭扣		百个	0.030
72	C513237	钢嵌条 2mm×15mm		m	532.904
73	C513287	组合钢模板		kg	7.839
74	C601020	彩色聚氨酯漆（685）0.8：0.8kg/组		kg	0.479
75	C601031	调和漆		kg	24.190
76	C601036	防锈漆（铁红）		kg	23.016
77	C601041	酚醛清漆各色		kg	0.238
78	C601043	酚醛无光调和漆（底漆）		kg	3.308
79	C601057	红丹防锈漆		kg	15.188
80	C601106	乳胶漆（内墙）		kg	411.437
81	C601125	清油		kg	0.961
82	C603026	煤油		kg	6.550
83	C603030	汽油		kg	391.195
84	C603045	油漆溶剂油		kg	9.403
85	C604019	沥青木丝板		m²	3.993
86	C604032	石油沥青 30♯		kg	1442.316
87	C604038	石油沥青油毡 350♯		m²	193.788
88	C605014	PVC 管 φ20mm		m	1.090
89	C605024	PVC 束接 φ100mm		只	10.253
90	C605110	聚苯乙烯泡沫板		m³	5.651
91	C605154	塑料抱箍（PVC）φ100mm		副	30.885

续表

序号	材料编码	材料名称	规格型号等特殊要求	单位	数量
92	C605155	塑料薄膜		m²	393.945
93	C605280	塑料水斗（PVC 水斗）φ100mm		只	3.060
94	C605291	塑料弯头（PVC 水斗）φ100mm135 度		只	1.496
95	C605356	增强塑料水管（PVC 水管）φ100mm		m	26.775
96	C606138	橡胶板 2mm		m²	5.303
97	C606139	橡胶板 3mm		m²	1.212
98	C607018	石膏粉 325		kg	77.179
99	C607045	石棉粉		kg	33.240
100	C608003	白布		m²	0.137
101	C608049	草袋子 1m×0.7m		m²	4.743
102	C608097	麻袋		条	0.215
103	C608101	麻绳		kg	0.033
104	C608104	麻丝		kg	0.238
105	C608110	棉纱头		kg	2.188
106	C608128	牛皮纸		m²	1.331
107	C608144	砂纸		张	40.712
108	C608191	纸筋		kg	2.333
109	C609032	大白粉		kg	78.007
110	C610029	玻璃密封胶		kg	0.727
111	C610039	高强 APP 嵌缝膏		kg	68.103
112	C611001	防腐油		kg	5.341
113	C613003	801 胶		kg	312.433
114	C613028	草酸		kg	1.638
115	C613056	二甲苯		kg	0.058
116	C613098	胶水		kg	0.554
117	C613106	聚醋酸乙烯乳液		kg	2.037
118	C613145	煤		kg	266.758
119	C613184	乳胶		kg	0.470
120	C613206	水		m³	355.947
121	C613249	氧气		m³	47.632
122	C613253	乙炔气		m³	20.683
123	C613256	硬白蜡		kg	4.422
124	C901114	回库修理，保修费		元	174.571
125	C901167	其他材料费		元	1982.024

三、总二车间扩建厂房工程施工合同（GF-2019-001）

第一部分 合同协议书

合同验证码：_____

发包人（全称）：×××有限公司_____

承包人（全称）：×××建设工程有限公司_____

根据《中华人民共和国合同法》、《中华人民共和国建筑法》及有关法律规定，遵循平等、自愿、公平和诚实信用的原则，双方就总二车间扩建厂房工程施工承包工程施工及有关事项协商一致，共同达成如下协议。

一、工程概况

1. 工程名称：总二车间扩建厂房。

2. 工程地点：××市××区×××路××厂内机分厂总二车间北一跨北侧。

3. 工程立项批准文号：××审备[2019]×××号。

4. 资金来源：自筹。

5. 工程内容：请参见补充条款：合同协议书。

6. 工程内容：群体工程应附《承包人承揽工程项目一览表》（附件1）。

7. 工程承包范围：根据招标文件约定范围内设计图纸的全部地基、土建、安装装饰等所有内容承包管理（总建筑面积381.88平方米）。

8. 计划开工日期：2019年02月03日。

9. 计划竣工日期：2019年04月30日。

10. 工期总日历天数：87天。工期总日历天数与根据前述计划开竣工日期计算的工期天数不一致的，以工期总日历天数为准。

二、质量标准

工程质量符合 合格 标准。

三、签约合同价与合同价格形式

1. 签约合同价为：

人民币（大写）：约伍拾万元 （¥约500000元）

其中：

（1）安全文明施工费：

人民币（大写）_____ （¥ 元）

（2）材料和工程设备暂估价金额：

人民币（大写）_____ （¥ 元）

（3）专业工程暂估价金额：

人民币（大写）_____ （¥ 元）

（4）暂列金额

人民币（大写）_____ （¥ 元）

2. 合同价格形式：套用施工期江苏省现行相关专业计价表与费用定额，工程量清单按实结算。

四、项目经理

承包人项目经理：×××。

五、合同文件构成

本协议书与下列文件一起构成合同文件：

（1）中标通知书（如果有）；

（2）投标图及其附录（如果有）；

（3）专用合同条款及其附件；

（4）通用合同条款；

（5）技术标准和要求；

（6）图纸；

（7）已标价工程量清单或预算书；

（8）其他合同文件。

在合同订立及履行过程中形成的与合同有关的文件均构成合同文件组成部分。

上述各项合同文件包括合同当事人就该项合同文件所作出的补充和修改，属于同一类内容的文件，应以最新签署的为准。专用合同条款及其附件须经合同当事人签字或盖章。

六、承诺

1. 发包人承诺按照法律规定履行项目审批手续、筹集工程建设资金并按照合同约定的期限和方式支付合同价款。

2. 承包人承诺按照法律规定及合同约定组织完成工程施工，确保工程质量和安全，不进行转包及违法分包，并在缺陷责任期及保修期内承担相应的工程维修责任。

3. 发包人和承包人通过招投标形式签订合同的，双方理解并承诺不再就同一工程另行签订与合同实质性内容相背离的协议。

七、词语含义

本协议书中词语含义与第二部分通用合同条款中赋予的含义相同。

八、签订时间

本合同于 2019 年 02 月 01 日签订。

九、签订地点

本合同在 ××市××区×× 公司签订。

十、补充协议

合同未尽事宜，合同当事人另行签订补充协议，补充协议是合同的组成部分。

十一、合同生效

本合同自双方盖章后经建设主管部门备案、鉴证后生效。

十二、合同份数

本合同一式壹拾贰份，均具有同等法律效力，发包人执陆份，承包人执陆份。

发包人：（公章）   承包人：（公章）

法定代表人或其委托代理人：（签字）   法定代表人或其委托代理人：（签字）

组织机构代码：××××××××××××   组织机构代码：××××××××××××
地　　址：××市××区××路×号   地　　址：××市××区××路
邮政编码：＿＿＿＿＿＿＿＿＿＿   邮政编码：＿＿＿＿＿＿＿＿＿＿
法定代表人：×××   法定代表人：×××
委托代理人：＿＿＿＿＿＿＿＿   委托代理人：＿＿＿＿＿＿＿＿
电　　话：×××××××   电　　话：×××××××
传　　真：＿＿＿＿＿＿＿＿＿   传　　真：×××××××
电子信箱：＿＿＿＿＿＿＿＿＿   电子信箱：＿＿＿＿＿＿＿＿＿
开户银行：××××××××××××   开户银行：××××××××××××
账　　号：××××××××××××××   账　　号：××××××××××××××

—第×页—   2019-02-01 09:30:18

参考文献

[1] 蔡雪峰．建筑工程施工组织管理．3版．北京：高等教育出版社，2017.

[2] 周国恩．建筑施工组织与管理．北京：高等教育出版社，2011.

[3] 彭圣浩．建筑工程施工组织设计实例应用手册．4版．北京：中国建筑工业出版社，2016.

[4] 瞿焱．工程造价辅导与案例分析．北京：化学工业出版社，2008.

[5] 潘全祥．建筑工程施工组织设计编制手册．北京：中国建筑工业出版社，1996.

[6] 蔡雪峰．建筑施工组织．3版．武汉：武汉工业大学出版社，2008.

[7] 张现林．建设工程项目管理．北京：化学工业出版社，2018.

[8] 谷洪雁．工程造价管理．北京：化学工业出版社，2018.

[9] 危道军．建筑施工组织．北京：中国建筑工业出版社，2014.